"十三五"国家重点出版物出版规划项目
材料科学研究与工程技术系列图书
黑龙江省精品图书出版工程

板材成形性能与塑性失稳理论

Formability and Plastic Instability Theory of Metal Sheet

● 王传杰　张鹏　主编

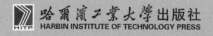

哈尔滨工业大学出版社
HARBIN INSTITUTE OF TECHNOLOGY PRESS

内容简介

　　本书系统地介绍了板材冲压成形涉及的基础理论及其应用的有关内容,包括板材冲压塑性变形基础、板材冲压成形工艺、板材冲压成形性能及成形极限、板材塑性失稳理论、板材成形过程中的破裂与起皱等。书中注重阐明冲压塑性变形理论基础及其应用,以提高读者分析问题、解决问题的能力为目的,在内容上尽量照顾到各类读者的需要,使其便于掌握板材成形性能与塑性失稳的基础理论与工艺应用技术。

　　本书可作为高等学校材料成型及控制工程专业本科生或材料加工工程专业研究生的教材或教学参考书,也可供从事板材塑性加工的科学研究人员、工程技术人员参考。

图书在版编目(CIP)数据

　　板材成形性能与塑性失稳理论/王传杰,张鹏主编. —哈尔滨:哈尔滨工业大学出版社,2021.5
　　ISBN 978 - 7 - 5603 - 8651 - 5

　　Ⅰ.①板… Ⅱ.①王… ②张… Ⅲ.①板材冲压-成型-研究 Ⅳ.①TG386.41

　　中国版本图书馆 CIP 数据核字(2020)第 024831 号

策划编辑　　许雅莹
责任编辑　　王　玲　杨　硕　李青晏
封面设计　　高永利
出版发行　　哈尔滨工业大学出版社
社　　址　　哈尔滨市南岗区复华四道街 10 号　邮编 150006
传　　真　　0451 - 86414749
网　　址　　http://hitpress.hit.edu.cn
印　　刷　　哈尔滨博奇印刷有限公司
开　　本　　710 mm×1020 mm　1/16　印张 22.5　字数 428 千字
版　　次　　2021 年 5 月第 1 版　2021 年 5 月第 1 次印刷
书　　号　　ISBN 978 - 7 - 5603 - 8651 - 5
定　　价　　48.00 元

前　言

　　板材成形性能与塑性失稳理论是材料成型及控制工程专业本科生和材料加工工程专业研究生需要掌握的重要内容。本书强调理论联系实际，以提高读者运用基本理论知识分析和解决实际问题的能力；在编写时遵循循序渐进的原则，注重概念、理论，突出要点，强化应用，内容处理上力求清晰阐述板材冲压成形性能与塑性失稳的理论基础及其应用。

　　全书共分6章。第1章绪论，简要介绍板材冲压成形技术的特点、分类及发展概况；第2章介绍板材冲压塑性变形基础；第3章介绍板材冲压成形工艺；第4章介绍板材冲压成形性能及成形极限；第5章介绍板材塑性失稳理论；第6章介绍板材成形过程中的破裂与起皱。

　　本书可作为高等学校材料成型及控制工程专业本科生或材料加工工程专业研究生的教材或教学参考书，也可供从事板材塑性加工的科学研究人员、工程技术人员参考。

　　本书由哈尔滨工业大学（威海）材料科学与工程学院王传杰、张鹏主编，哈尔滨工业大学（威海）材料科学与工程学院材料科学系陈刚以及材料工程系崔令江、孙金平、朱强、王海洋、王瀚参与编写。本书在编写过程中，参引了本领域著名专家学者的著作及研究资料，在此表示衷心感谢！

　　由于编者水平所限，书中难免不妥之处，敬请读者指正。

编　者
2020 年 12 月

目 录

第 1 章

绪　论

本 章主要介绍冲压成形技术的特点、工序分类以及冲压成形技术的
发展趋势。

1.1　冲压成形技术概述

薄板、薄壁管、薄壁型材等薄壁金属可以统称为板金材料,本书简称板料或板材。以板材为原料加工成的各种零件在航空、宇航、汽车、机车、电机、电器、武器装备、轨道交通、电力电子、化工、日用五金、建筑等工业部门都获得了广泛应用。板材一般通过金属压力加工方法制成各种形状的零件后才能在产品上使用,常用的压力加工方法就是冲压加工。

冲压是金属塑性加工方法之一,它是建立在金属塑性变形的基础上,一般在常温下利用冲模和冲压设备对材料施加压力,使其产生塑性变形或分离,从而获得具有一定形状、尺寸、精度和性能工件的一种压力加工方法,又称冷冲压或板料冲压。

冲压加工技术应用范围十分广泛,在国民经济各工业部门中,几乎都有冲压加工或冲压产品的生产,如在汽车、飞机、火箭、导弹、电机、电器、仪表、铁道、电信、化工以及轻工日用产品中均占有相当大的比重。

冲压生产主要是利用冲压设备和模具实现对金属材料(板材)的加工过程。所以冲压加工具有如下特点:

(1)适用范围广。冲压加工不仅可以加工金属材料,还可以加工非金属材料;可以获得其他加工方法所不能或难以制造的壁薄、质轻、形状复杂以及极端尺寸的零件,如飞机蒙皮、汽车覆盖件、微电子产品中的引线框等。

(2)生产效率高。冲压加工是依靠冲模和冲压设备来完成压力加工的,一般情况下普通压力机每分钟可生产几十件,高速压力机每分钟可生产千件以上,生产效率高、操作简单、容易实现机械化和自动化,特别适合于成批大量生产。

(3)材料利用率高。冲压加工是少无切削加工的一种,部分零件可冲压直接成形,无须后续再加工,材料利用率高、废料少,材料利用率可达70%　~85%。

(4)产品质量稳定、互换性好。由于零件尺寸精度主要由模具来保证,所以加工出来的零件尺寸精度稳定,互换性好,具有"一模一样"的特征。

(5)成本低。冲压加工具有生产效率高、材料利用率高等特点,同时冲压加工一般不需要加热以及少无切削加工等后续处理,所以制造成本低。

(6)零件性能优异。冲压零件表面光洁,在材料消耗不多的情况下,利用金属材料的塑性变形或零件结构设计可以获得强度高、刚度大、质量小的零件。

(7)零件复杂程度高。可得到其他加工方法难以加工或无法加工的复杂形状零件,如汽车覆盖件、车门等。

(8)缺点与不足。冲压模具结构较为复杂、尺寸精度要求高、制造成本高、周期长,因而在小批量生产中受到限制。同时在生产中存在具有一定噪声和振动大等缺点。

冲压工艺根据通用的分类方法,可将冲压的基本工序分为材料的分离和成形两大类,每一类中又包括许多不同的工序。其具体的工序分类见表1.1和表1.2。

表1.1 分离工序

工序	图例	特点及应用范围
落料		用模具沿封闭线冲切板料,冲下的部分为工件,其余部分为废料
冲孔		用模具沿封闭线冲切板料,冲下的部分为废料,板料上形成的孔结构为工件
剪切		用剪刀或模具沿不封闭切断线切断板料
切口		在坯料上将板料部分切开,切口部分同时发生弯曲
切边		将拉深或成形后的半成品边缘部分的多余材料切掉
剖切		将半成品切开成两个或多个工件,常用于成双冲压

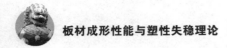

表 1.2　成形工序

工序		图例	特点及应用范围
弯曲			将板料弯曲成一定曲率、一定角度,形成一定形状
卷圆			将板料端部卷圆
扭曲			将平板毛坯的一部分相对于另一部分扭转一个角度
拉深			将板料毛坯压制成空心工件,壁厚基本不变
变薄拉深			用减小壁厚,增加工件高度的方法来改变空心件的尺寸,得到要求的底厚、壁薄的工件
翻边	孔的翻边		将板料或工件上有孔的边缘翻成竖立边缘
	外缘翻边		将工件的外缘翻起圆弧或曲线状的竖立边缘

续表 1.2

工序	图例	特点及应用范围
缩口		将空心件的口部缩小
扩口		将空心件的口部扩大,常用于管子
起伏		在板料或工件上压出筋条、花纹或文字,使起伏处各部分变薄
卷边		将空心件的边缘卷成一定的形状
胀形		使空心件或管料的一部分沿径向扩张,呈凸肚形

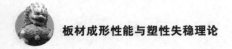

续表 1.2

工序	图例	特点及应用范围
旋压		利用擀棒或滚轮将板料毛坯擀压成一定形状(分变薄和不变薄两种)
整形		把形状不太准确的工件校正成形
校平		将毛坯或工件不平的面或弯曲面予以压平
压印		改变工件厚度,在表面上压出文字或花纹

1.2　冲压成形技术的发展趋势

　　自 20 世纪 90 年代以来,高新技术应用全面促进了传统成形技术的改造及先进成形技术的形成和发展。21 世纪的冲压技术以更快的速度持续发展,发展的方向将更加突出"精、省、净"的需求。

（1）冲压成形技术将更加科学化、数字化、可控化。科学化主要体现在对成形过程、产品质量、成本、效益的预测和可控程度。成形过程的数值模拟技术将在实用化方面取得很大发展，并与数字化制造系统很好地集成。人工智能技术、智能化控制将从简单形状零件成形发展到覆盖件等复杂形状零件成形，从而真正进入实用阶段。

（2）注重产品制造全过程管理，最大程度地实现多目标全局综合优化。优化将从传统的单一成形环节向产品制造全过程及全生命期的系统整体发展。

（3）对产品可制造性和成形工艺的快速分析与评估能力将有大的发展。以便从产品初步设计甚至构思时起，就能针对零件的可成形性及所需性能的保证度做出快速分析评估。

（4）冲压技术将具有更大的灵活性或柔性，以适应未来多品种小批量混流生产控制模式及市场多样化、个性化需求的发展趋势，加强企业对市场变化的快速响应能力。

（5）重视复合化成形技术的发展。以复合工艺为基础的先进成形技术不仅正在从制造毛坯向直接制造零件方向发展，也正在从制造单个零件向直接制造结构整体的方向发展。

1.3   我国冲压行业发展出路与对策

随着经济全球化和信息化时代的深入发展，我国日益成为世界性的制造大国和跨国企业的全球采购中心。尤其是加入WTO以后，我国的汽车工业、航空航天工业等支柱产业有了很大的发展。我国的冲压行业既充满发展的机遇，又面临进一步以高新技术改造传统技术的严峻挑战。国民经济和国防建设事业将向冲压成形技术的发展提出更多更新更高的要求。冲压行业面对火爆的市场，必须尽快研究应对的措施。我国的板料加工领域必须加强力量的联合，加强技术的综合与集成，加快传统技术从经验向科学化转化的进程。加速人才培养，提升技术创新能力，提高冲压技术队伍的整体素质和生产企业的竞争力。主要发展出路与解决对策如下：

（1）突出"精、省、净"。

（2）实现冲压成形更加"科学化、数字化和可控化"的智能化制造。

（3）冲压成形可以实现全过程管理控制，产品从设计开始即进入控制，考虑工艺、材料、模具、设备等的影响。

（4）提高冲压生产的灵活性和柔性。

（5）基于新原理的新冲压成形技术以及多场耦合作用下的新冲压成形技术

开发。

（6）开发复合成形技术。

（7）研制高速高精度冲压设备：大于 1 000 次／min（小吨位）、160～400 次／min（大吨位 300 t）。

（8）模具设计制造全面采用一体化系统技术，实现模具精密化、轻量化、低成本化。

冲压加工从根本上说是板材在模具和压力的作用下通过特定的塑性变形来获得零件的一种方法，板材零件冲压成形性能的好坏受到材料、模具、工艺以及装备等多方面的影响，也直接关系到产品的成本和使用性能。因此，解决冲压成形技术发展的根本途径在于加强基础理论研究、提升技术和强化创新。冲压性能与失稳理论的研究与冲压技术的发展相辅相成。冲压成形研究工作主要包括板料成形技术和成形性能与塑性失稳，关键问题是破裂、起皱与回弹，涉及可成形性预估、成形方法的创新，以及成形过程的分析与控制，注重板材性能、成形理论、成形工艺和质量控制的协调发展，促进传统的板材冲压成形技术从经验走向科学化的发展方向。

板材成形性能与塑性失稳理论的研究有助于从理论分析角度对板材冲压成形过程中的塑性变形行为进行解释，对板材冲压成形过程中缺陷形成进行理论预测与分析，并给予解决方案和措施，并对冲压新材料、新工艺开发给予理论分析方面的指导和建议。

本书是材料加工工程专业（锻压方向）主要理论课程的教材，它的任务是为板材冲压成形过程理论分析打下必要的专业理论基础。所以本书囊括了板材冲压成形工艺基础及其理论基础内容。

第 2 章

板材冲压塑性变形基础

本　章主要介绍涉及板材冲压塑性变形基础的相关知识,包括金属的塑性、金属变形抗力、冲压变形中的应力与变形特点、加工硬化和硬化曲线、冲压成形的特点与分类、板料冲压成形过程中的变形趋向性以及金属断裂的物理本质等。

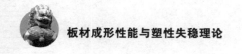

2.1 金属的塑性

2.1.1 金属塑性的基本概念

对金属所以能施行塑性加工,主要是由于金属具有塑性。所谓塑性,是指金属在外力作用下,能稳定地发生永久变形而不破坏其完整性的能力。金属塑性的高低,可用金属在断裂前产生的最大变形程度来表示。它表示塑性加工时金属塑性变形的限度,所以也称为塑性极限,一般通称塑性指标。

金属的塑性,不仅受金属内在的化学成分与组织结构的影响,也和外在的变形条件有密切关系。同一金属或合金,由于变形条件不同,可能表现出不同的塑性,甚至由塑性物体变为脆性物体,或由脆性物体变为塑性物体。例如受单向拉伸的大理石是脆性物体,但在较强的静水压力下压缩时,却能产生明显的塑性变形而不破坏。

应当指出,不能将塑性和柔软性混淆。柔软性反映金属的软硬程度,它用变形抗力的大小来衡量。不要认为变形抗力小的金属塑性就高,或是与此相反。例如,室温下奥氏体不锈钢的塑性很高,可经受很大的变形而不破坏,但其变形抗力却很大;过热和过烧的金属与合金的塑性很高,甚至完全失去塑性变形能力,而其变形抗力也很小;也有些金属塑性很高,但变形抗力小,如室温下的铅等。

金属与合金塑性的研究,是塑性加工理论与实践上的重要课题之一,研究的目的在于选择合适的变形方法,确定最好的变形温度、变形速度以及许用的最大变形量,以使低塑性难变形的金属与合金顺利实现成形过程。

2.1.2 金属塑性指标

在生产中,塑性需用一种数量指标来表示,这就是塑性指标。由于塑性是一种依各种复杂因素而变化的加工性能,因此很难找出一个单一的指标来反映其塑性特征。在大多数情况下,只能用某种变形方式下试验试样破坏前的变形程度来表示。常用的主要指标有下列几种:

(1)在材料试验机上进行拉伸试验,以破断前总伸长率为塑性指标。即

$$\begin{cases} \delta = \dfrac{L_1 - L_0}{L_0} \times 100\% \\ \psi = \dfrac{F_1 - F_0}{F_0} \times 100\% \end{cases} \tag{2.1}$$

式中　　δ——破裂前点伸长率；

　　　　ψ——断面收缩率；

　　　　L_0——拉伸试样原始标距长度；

　　　　L_1——拉伸试样断裂后标距长度；

　　　　F_0——拉伸试样原来的横断面面积；

　　　　F_1——拉伸试样断裂处的横断面面积。

（2）锻压生产中，常用镦粗试验测定材料的塑性指标。将材料加工成圆柱形试样，其高度一般为直径的1.5倍。将一组试样在落锤上分别镦粗到预定的变形程度，以第一个出现表面裂纹的试样的变形程度 ε_c 作为塑性指标。即

$$\varepsilon_c = \frac{H_0 - H_1}{H_0} \qquad (2.2)$$

式中　　H_0——试样的原始高度；

　　　　H_1——第一个出现表面裂纹的试样镦粗后的高度。

镦粗试验时，试样裂纹的出现是由于侧表面有周向拉应力作用的结果。工具与试样接触表面上的摩擦情况、散热条件及试样的几何尺寸等因素，都会影响到附加拉应力的大小。因此，在用镦粗试验测定塑性指标时，为了使试验结果具有可比性，必须说明试验条件。

（3）扭转试验的塑性指标是以试样扭断时的扭转角（在试样标距的起点和终点两个截面间的扭转角）或扭转圈数来表示。由于扭转时应力状态近于零静水压，且试样从试验开始到破坏为止塑性变形在整个长度上均匀进行，始终保持均匀的圆柱形，不像拉伸试验时会出现缩颈和镦粗试验时会出现鼓形，从而排除了变形不均匀性的影响。

（4）冲击试验时的塑性指标是获得的冲击韧度 α_K，用来表示在冲击力作用下使试样破坏所消耗的功。因为在同一变形力作用下消耗于金属破坏的功越大，则金属破坏时所产生的变形程度就越大。

还可以采用其他试验方法测定金属或合金的塑性指标。例如，采用艾里克森试验，以板料出现裂纹时的压凹高度作为塑性指标；采用弯曲试验，以板料弯曲部分出现裂纹时的弯曲角度或弯曲次数作为塑性指标。

2.1.3　塑性状态图（塑性图）

以不同的试验方法测定的塑性指标（如 δ、ψ、ε 及冲击韧度 α_K 和扭转时转数 n 等）为纵坐标，以温度为横坐标绘制而成的塑性指标随温度变化的曲线图，称为塑性图。有的塑性图还给出了不同变形速率下塑性指标的变化情况。例如，图2.1所示为W18Cr4V高速钢的塑性图。从图中可以看出，W18Cr4V在900～1 200 ℃具有较高的塑性。因此，这种钢在1 180 ℃始锻，在920 ℃左右终锻。图2.2所示为三种铝合金的塑性图。从图中可以看出，3A21合金在250～500 ℃

塑性最高,静载和动载下的 ε_c 都在 30% 以上。2A50 铝合金在350 ~ 500 ℃ 也具有较高的塑性,但对应变速率有一定的敏感性。动载下的 ε_c 明显低于静载下的 ε_c。7A04 超硬铝合金的塑性较低,锻造温度较窄,并对变形速率相当敏感。

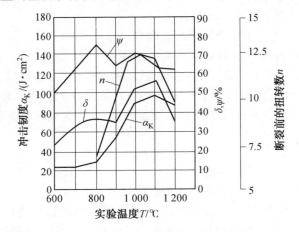

图 2.1   W18Cr4V 高速钢的塑性图

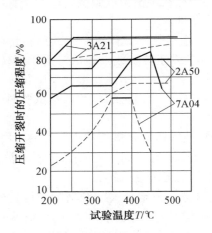

图2.2   三种铝合金的塑性图
—— 静变形;---- 冲击变形

2.1.4   影响金属塑性的因素

影响金属塑性的因素很多,大致可分为两个方面:金属与合金的纯度、化学成分及组织结构等是影响金属塑性的内部因素;变形工艺条件(变形温度、变形速度、变形程度和应力状态)及其他外部条件(工件尺寸、介质与气氛)属于影响金属塑性的外部因素。

1. 影响金属塑性的内部因素

（1）化学成分的影响。

工业用金属均含有一定数量的杂质。一般情况下金属塑性随其纯度的提高而增加,例如质量分数为 99.96% 的铝,延伸率为 45% ,而质量分数为 98% 的铝,延伸率只有 30% 左右。与合金相比,纯金属的塑性更高。合金元素和杂质使金属塑性降低的原因是它们的存在（或加入）引起了基体金属晶体的畸变,塑性降低。

合金元素及杂质对金属塑性的影响不仅仅取决于它们本身的性质,同时也取决于它们在基体金属中存在的形式、分布状况和合金的组织状态。若所含合金元素在加工温度范围内与基体金属形成单相固溶体,则有较高的塑性;而所含合金元素与基体元素或与其他元素形成化合物,则塑性降低。例如,碳能固溶于铁,形成铁素体和奥氏体固溶体,它们都具有较高的塑性,当碳的含量超过铁的溶碳能力,多余的碳便与铁形成化合物 Fe_3C,称为渗碳体。渗碳体具有很高的硬度,而塑性几乎为零,对基体的塑性变形起阻碍作用,使碳钢的塑性降低。随着含碳量[①]的增加,塑性降低更甚。图 2.3 所示为退火状态下,碳钢含碳量对其塑性的影响。由图 2.3 可见,含碳量越高,碳钢塑性越低。

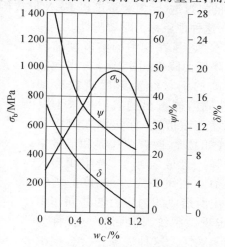

图 2.3   含碳量对碳钢塑性的影响

由于冶炼和加工等方面的原因,各类钢中还含有一些杂质,如 P、S、N、H、O 等,它们对钢的塑性影响很大。

① 硫:硫能溶于铁。当钢中含锰量低时,硫与铁形成硫化铁 FeS。硫化铁与铁形成易熔的共晶体,它们常单独地以网状的形式富集于晶界处,严重降低钢的塑性。硫化铁与铁的共晶体熔点很低,只有 985 ℃,低于钢的热变形温度（开始温度）,所以在热变形时往往发生沿晶界开裂的现象,称之为热脆性。因此,钢中硫的含量要严格限制,一般普碳钢规定含硫量在 0.04% ~ 0.05% ,而对优质钢,要求含硫量不超过 0.03% 。为了消除硫对钢的塑性影响,在钢中应含有足够数量的锰。这是因为锰和硫的亲和力比铁和硫的亲和力大,这样钢中的锰可以从硫化铁中取代铁而形成硫化锰。硫化锰本身塑性较高,熔点很高（1 620 ℃）, 又

---

① “含碳量”表示碳的质量分数,本书中该表达形式均指此含义。

以点状形式分布于晶内,这就大大减小了硫的危害性,有利于钢的塑性。一般规定钢中含锰量为 0.2% ~ 0.6% 。

②磷:磷能溶于铁素体内,溶解度可达 1.2% ,其固溶强化能力很强。磷的溶入,使铁素体在室温下的强度升高,塑性和韧性降低,尤其是在低温更为严重,这种现象称为冷脆性。当含磷量超过 0.1% 时尤为显著。一般规定钢中含磷量为 0.03% ~0.04% ,磷具有极大的偏析倾向,并能促使奥氏体晶粒长大。

③氮:氮在钢中除少量固溶外,大部分以氮化物形式存在。氮在铁素体中的溶解度,高温和低温下相差很大:590 ℃ 时,氮在铁素体中溶解最多,约为 0.42% ;而室温时,则下降到 0.01% 。因此,含氮量较高的钢从高温快冷到室温时,铁素体中的氮过饱合,氮将逐渐以 Fe_4N 形式析出,使钢的强度、硬度提高,韧性、塑性降低,这种现象称为时效脆性。

④氢:氢在钢中的溶解度随温度的降低而降低(图 2.4)。当含氢量较高的钢材经变形后较快冷却时,从固溶体析出的氢原子来不及向钢坯表面扩散,而集中在钢内缺陷处(如晶界、嵌镶块边界和显微空隙处等),形成氢分子,产生相当大的压力。在组织应力、温度应力和氢析出所造成的内应力的共同作用下,出现微裂纹,即所谓白点,称为钢的氢脆性。这种现象在合金钢中尤为严重。

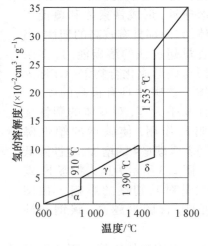

图 2.4 氢的溶解度

⑤氧:氧在钢中固溶很少,主要是以 FeO、SiO_2 和 Al_2O_3 等夹杂物形式存在于钢中。这些夹杂物杂乱、零散地以点状分布在晶界上。同时这些氧化物无论是固溶体还是夹杂物,都使钢的疲劳强度和塑性下降,以夹杂物的形式存在时尤为严重。氧化铁还与其他夹杂物(如 FeS 等)形成易熔的共晶体,分布在晶界处,随变形温度的升高,造成钢的热脆性。

⑥其他杂质:当钢中含有铅、锡、锑和铋、砷时,由于这 5 种低熔点元素在钢中溶解很少,几乎不溶于铁,因此若经热加工即熔化,可能使金属失去塑性。在高温合金中它们影响特别严重,被称为"五害"。

(2)组织结构的影响。

金属与合金的组织结构是就组元的晶格、晶粒的取向及晶界的特征而言。面心晶格的塑性最高,体心晶格次之,六方晶格较低。一定化学成分的金属材料,若其相组成、晶粒度、铸造组织等不同,则其塑性也有很大的差别。

① 相组成的影响。单相组织（纯金属或固溶体）比多相组织塑性高。多相组织由于各相性能不同，变形难易程度不同，导致变形和内应力的不均匀分布，因而塑性降低。例如碳钢在高温时为奥氏体单相组织，故塑性高，而在 800 ℃ 左右时，转变为奥氏体和铁素体两相组织，塑性就明显降低。因此，对于有固态相变的金属来说，在单相区内进行成形加工是有利的。

工程上使用的金属材料多为两相组织，第二相的性质、形状、大小、数量和分布状态不同，对塑性的影响程度也不同。若两个相的变形性能相近，则金属的塑性近似介于两相之间。若两个相的性能差别很大，一相为塑性相，而另一相为脆性相，则变形主要在塑性相内进行，脆性相对变形起阻碍作用，如果脆性相呈连续或不连续的网状分布于塑性相的晶界处，则塑性相被脆性相包围分割，其变形能力难以发挥，变形时易在相界处产生应力集中，导致裂纹的早期产生，使金属的塑性大为降低；如果脆性相呈片状或层状分布于晶粒内部，则对塑性变形的危害性较小，塑性有一定程度的降低；如果脆性相呈颗粒状均匀分布于晶内，则对金属塑性的影响不大，特别是当脆性相数量较小时，如此分布的脆性相几乎不影响基体金属的连续性，它可随基体相的变形而"流动"，不会造成明显的应力集中，因而对塑性的不利影响就更小。

② 晶粒度的影响。金属和合金晶粒越细小，塑性越高。原因是：晶粒越细，则同一体积内晶粒数目越多，在一定变形数量下，变形可分散在许多晶粒内进行，变形比较均匀；相对于粗晶粒材料而言，这样能延缓局部地区应力集中、出现裂纹以致断裂的过程，从而在断裂前可以承受较大的变形量，即提高塑性。另外，金属和合金晶粒越细小，同一体积内晶界就越多，室温时晶界强度高于晶内，因而金属和合金的实际应力高；但在高温时，由于能发生晶界黏性流动，细晶粒的材料的实际应力反而较低。

③ 铸造组织的影响。铸造组织由于具有粗大的柱状晶粒和偏析、夹杂、气泡、疏松等缺陷，故金属塑性降低。锻造时，应创造良好的变形力学条件，打碎粗大的柱状晶粒，并使变形尽可能均匀，以获得细晶组织，使金属的塑性提高。

2. 影响金属塑性的外部因素

（1）变形温度的影响。

对大多数金属而言，一般趋势是：随着变形温度的升高（直至过烧温度以下），金属的塑性提高。但是，某些金属材料在升温过程中，往往有过剩相析出或有相变发生而使塑性降低。由于金属材料的种类繁多，很难用统一的模式来概括各种金属材料在不同温度下的塑性变化情况。下面举几个例子来说明。

图 2.5 所示为碳钢伸长率 δ 和强度极限（抗拉强度）σ_b 随温度变化的情形。从室温开始，随着温度的上升，δ 有些增加，σ_b 有些下降。在 200～350 ℃ 发生相

反的现象,δ 明显下降,σ_b 明显上升,这个温度范围一般称为蓝脆区。这时钢的性能变坏,易于脆断,断口呈蓝色。一般认为这种现象是由氮化物、氧化物以沉淀形式在晶界、滑移面上析出所致。随后 δ 增加,σ_b 继续降低,直至 800 ~ 950 ℃,又一次出现相反的现象,即塑性稍有下降,强度稍有上升,这个温度范围称为热脆区。有学者认为这与相变有关,钢由珠光体转变为奥氏体,由体心立方晶格转变为面心立方晶格,要引起金属塑性成形原理体积收缩,产生组织应力。也有学者认为,这是由分布在晶界的 FeS 与 FeO 形成的低熔点共晶体所致。过了热脆区,塑性继续上升,强度继续下降。一般当温度超过 1 250 ℃ 时,由于钢产生过热,甚至过烧,δ 和 σ_b 均急剧降低,此区称为高温脆区。

图 2.6 所示为高速钢的强度极限 σ_b 和伸长率 δ 随温度变化的曲线。高速钢在 900 ℃ 以下,σ_b 很高,塑性很低;从珠光体向奥氏体转变的温度约为 800 ℃,此时为塑性下降区。900 ℃ 以上,δ 上升,σ_b 迅速下降。约 1 300 ℃ 是高速钢莱氏体共晶组织的熔点,高速钢 δ 急剧下降。

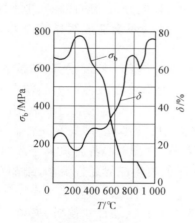

图 2.5　碳钢塑性图

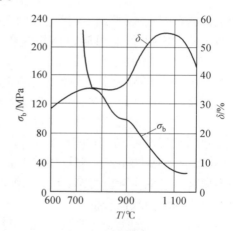

图 2.6　高速钢塑性图

图 2.7 所示为黄铜 H68 强度极限 σ_b 和塑性指标 δ、ψ 随温度变化的曲线。随温度上升,σ_b 一直下降,δ、ψ 开始下降,在 300 ~ 500 ℃ 降至最低,此区为 H68 的中温脆区。在 690 ~ 830 ℃ H68 的塑性最高。

下面从一般情况出发,分析温度升高时,金属和合金塑性增加和实际应力降低的原因。

① 随着温度的升高,回复和再结晶出现。回复能使变形金属稍许得到软化,再结晶则能完全消除变形金属的加工硬化,使金属和合金塑性显著提高,实际应力显著降低。

② 温度升高,临界切应力降低,滑移系增加。因为温度升高,原子的动能增大,原子间的结合力变弱,使临界切应力降低。同时,在高温时还可能出现新的

滑移系。例如面心立方的铝,在室温时滑移面为(111),在 400 ℃ 时,除了(111)面,(100)面也开始发生滑移,因此在 450 ~ 550 ℃,铝的塑性最高。由滑移系的增加,金属塑性增加,并降低了由多晶体内晶粒位向不一致而提高实际应力的影响。

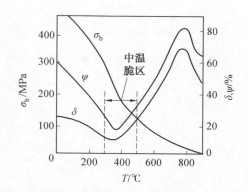

图 2.7　H68 塑性图

③ 金属组织发生变化。可能由多相组织变为单相组织,或由滑移系个数少的晶格变为滑移系个数多的晶格。例如,碳钢在 950 ~ 1 250 ℃ 塑性高,这与处于单相组织和转变为面心立方晶格有关。又如钛,在室温时呈密排六方晶格,只有 3 个滑移系,当温度高于 882 ℃ 时,转变为体心立方晶格,有 12 个滑移系,塑性有明显提高。

④ 新的塑性变形方式(热塑性)的发生。当温度升高时,原子热振动加剧,晶格中的原子处于不稳定的状态。当晶体受外力时,原子就沿应力场梯度方向非同步地连续地由一个平衡位置转移到另一个平衡位置(不是沿着一定的晶面和晶向),使金属产生塑性变形。这种变形方式称为热塑性(也称扩散塑性)。热塑性是非晶体发生变形的唯一方式,对晶体来说,是一种附属方式。热塑性较多地发生在晶界和亚晶界,晶粒越细,温度越高,热塑性的作用越大。在回复温度以下,热塑性对金属塑性变形所起的作用不显著,只有在很低的变形速率下才有必要考虑。在高温时热塑性作用大为加强,提高了金属的塑性,降低了实际应力。

⑤ 晶界性质发生变化,有利于晶间变形,并有利于晶间破坏的消除。晶界原子排列不规则,原子处于不稳定状态,原子的移动和扩散易于进行。当温度较高时,晶界的强度比晶粒本身下降得快,不仅减小了晶界对晶内变形的阻碍作用,而且晶界本身也易于发生滑动变形。另外,由于高温时原子的扩散作用加强,在塑性变形过程中出现的晶界破坏在很大程度上得到消除。这一切,使金属和合金在高温下有较高的塑性和较低的实际应力。

值得注意的是:塑性随着温度的升高而增加的见解,只在一定条件下才是正确的,因为金属的塑性变化受许多条件和因素的影响,当温度变化时,这些因素也随着变化,结果使温度对塑性的影响复杂化。

现以温度对碳钢塑性影响的一般规律作为典型,以曲线图 2.8 来说明。碳钢的塑性降低区域有 4 个,用 Ⅰ 、Ⅱ、Ⅲ、Ⅳ 表示;塑性较高区域有 3 个,用 1、2、3 表示。

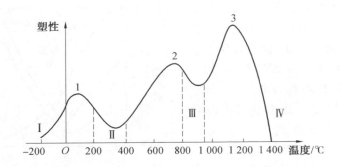

图 2.8　碳钢的塑性随温度变化曲线

① 塑性降低区域。

a.在区域 Ⅰ 中,金属塑性极低,到 − 200 ℃ 时几乎完全丧失,这是由原子热运动能力极低所致;同时沿晶界的某些组成物在低温下变脆。例如,含磷量高于 0.08% 和含砷量高于 0.3% 的钢,在 − 40 ~ − 60 ℃ 时以低温脆性化合物的形式沿晶界析出,使低温塑性降低。

b.塑性降低区域 Ⅱ 位于 200 ~ 400 ℃。此区域称为"蓝脆区",因为在断口呈现蓝色的氧化膜而得名。

c.塑性降低区域 Ⅲ 位于 800 ~ 950 ℃。该区域是相变区,由原来单相铁素体转变为铁素体与奥氏体共存的两相区,塑性变形时产生了变形的不均匀性,出现内应力集中,使塑性降低。也有人认为,此区域的出现是由于硫的影响,故称为红脆(热脆)区。

d.塑性降低区域 Ⅳ 的温度范围接近金属熔化温度。此时晶粒急剧长大,晶间强度显著下降,当再加热时就会产生金属的过热和过烧现象,使塑性降低。

② 塑性升高区域。

a.第 1 个区域位于 100 ~ 200 ℃。该区域内塑性增加是冷变形时原子动能增加的缘故。

b.第 2 个区域位于 700 ~ 800 ℃。从 440 ℃ 到 700 ~ 800 ℃ 有再结晶和扩散过程发生,从而使塑性有所升高。

c.第 3 个区域位于 950 ~ 1 250 ℃。在此区域钢组织是均匀一致的奥氏体,没有相变,所以塑性高。

金属塑性和温度关系曲线对金属压力加工过程具有很大的实际意义,根据这个曲线可以得出最有利的变形温度范围。 显然,钢的最佳冷变形温度是 100 ~ 200 ℃,最佳热变形温度是 900 ~ 1 150 ℃。

（2）变形速率的影响。

变形速率对金属塑性的影响十分复杂,可造成温度效应,改变金属实际应力等。

① 热效应及温度效应塑性加工时,物体所吸收的能量,一部分转化为弹性变形能,一部分转化为热能。塑性变形能转化为热能的现象,称为热效应。如变形体所吸收的能量为 E,其中转化为热能的部分为 E_m,则两者之比值

$$\eta = \frac{E_m}{E} \tag{2.3}$$

称为排热率。根据试验数据,在室温下塑性压缩时,镁、铝、铜和铁的排热率 $\eta = 0.85 \sim 0.9$,上述金属的合金的 $\eta = 0.75 \sim 0.85$。因此,塑性加工过程中的热效应是相当可观的。

塑性变形能转化为热能的部分(E_m 部分)散失到周围介质,其余部分使变形体温度升高,这种由于塑性变形过程中产生的热量使变形体温度升高的现象,称为温度效应。温度效应首先取决于变形速率,变形速率高,则单位时间的变形量大,产生的热量多,温度效应就大。其次,变形体与工具和周围介质的温差越小,热量的散失越小,温度效应就越大。此外,温度效应还与变形温度有关,温度升高,材料的流动应力降低,单位体积的变形能变小,因而温度效应较小。

② 变形速率的增大,可能使塑性降低和实际应力提高,也可能相反。对于不同的金属和合金,在不同的变形温度下,变形速率的影响也不相同。

a. 随变形速率的增大,金属和合金的实际应力(或强度极限)提高,提高的程度与变形温度有密切关系。冷变形时,变形速率的增大仅使实际应力有所增加或基本不变,而在热变形时,变形速率的增加会引起实际应力的明显增大。图2.9 所示为在不同温度下变形速率对低碳钢强度极限的影响。例如,ε 从 $10^{-2}\ \mathrm{s^{-1}}$ 增大到 $10\ \mathrm{s^{-1}}$,$600\ ℃$ 时 σ_b 增加 1 倍,$1\ 000\ ℃$ 时却增加近 3 倍。

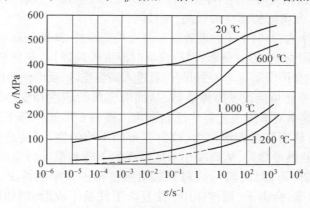

图2.9　不同温度下变形速率对低碳钢强度极限的影响

b. 随变形速率提高,塑性变化的一般趋势如图2.10 所示。当变形速率不大时(图中 ab 段),增加变形速率使塑性降低。这是由于变形速率增加所引起的塑性降低,大于温度效应引起的塑性增加。当变形速率较大时(图中 bc 段),由于温度效应显著,塑性基本上不再随变形速率的增加而降低。当变形速率很大时(图

中 cd 段),则由于温度效应的显著作用,造成塑性回升。冷变形和热变形时,该曲线各阶段的进程和变化程度各不相同。冷变形时,随着变形速率的增加,塑性略有下降,以后由于温度效应的作用加强,塑性可能会上升。热变形时,随着变形速率的增加,通常塑性有较显著的降低,以后由于温度效应增强而使塑性稍提高。但当温度效应很大,以

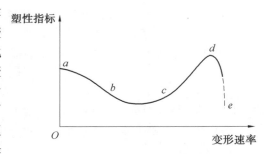

图 2.10 变形速率对塑性的影响示意图

致使变形温度由塑性区进入高温脆区,则金属和合金的塑性又急剧下降(如图中 de 虚线部分)。就材料自身,化学成分越复杂,含量越多,则再结晶速度越低,故提高变形速率会使塑性降低。例如高速钢、高铬钢、不锈钢、高温合金以及镁合金、铝合金、钛合金等有色合金,在热变形时都表现出这种趋势。

下面,从一般情况出发,加以概括和分析:

① 变形速率大,由于没有足够的时间完成塑性变形,金属的实际应力提高,塑性降低。例如,晶体的位错运动、滑移面由不利方向向有利方向转动等都需要时间,如果变形速度大,则塑性变形来不及在整个体积内均匀地传播开,从而更多地表现为弹性变形。根据胡克定律,弹性变形量越大,应力越大,这样,就导致金属的实际应力增大。

② 如果是在热变形条件下,变形速率大时,还可能由于没有足够的时间进行回复和再结晶,金属的实际应力提高,塑性降低。

③ 变形速率大,有时由于温度效应显著而提高塑性,降低实际应力(这种现象在冷变形条件下比热变形时显著,因冷变形时温度效应强)。某些材料(例如莱氏体高合金钢)也会因变形速率大引起升温,进入高温脆区,反而使塑性降低。

④ 变形速率还可能改变摩擦系数,从而对金属的塑性和变形抗力产生一定的影响。变形速率对锻压工艺有广泛的影响。提高变形速率有下列影响:第一,降低摩擦系数,从而降低变形抗力,改善变形的不均匀性,提高工件质量;第二,减少热加工时的热量散失,从而减小毛坯温度的下降和温度分布的不均匀性,这对工件形状复杂(薄壁、高筋),或材料锻造温度范围较窄的情况,是有利的;第三,提高变形速率,会由于"惯性作用"使复杂工件易于成形,例如锤上模锻时上模型腔容易充填。

(3)应力状态的影响。

在应力状态中,压应力个数越多,数值越大(即静水压力值越大),则金属的塑性越高。反之,拉应力个数越多,数值越大(即静水压力值越小),则金属的塑性越低。

20 世纪初,德国学者卡尔曼用白色大理石和红砂石作为圆柱体试样,置于如图 2.11 所示的特别仪器设备中进行压缩试验。该仪器不仅靠机械作用给试样轴向压力,还可以对试样施加侧向压力(用甘油压入试验腔内)。试验结果如图 2.12 所示,曲线表明,在只有轴向压力作用时,大理石和红砂石均显示为完全脆性,在轴向及侧向压力同时作用时,却表现出一定的塑性。随着侧向压力的增加,变形所需要的轴向压力也越大,即塑性也越高。大理石和红砂石的塑性随静水压力的增大而提高,这为提高脆性材料的塑性提供了理论根据。所以,在加工低塑性材料时,往往用塑性较高的材料包套在该材料的外面,从而起到增加径向压力的作用。例如,淬火后变得很脆的钢在进行自由镦粗时,塑性几乎

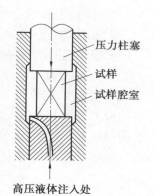

图 2.11　卡尔曼试验仪器的工作部分

为零,采用此法后,则能得到一定的塑性变形。径向压力越大,静水压力值就越大,从而使塑性增加。限于当时的试验条件,卡尔曼所得到大理石的压缩程度 ε 为 8% ～ 9%,红砂石的压缩程度 ε 为 6% ～ 7%。后来,拉斯切拉耶夫在更大的侧向压力下进行大理石的压缩试验,获得 78% 的变形程度,并在很大的侧向压力下拉伸大理石试样,得到了 25% 的伸长率,出现了像金属试样上的那种缩颈。

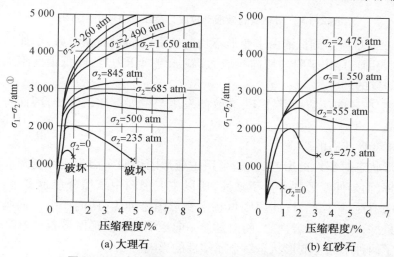

图 2.12　大理石和红砂石三向受压时的试验曲线

σ_1 — 轴向压力;σ_2 — 侧向压力

①　1 atm = 1.013 × 10⁵ Pa。

静水压力越大,金属的塑性就越高,这可以解释如下:

① 拉应力促进晶间变形,加速晶界破坏,压应力阻止或减少晶间变形,随着三向压缩作用的增强,晶间变形越加困难,从而提高了金属的塑性。

② 压应力有利于抑制或消除晶体中由于塑性变形引起的各种微观破坏,而拉应力则相反,它促使各种破坏发展、扩大。如图 2.13 所示,滑移面上的破损 A,在拉应力作用下将扩大,在压应力作用下将闭合或消除。同样,当变形体原来存在脆性杂质、微观裂纹等缺陷时,三向压应力能抑制这些缺陷,全部或部分地消除其危害性。而拉应力的作用,将使这些缺陷发展,形成应力集中,促使金属破坏。

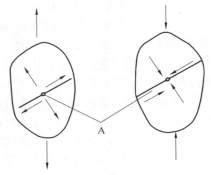

图 2.13 滑移面的破损受拉应力及压应力作用示意图

③ 三向压应力能抵消由于变形不均匀所引起的附加拉应力,例如圆柱体镦粗时,侧表面可能出现附加切向拉应力,施加侧向压力后,能抵消此附加拉应力而防止裂纹的产生。

总之,在三向压应力状态下,裂纹的发生与发展都比较困难,因而有利于塑性的提高。

（4）变形状态的影响。

变形状态对塑性的影响,一般可用主变形图说明。因为压缩变形有利于塑性的发挥,而延伸变形则有损于塑性,所以主变形图中压缩分量越多,对充分发挥物体的塑性越有利。按此原则可将主变形图排列为:两向压缩一向延伸的主变形图最好,一向延伸者次之,两向延伸一向压缩的主变形图最差。图 2.14 形象地表示了两种不同主变形状态对金属塑性的影响。

（5）周围介质的影响。

周围介质对金属塑性的影响可有以下几方面:

① 在金属表面层形成脆性相。例如,镍及其合金在煤气中加热时,由于炉内气氛中含有硫,硫被金属吸收后生成 Ni_3S_2,此硫化物又与 Ni 形成低熔点（625～650 ℃）共晶并呈薄膜状分布于晶界,因此镍及其合金产生红脆,热轧时易产生裂纹。

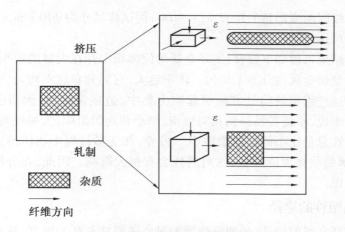

图2.14 主变形状态对金属塑性的影响

② 使金属表层腐蚀。例如,黄铜在加热和退火中,由于锌优先受腐蚀溶解,物体表面形成一层海绵状(多孔)的纯铜而损坏。

③ 在金属表面形成吸附润滑层,在塑性加工中起润滑作用,使金属的塑性升高。

(6) 其他因素对塑性的影响。

① 不连续变形的影响。难变形的耐热合金采用多次小变形的加工方法与采用一次大变形的加工方法相比,其塑性可以提高2.5 ~ 3倍。这种在热加工时,采用多次不连续变形的加工方法提高塑性的主要原因如下:由于每次变形量小,所以产生的应力小,不易超过金属的塑性极限;其次,在多次小变形的间隙时间内,会发生软化过程,使塑性有所提高。所以对容易产生过热和过烧的钢及塑性较低的高合金钢,在高温时常采用分散小变形(如开始锻造这类钢及合金钢锭时,常采用轻打工艺),能比较有效地提高金属的塑性。

② 尺寸因素的影响。尺寸因素会影响金属的塑性。尺寸大,则塑性有所降低。但是,当变形体积超过某一临界值时,体积对塑性的影响则较小,如图2.15所示。

试验证明,小试样和小铸锭的塑性总是较高的。例如,室温时,在两个试样的晶粒度完全一样的条件下,进行平锤头压缩锌试样,大试样尺寸为 $\phi20$ mm × 20 mm,最大压下量(出

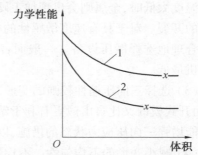

图2.15 变形体积对塑性和变形抗力的影响
1— 塑性;2— 变形抗力;x— 临界体积点

现第一条裂纹时的变形量）为 35% ~ 40%；而试样尺寸为 $\phi10\ mm \times 10\ mm$ 时，最大变形量可达 75% ~ 80%。

对上述结果可做如下解释：实际金属单位体积中存在大量的组织缺陷，这些组织缺陷在变形金属内分布不均匀。体积越大，它们分布越不均匀，不均匀变形越强烈。在这些组织缺陷处容易引起应力集中，造成裂纹源，因而引起塑性降低。就铸锭来说，小铸锭易得到相对致密、细小和均匀组织，大铸锭则反之，所以大铸锭的塑性总是比小铸锭的塑性小。另外，在变形过程中物体的温度会发生变化，小和薄的物体温降较快，这对塑性会有很大影响。因此，在分析尺寸因素时应综合考虑。

3. 提高塑性的途径

为了提高金属的塑性，必须设法增加对金属塑性有利的因素，减小或避免不利的因素。归纳起来，提高塑性的主要途径有以下几个方面：控制化学成分，改善组织结构；采用合理的变形温度 – 速度制度；选用三向压应力较强的变形过程，尽量形成均匀的变形状态；避免加热和加工时周围介质的不良影响。在解决具体问题时，应当综合考虑所有因素，并根据具体情况采取相应的有效措施。

提高金属塑性的途径有多种，下面仅从塑性加工的角度讨论提高塑性的途径。

（1）提高材料成分和组织的均匀性。合金铸锭的化学成分和组织通常是很不均匀的，若在变形前进行高温扩散退火，能起到均匀化的作用，从而提高塑性。但是高温均匀化处理生产周期长、耗费大，可采用适当延长锻造加热时出炉保温时间来代替，其不足之处是降低了生产率。同时还应注意避免晶粒粗大。

（2）合理选择变形温度和变形速度。这种途径对于塑性加工是十分重要的。加热温度选择过高，容易使晶界处的低熔点物质熔化或使金属的晶粒粗大；加热温度太低时，金属则会出现加工硬化。这些都会使金属的塑性降低，引起变形时的开裂。对于具有速度敏感性的材料，应合理选择变形速度，这实际上也就是要合理地选择锻压设备。一般而言，锤类设备的变形速度最高，压力机其次，液压机最低。

（3）选择三向压缩性较强的变形方式。挤压变形时的塑性一般高于开式模锻，而开式模锻又比自由锻更有利于塑性的发挥。在锻造低塑性材料时，可采用一些能增强三向压应力状态的措施，以防止锻件的开裂。

（4）减小变形的不均匀性。不均匀变形引起的附加应力会导致金属的塑性降低。合理的操作规范、良好的润滑、合适的工模具形状等都能减小变形的不均匀性，从而提高塑性。例如，镦粗时采用铆锻、叠锻，或在接触表面施加良好的润滑等，都有利于减小毛坯的鼓形和防止表面纵向裂纹的产生。

2.1.5　金属的超塑性

金属的超塑性是指金属材料在一定内部条件(金属的组织状态)和外部条件(变形温度、变形速率等)下所显示的极高塑性。在超塑性条件下,金属的伸长率超过 100% ,有些材料可高达 2 000% 以上, 如图 2.16 所示。

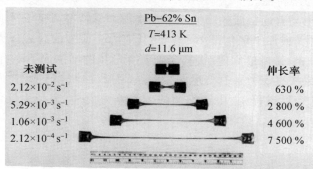

Pb–62% Sn
T=413 K
d=11.6 μm

未测试		伸长率
$2.12\times10^{-2}\,s^{-1}$		630 %
$5.29\times10^{-3}\,s^{-1}$		2 800 %
$1.06\times10^{-3}\,s^{-1}$		4 600 %
$2.12\times10^{-4}\,s^{-1}$		7 500 %

图 2.16　在不同应变速率下 Pb – 62% Sn 的拉伸变形

近些年来,在各种金属中,包括有色金属、钢铁及合金材料,具备超塑性的合金组织和控制条件越来越多地被发掘出来,现已达百种。关于超塑性的应用,不仅在塑性加工成形方面的事例不断增多,在焊接、切削、粉末成型、热处理及表面处理等领域内也有应用,并且正在开辟各种组合的加工方法。

1. 超塑性的种类

仅由于滑移、孪生、晶界移动、相变、析出等金属材料组织内部的条件,使材料的塑性异常增大,并且在其变形所需的应力较小时,称为发生了超塑性。超塑性最初是在微细晶粒化处理 Zn – 22% Al 合金时,在等温拉伸试验中发现的。在以后的研究中进一步发现,其他合金包括粗晶粒的、黑色金属等,在一定条件下通过同素异形转变、周期性相变、再结晶过程等,都可以得到大的延伸。对于目前已被观察到的超塑性现象,可归纳为细晶超塑性和相变超塑性两大类。

(1)细晶超塑性。

细晶超塑性就是在具有稳定的超细等轴晶粒的材料上出现的超塑性行为,其晶粒一般多在 5 μm 以下。由于这种超塑性是在特定的恒温下发生的,所以也称为恒温超塑性或静超塑性。

(2)相变超塑性。

相变超塑性产生的主要条件是在应力作用下发生多次循环相变,而不一定要求材料具有超细晶粒组织。在试验时负荷可以很小,但要在相变点上下变动温度,所以也称为动态超塑性。

由于相变超塑性的研究不如细晶超塑性那样广泛和深入,对其规律性尚无统一的认识,所以下面仅对细晶超塑性的特征和机制加以论述。

2. 细晶超塑性的特征

由试验现象看到,细晶超塑性有许多重要特征,归纳成以下两方面加以说明。

(1)变形力学特征。

超塑性变形与普通金属的塑性变形在变形力学特征方面有本质的不同。由于没有加工硬化(或加工硬化很小)现象,其应力 – 应变曲线表现为图2.17所示的形态,当应力 σ_0 超过最大值后,其会随着变形量的增加而下降,而变形量则可达到很大。如果按真应力 – 真变形曲线关系(图2.18),当变形增加时,应力变化很小。此外,在变形过程中,由于细颈的传播能力很强,表现为低负荷无细颈的大延伸现象。

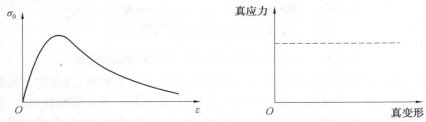

图2.17 超塑性材料的应力 – 应变曲线   图2.18 超塑性材料的真应力 – 真变形曲线

由试验得知,超塑性变形表现有和非线形黏性流动同样的行为,对变形速度极其敏感。因此,其真应力 σ 与变形速度 $\dot{\varepsilon}$ 之间的关系可表达为

$$\sigma = K\dot{\varepsilon}^{m} \tag{2.4}$$

式中　σ——真应力;

　　　K——取决于试验条件的常数;

　　　m——变形速度敏感性指数。

变换式(2.4)可得

$$m = -\frac{\mathrm{dlg}\,\sigma}{\mathrm{dlg}\,\dot{\varepsilon}} \tag{2.5}$$

可见,当应力 – 变形速度表示为对数曲线时,此变形速度敏感性指数为该曲线的斜率(图2.19)。

变形速度敏感性指数 m 是表达超塑性特征的一个极其重要的指标。当 $m = 1$ 时,式(2.4)即变为牛顿黏性流动公式,而 K 就是黏性系数。对于普通金属,$m = 0.02 \sim 0.2$;而对于超塑性材料,$0.3 < m < 1$。由试验得知,m 值越大,延伸率(塑性)越高(图2.20)。对此可大致做如下分析。

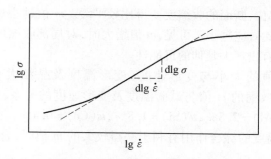

图 2.19　超塑性金属变形时应力与变形速度之间关系的"S"曲线

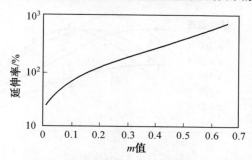

图 2.20　Ti 及 Zr 合金的延伸率与 m 值的关系

假设在试样横断面积 A 上加以拉伸负荷 P，则 $\sigma = P/A$。由式（2.4）可得

$$\sigma = K \dot{\varepsilon}^m = \frac{P}{A} \tag{2.6}$$

另一方面有

$$\dot{\varepsilon} = -\frac{1}{A}\frac{\mathrm{d}A}{\mathrm{d}t} \tag{2.7}$$

式中　t——时间。

解式（2.6）和式（2.7），最后可得

$$\frac{\mathrm{d}A}{\mathrm{d}t} = -\left(\frac{P}{K}\right)^{\frac{1}{m}} \cdot A^{1-\frac{1}{m}} \tag{2.8}$$

或

$$-\frac{\mathrm{d}A}{\mathrm{d}t} \propto A^{1-\frac{1}{m}} \tag{2.9}$$

式（2.9）表明试样各横断面积的减小速度与 $A^{1-\frac{1}{m}}$ 成正比。分析式（2.9）可知，$m = 1$ 时，$\dfrac{\mathrm{d}A}{\mathrm{d}t}$ 与 A 无关，即 $\dfrac{\mathrm{d}A}{\mathrm{d}t}$ 不再随试样各处的横断面积 A 的不同而变化，它只随加载 P 而获得均匀的变形，达到很大的延伸率而不会显现出细颈的倾向。而当 $m < 1$ 时，则在试样的某一横断面尺寸较小的部位，断面的收缩是急剧的；在

断面尺寸较大的部位,断面的收缩就变得比较平缓。m 值越小这种效应就越大,反之,m 值越大则此效应越小。可见,m 值增大时,对局部收缩的抗力增大,变形趋向均匀,因此就有出现大延伸的可能性。

试验表明,m 值的大小与变形速度、变形温度及晶粒大小等因素有关。图 2.21 所示为弥散铜的 m 值与试验温度及变形速度的关系,弥散铜的成分为 $w(Cu) = 95\%$,$w(Al) = 2.8\%$,$w(Si) = 1.8\%$,$w(Co) = 0.4\%$。由图可见,只有当变形速度与变形温度的综合作用有利于获得较大的 m 值时,合金才能处于超塑性状态。

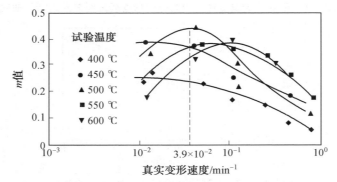

图 2.21   变形速度及试验温度对弥散铜 m 值的影响(平均晶粒尺寸为
1 μm)

前面已经指出,变形速率的影响很大,一般,超塑性只在 $\varepsilon = 10^{-4} \sim 10^{-1}$ min^{-1} 时才出现。变形温度对超塑性的影响非常明显,当低于或超过某一温度范围时,就不出现超塑性现象。一般合金的超塑性温度在 $0.5T_{熔}$ 左右。在超塑性温度范围内适当提高温度,大大有利于超塑性变形。

减小超塑性材料的晶粒尺寸,则意味着材料体积内有大量的晶界,有利于超塑性变形。减小晶粒尺寸或如上所述适当提高变形温度,都能导致下列变化:① 所有应变速率下的流动应力均降低,尤其当应变速率低时更为显著;② 超塑性的应变速率范围向更高的方向移动;③ 应变速率敏感性指数 m 的最大值增大,并向更高的应变速率方向移动。所有这些,对于使金属材料超塑性变形都是有利的。晶粒形状也有影响,当晶粒是等轴晶粒且晶界面平坦时,利于晶界滑动,有利于超塑性变形;如果晶粒形状复杂或呈片状组织等,都不利于获得超塑性。

其他的试验指出,晶粒越细,m 的最大值越向高变形速度一侧移动。这种情况是有利的,因为它有利于提高加工速度。

(2)金属组织特征。

到目前为止所发现的细晶超塑性材料,大部分是共析和共晶合金,要求有极细的等轴晶粒、双相及稳定的组织。要求双相是因为第二相晶粒能阻碍母相晶粒的长大。而母相也能阻碍第二相的长大,所谓稳定,是要求在变形过程中晶粒长大的速度慢,以便有充分的热变形持续时间。由于超塑性变形并不全是滑移、孪生等普通塑性变形机制,而是一种晶界作用,这就要求有数量多而又短的晶粒边界,并且界面要平坦,易于变形流动,以减少组织内的切应力。在这些因素中,晶粒尺寸是主要的因素,一般认为大于 10 μm 的晶粒组织是难以实现超塑性的。

　　超塑性变形时尽管达到异常大的延伸率,可是观察其变形后的组织时发现几个在普通塑性变形时难以理解的现象。第一是对应异常大的延伸率,晶粒没有被拉长,仍保持等轴状态,而晶粒的直径在变形部分长大了。精细观察发现,晶粒不是原样简单粗大化,而是伴随晶粒回转的同时发生同相晶粒的接近、合并和再分割过程的反复进行。第二是发生显著的晶界滑移、移动及晶粒回转,但并不产生脆性的晶界断裂。第三是几乎观察不到位错组织。第四是结晶学织构不发达,若原始取向无序,超塑性变形后仍为无序,而原来故意使之具有变形织构,超塑性变形后织构破坏,基本上变为无序化。

　　此外,对超塑性变形用电子显微镜直接观察 Zn – Al 共晶合金晶界移动时发现,由于晶界移动,Zn 相(β)接近、接触,伴随此过程使 Al 相(α)分离,其进行过程如图2.22 所示。

3. 细晶超塑性变形的机制

　　金属超塑性的大延伸特性,用一般的塑性变形机制不能解释,因此提出了很多的假说和理论。早期有"溶解 – 沉积"理论、亚稳态理论,其后又有人提出晶界移动、晶粒回转、扩散蠕变、再结晶等理论。由于超塑性的变形机制还处于研究探讨阶段,故仅以晶界行为作为集中点,对细晶超塑性的变形机制进行说明。

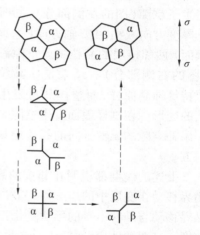

图2.22　Zn – Al 共析合金在超塑性变形中 Zn 相(β) 的转换机构

　　前已述及,在超塑性变形时虽然产生了巨大的延伸率,但金属组织仍为原样的等轴晶粒,并且在晶界上极少产生空隙和裂纹。对此应怎样说明呢?大家知道,超塑性变形应当在宏观上是均匀的,试样的圆形断面在变形后仍为圆形,即垂直于拉伸轴的所有方向互相是等价的;而在微观上的变形应是不均匀的,因为若是均匀的,各晶粒应与试样同样延伸,那么就不能保持等轴晶粒状态。所以唯有各晶粒的中心点移动,才能使整个试样均匀变形,而晶粒形状仍然保持等轴状态。图 2.23 所示为不连续晶粒移动模型。这和图 2.22 中表示的过程类似,只是

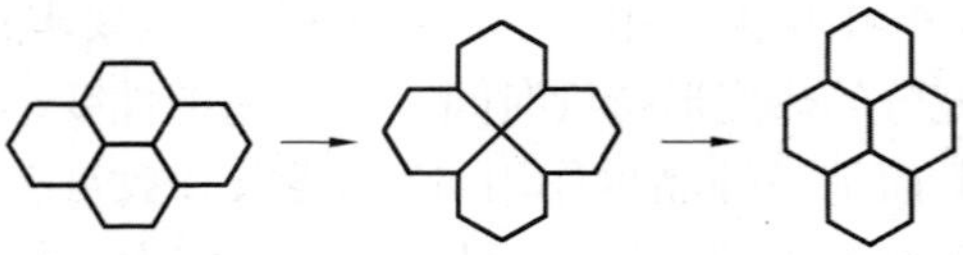

图2.23 不连续晶粒移动模型
（晶粒转换机构的平面表示）

晶粒变形和晶界移动过程有不同的机制,这方面将在后面讨论。这种平面表示的横向、同相晶粒的靠近、接触所得到的变形是有限的,因此又提出了晶粒变形与晶界移动的立体连续模型,如图2.24所示。随着变形的发展,在 xy 面上的面积增大,在晶粒间产生了空隙（图的左侧部分）,同时由于厚度方向减小,由 z 轴方向（垂直于纸面）两邻接层的晶粒将此空隙添上（图的右侧部分）。结果是使晶粒仍保持等轴晶原样,而整体却可发生很大的变形。在试样表面发生空隙是由于添补空隙的 z 轴方向的邻接层只有一方。

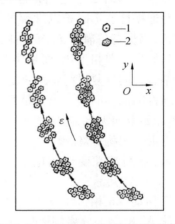

图2.24 晶粒移动的"连续模型"
1— xy 平面内原有的晶粒;2— 从 z 轴方向两邻接层转移来的晶粒

上述的模型都说明在邻接的晶粒间有相对位移,即发生晶界移动。为保持晶界移动在变形中的连续性,晶粒本身的形状必须和邻接晶粒一起变化。并且晶界移动与晶粒本身的形状变化互相协调,两者一面取平衡,一面又规定了变形速度。在超塑性变形时,认为这两方面是同时进行的。

作为晶粒形状变化和位移的机制,以前认为是由扩散、位错滑移与攀移构成,但何者占优先地位,随温度、应力、变形速度等条件而异。在超塑性变形中,由于存在微细晶粒、高温、织构消灭等情况,说明扩散过程要比滑移更占主导地位。

以上介绍了细晶超塑性变形机制,其中一些解释都是定性的,并且还有许多争议。至于相变超塑性的变形机制,研究尚不成熟。可见,要获得超塑性变形机制的统一理论,还有待今后进一步工作。

4.超塑性在金属加工方面的应用

由于金属超塑性状态具有如上所述的异常高的塑性和非常小的变形抗力,所以对塑性成形加工极为有利。就成形本身而论,它属于不完全黏性加工,对形状复杂或变形量很大的零件都可以一次成形。目前已知的有板料冲压成形、液压成形、气压成形、吹气成形、无模拉拔、挤压及模压等多种方式。其优点是流动性好,填充性好,所需设备的吨位小。但由于成形需要一定的温度和持续时间,这就给设备、模具、材料保护、润滑等带来特殊的要求和很大的困难。目前工业上能实际应用的材料品种还是很有限的,主要是 Zn – 22% Al 系合金。其他的有 Ti 基合金、Ni 基合金、In – 100 与 In – 744 不锈钢、Ti – 6Al – 4f、Ti – 6Al – 2Sn –4Zr – 6Mo 等。

经超塑性加工成形的成品或半成品,可以改善材料的品质,使材料的组织更趋均匀。是否还要经过热处理,应按使用要求而定。若成形后不再经其他热处理,则此时材料呈超细晶粒状态,其室温下强度较高,而高温时蠕变性能要差。如无特殊要求,一般不再经热处理。至于要重新获得材料的正常强度与蠕变性能的可用热处理方法使晶粒粗化。

2.2　金属的变形抗力

2.2.1　变形抗力概念

金属塑性加工变形时,使金属发生塑性变形的外力称为变形力。而金属抵抗变形的力称为变形抗力。变形力与变形抗力数值相等方向相反。不同金属材料的变形抗力不同;而对同一金属材料,在一定的变形温度、变形速度和变形程度下,以单向压缩(或拉伸)时屈服应力 σ_s 的大小来度量其变形抗力。但是金属塑性加工过程都是复杂的应力状态,对于同一种金属材料来说,其变形抗力值一般要比单向应力状态时大得多。因此,实际测得的变形抗力值,除了金属真实抵抗变形的抗力外,还包括一个附加的抗力值,故实际变形抗力值为

$$P = \sigma_s + q$$

式中　　P——实际变形抗力;

σ_s——材料在单向应力状态下的屈服应力(表示金属抵抗变形的能力);

q——反映材料受力状态(工具与变形物体外表面接触摩擦等)所引起的附加抗力值。

在研究金属材料变形抗力时,既要考虑金属所固有的内部特点,也要考虑材料变形时所有的外部因素(变形温度、变形速度、变形程度、受力状态等)。因此,在一般生产条件下,在生产设备上进行试验可以得到较可靠的金属变形抗力数据。一般实验室条件下,尽可能全面模拟各种生产条件,也可测出有关的变形抗力数据。

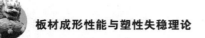

当材料屈服点不明显时,常以相对残余变形为 0.2% 时的应力 $\sigma_{0.2}$ 作为屈服应力(变形抗力)。

金属材料单向压缩的屈服极限 σ_s 被广泛地作为塑性加工过程中表征金属变形抗力的重要参数;此外,强度极限 σ_b 和材料的硬度指标也常予以应用,因为这些参数之间具有一定的关系。

金属的塑性和变形抗力是两个不同的概念,前者反映材料塑性变形的能力,后者反映塑性变形的难易程度。塑性高的金属不一定变形抗力低,反之亦然。例如奥氏体不锈钢在冷状态时能够很好地变形,但是需要很大的外力才能产生变形。因此,人们认为这种钢具有高的塑性,同时还具有很高的变形抗力。这样,奥氏体不锈钢在冷状态时变形很困难。从另一方面来看,所有黑色金属的合金在高温下变形抗力很小,即金属变形不需要很大的外力。但是,不能认为它们具有很高的塑性,其原因是金属"过热"或"过烧"了,虽然变形时所需外力不大,但是易产生裂纹和断裂,即塑性很低。

2.2.2 影响金属变形抗力的因素

从生产实践可知,不同的金属材料具有不同的变形抗力,同一种金属材料在不同的变形温度、变形速度、变形程度下,变形抗力也不同。前者是金属材料本身的属性,称为影响金属变形抗力的内因;而后者则是属于变形过程的工艺条件(变形温度,变形速度、变形程度和应力状态)及其他外部条件对变形抗力的影响,常称为影响金属变形抗力的外因。

1. 金属化学成分及组织状态的影响

不同的金属变形抗力不同。例如铅的变形抗力比钢的变形抗力低得多,铅的屈服极限为 16 MPa,而最软的碳素结构钢 0.8F 的屈服极限为180 MPa。同一金属所含合金元素量和杂质元素量不同,其变形抗力也不同。众所周知,含碳量高的钢要比低碳钢的变形抗力高,一般钢中增加 0.1%(质量分数)的碳可使钢的强度极限提高60 ~ 80 MPa。当增加0.1% 合金元素 Mn 时,可提高钢的强度极限约 36 MPa。合金元素的存在及其基体中存在的形式对变形抗力都有显著的影响。这是因为合金元素加入后,基体金属晶体点阵畸变增加,或者形成第二相组织,这些都使变形抗力增加。合金元素在基体中,主要是以固溶体和化合物的形式存在,前者对变形抗力影响较小,而后者使基体金属变形抗力升高。例如,碳对碳钢的性能影响为:碳能固溶于铁,形成铁素体和奥氏体,它们都具有高的塑性和低的变形抗力。当碳的含量超过铁的溶碳能力,多余的碳便与铁形成化合物 Fe_3C,称之为渗碳体。渗碳体具有很高的硬度(HB800)和强度并且很脆,它对基体的塑性变形起阻碍作用,使碳钢塑性降低,抗力提高。同时,渗碳体数量、形状、大小和分散程度都对变形抗力有影响:数量越多,越细小,弥散度越大,形状越复杂,变形抗力提高越大。

合金元素一般都使钢的再结晶温度升高,再结晶速度降低,因而使钢的硬化倾向性和速度敏感性增加。在变形速度高时,钢会表现出比变形速度低时更高的变形抗力。

金属和合金的变形抗力,不仅取决于它们的种类、材质纯净度和化学成分,还取决于它们的晶粒大小。一般情况下,晶粒细小者,在同一体积内晶界相对比例比较大,而晶界强度比晶粒本身高得多,所以表现出变形抗力就较高。当变形不均匀时,常引起晶粒大小和分布不均匀,而产生附加应力,如此也会使变形抗力升高,如图2.25 所示,它表示低碳钢的晶粒度大小与屈服极限的关系。

大量试验结果证明了材料的屈服极限值随晶粒大小而变化,并得到屈服极限与金属晶粒大小的关系,它应满足

$$\sigma_s = \sigma_o + Kd^{-1/2} \tag{2.10}$$

式中　　σ_s —— 金属的屈服强度;

　　　　σ_o —— 材料的有关常数,晶内摩擦应力;

　　　　K —— 比例常数;

　　　　d —— 晶粒的平均直径。

式(2.10) 称为 Hall – Petch 关系式。这个关系式反映了晶粒大小与变形抗力的一致性。

2. 温度对变形抗力的影响

随着温度的升高,金属原子热振动的振幅增大,原子间的键力减弱,金属原子间的结合力降低,从而使金属和合金的所有强度指标(屈服极限、强度极限及硬度等)均降低,即变形抗力随温度的升高而降低,如图 2.26 所示。

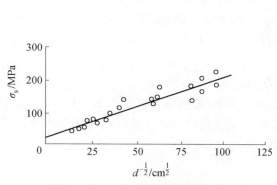

图2.25　低碳钢晶粒大小与屈服极限
　　　　的关系

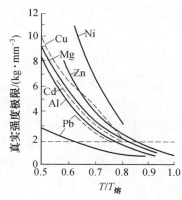

图2.26　金属真实强度极限与
　　　　温度的关系

金属在高温下将发生回复和再结晶过程,致使由于塑性变形所产生的加工硬化得以消除,变形抗力降低。还应注意一个事实,就是在温度改变时,金属会出现相变或同素异构体,致使金属在该温度范围内变形抗力有所起伏。图2.27所示为α-铁和γ-铁在相变(910 ℃)时变形抗力随温度的变化。如不产生相转变,α-铁的曲线是随温度的上升连续平滑下降的,由于相变结果,变形抗力在转变温度的那个区间成为复杂的曲线。

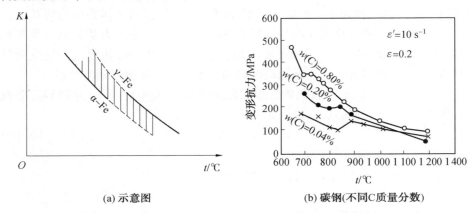

(a) 示意图　　　　　　　　(b) 碳钢(不同C质量分数)

图2.27　α-铁及γ-铁在相变时变形抗力随温度的变化

苏联学者古布金提出下列公式(包括公式中的系数),可用于计算热成形温度范围内($\frac{T}{T_熔} = 0.7 \sim 0.95$,$T$、$T_熔$用热力学温度表示)的真实应力:

$$\sigma_{st} = \omega \sigma_{ST}[1 + \alpha(0.95T_熔 - t)] + \frac{\alpha^2(0.95T_熔 - t)}{2} \qquad (2.11)$$

式中　　σ_{st}——温度t时的真实应力;

　　　　σ_{ST}——温度为$0.95T_熔$和拉伸速度为$40 \sim 50$ mm/min时的真实应力,纯金属,$\sigma_{ST} = 4 \sim 5$ N/mm^2,两相和多相系,$\sigma_{ST} = 4.5 \sim 5.5$ N/mm^2,固溶体,$\sigma_{ST} = 4 \sim 6$ N/mm^2,镍及其合金,应用上限;

　　　　$T_熔$——金属或合金的熔点,℃;

　　　　α——温度系数,纯金属,$\alpha = 0.008$,两相系和多相系,$\alpha = 0.008\,5$,固溶体,$\alpha = 0.008 \sim 0.012$,镍及其合金以及其他耐热强度大的合金,温度系数相应地增加20% ~ 25%;

　　　　ω——速度系数。

3. 变形速度的影响

单位时间内的相对变形程度或相对变形对时间的导数,称为变形速度,可表

示为

$$u = \frac{\mathrm{d}\varepsilon}{\mathrm{d}t} \qquad (2.12)$$

对于简单压缩,在时间 $\mathrm{d}t$ 内物体所产生的相对变形为 $\mathrm{d}\varepsilon = \dfrac{H-h}{h} = \dfrac{\mathrm{d}h}{h}$,因此变形速度为

$$u = \frac{\mathrm{d}h}{\mathrm{d}t} \times \frac{1}{h} \qquad (2.13)$$

式中　$\mathrm{d}h/\mathrm{d}t$——压下时的线速度,即变形工具在变形方向上的运动速度 $v = \mathrm{d}h/\mathrm{d}t$,结果得

$$u = \frac{v}{h}(\mathrm{s}^{-1}) \qquad (2.14)$$

采利柯夫用下述公式计算轧制时的平均变形速度:

$$u = \frac{v_1 \Delta h}{l H_0} = \frac{v_1 \varepsilon}{\sqrt{R\Delta h}}(\mathrm{s}^{-1}) \qquad (2.15)$$

式中　v_1——轧辊出口处金属流动速度,mm/s;

　　　l——咬入弧的水平投影,mm;

　　　R——工作轧辊身半径,mm;

　　　Δh——物体的高度变化,$\Delta h = H - h$。

变形速度对变形抗力的影响很大,通常随变形速度的增大,变形抗力提高。关于变形速度对变形抗力的影响的物理本质研究还不够。强化 – 回复理论认为,塑性变形过程中,变形金属内有两个相反的过程 —— 强化过程和软化过程(回复和再结晶)同时存在。因为回复和再结晶过程不仅同晶格的畸变和变形时金属的温度有关,而且与过程的时间(孕育时间及成核长大时间)有关,所以变形速度的增加,有利于软化过程的进行,从而使变形抗力降低;若其过程时间缩短而不利软化迅速完成,则变形抗力增加。

图 2.28 所示为低碳钢在不同温度下的变形速度与变形抗力(强度极限)关系曲线。由这些曲线可知,只有在高速热态(高于再结晶温度以上)情况下,变形抗力才随着速度增加而增加。其原因可能是变形速度太快,以致再结晶过程来不及进行或进行不完全。低于再结晶温度以下的塑性变形过程,变形速度对变形抗力影响较小。

目前,还没有数字分析式准确地反映变形抗力与变形速度的关系,当前常用的是路德维克提出的计算式:

$$\sigma_\mathrm{s} = \sigma_{s0} + n\ln\frac{u}{u_0} \qquad (2.16)$$

和列陶提出的公式:

$$\sigma_s = \sigma_{s0}\left(\frac{u}{u_0}\right)^m \tag{2.17}$$

式中　　σ_s、σ_{s0}——应变速度 u 和 u_0 条件下的流动应力；

　　　　n、m——试验确定的常数。

式(2.16)用于完全硬化和不完全硬化的变形温度范围内;式(2.17)适用于热变形温度范围内。

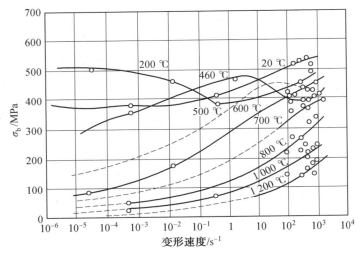

图 2.28　在不同温度下变形速度对低碳钢极限的影响

由于变形速度对变形抗力有上述影响,所以在实验室准静条件下所测得的材料真实应力 $\sigma_{s(真)}$,用于实际工程计算时必须加以修正。修正的方法是乘以一个大于1的系数,称之为速度系数 φ。表2.1 为古布金推荐的速度系数值。

表 2.1　速度系数值

变形速度增加倍数 （以准静速度 0.1 s⁻¹ 为基准）	φ			
	$\dfrac{T}{T_{熔}} < 0.3$	$\dfrac{T}{T_{熔}} = 0.3 \sim 0.5$	$\dfrac{T}{T_{熔}} = 0.5 \sim 0.7$	$\dfrac{T}{T_{熔}} > 0.7$
10 倍	1.05 ~ 1.10	1.10 ~ 1.15	1.15 ~ 1.30	1.30 ~ 1.50
100 倍	1.10 ~ 1.22	1.22 ~ 1.32	1.32 ~ 1.70	1.70 ~ 2.25
1 000 倍	1.16 ~ 1.34	1.34 ~ 1.52	1.52 ~ 2.20	2.20 ~ 3.40
从准静速度提高到动载	1.10 ~ 1.25	1.25 ~ 1.75	1.75 ~ 2.50	2.50 ~ 3.50

注:速度系数下限用于该温度范围内较低的温度;$T_{熔}$(熔化温度)的系统均为热力学温度。

4. 变形程度的影响

金属塑性变形时,金属晶格空间产生了弹性畸变,它阻碍了金属内滑移的进行。畸变越严重,塑性变形越难以产生,金属的变形抗力越大。随着变形程度的增大,晶格畸变增大,滑移带将产生严重的弯曲,这就进一步使金属变形抗力增大,出现加工硬化现象。对于同一金属与合金,在室温下进行冷变形时加工硬化现象比较严重,这是因为冷加工时的加工温度低于再结晶温度。即在较高温度条件下,只要回复和再结晶过程来不及进行,则随着变形程度的增加,必然产生加工硬化,使变形抗力增加。图 2.29 所示为冷轧低碳钢时压下率(ε)对拉伸试验曲线特征的影响。从图中可知,随 ε 增加,$\sigma_{0.2}$ 显著增加。在热加工时,若变形速度较高,再结晶进行不充分,也会出现加工硬化现象,使变形抗力提高。

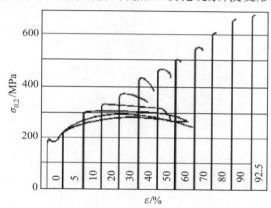

图 2.29　冷轧低碳钢时压下率对拉伸实验曲线特征的影响

根据对试验资料的分析,在冷加工状态下金属的强度指标 σ(屈服极限 $\sigma_{0.2}$、强度极限 σ_{b}、硬度 HB)与相对变形 ε 间的关系可用幂函数表示:

$$\sigma = \sigma_{s0} + A \bar{\varepsilon}^n \tag{2.18}$$

式中　σ_{s0}——材料在完全退火状态下的屈服极限;

　　　A、n——材料常数;

　　　$\bar{\varepsilon}$——平均累计相对变形量。

还应当指出,冷轧时从变形区入口到出口,变形程度 ε 是变化的,因而 σ_{s} 也随之变化。

例如冷轧硅钢片,在第一道,轧件由原始厚度 H 为 2.5 mm,轧至 h 为 1.1 mm,压下率 $\varepsilon = 56\%$。这种情况下,在变形区入口处,$\sigma_{s}(\varepsilon = 0) = 460$ MPa,而在出口处,$\sigma_{s}(\varepsilon = 56\%) = 880$ MPa。既然 σ_{s} 在接触弧内是变化的(图 2.30),计算时如用入口处之值(此时 σ_{s} 值最小),则计算结果偏低;如用出口处值(此时 σ_{s} 值最大),则计算结果偏高。

一般按下列方法来求轧件入口及出口的 σ_{s} 平均值,以便用于计算。

先用式(2.19)求其平均累积压下率的平均值,如图2.31所示。

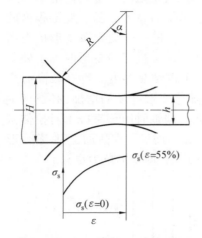

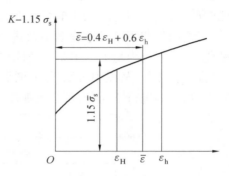

图2.30 σ_{s} 在变形区内的变化 　　　　图2.31 求 $\bar{\varepsilon}$ 的图示

$$\bar{\varepsilon} = \varepsilon_{\mathrm{H}} + 0.6(\varepsilon_{\mathrm{h}} - \varepsilon_{\mathrm{H}}) \tag{2.19}$$

或

$$\bar{\varepsilon} = 0.4\varepsilon_{\mathrm{H}} + 0.6\varepsilon_{\mathrm{h}} \tag{2.20}$$

式中　　$\bar{\varepsilon}$——积累压下率的平均值;

ε_{H}——轧前的冷加工变形程度,即 $\varepsilon_{\mathrm{H}} = \dfrac{H_0 - H}{H_0} \times 100\%$; 　　　(a)

ε_{h}——轧后的冷加工变形程度,即 $\varepsilon_{\mathrm{h}} = \dfrac{H_0 - h}{H_0} \times 100\%$; 　　　(b)

H_0——退火后原始坯料厚度;

H、h——该道次轧前、轧后轧件厚度。

如果 $\varepsilon = \dfrac{H - h}{H}$ 为该次的压下率,由式(a)和式(b),有

$$\varepsilon_{\mathrm{h}} = \varepsilon_{\mathrm{H}} + \varepsilon - \varepsilon_{\mathrm{H}}\varepsilon \tag{2.21}$$

把式(2.21)代入式(2.20),平均值 $\bar{\varepsilon}$ 可表示为

$$\bar{\varepsilon} = \varepsilon_{\mathrm{H}} + 0.6\varepsilon(1 - \varepsilon_{\mathrm{H}}) \tag{2.22}$$

根据此式算出的 ε 求得 σ_{s} 之值,即为该道次的平均 σ_{s} 值。

对热变形来说,金属中的软化过程比较强烈,非晶扩散塑性机理表现也比较明显。此时变形程度不是影响变形抗力的唯一因素,其变形抗力的函数式应反映变形程度、变形温度和变形速度的综合影响,故变形抗力常表达如下:

$$\sigma_{\mathrm{s}} = \sigma_{\mathrm{s真}} k_T k_\varepsilon k_u \tag{2.23}$$

式中　　σ_{s}——变形抗力;

$\sigma_{s真}$——在实验室准静条件下所测得材料真实应力;

k_T——变形温度的影响系数;

k_ε——变形程度的影响系数;

k_u——变形速度的影响系数。

5. 应力状态对变形抗力的影响

在塑性变形过程中,金属材料实际变形抗力要受应力状态的影响,例如,用相同的材料在相同模具上进行挤压和拉拔,其变形抗力前者远比后者大,这是挤压时材料处于三向压应力状态,而拉拔时材料处于二压一拉的应力状态所致。一般情况下,三向压应力状态使变形抗力提高。

应力状态对变形抗力的影响,可用塑性条件来解释。设有三向同号与异号的两个主应力图(图2.32),σ_1为外力所产生的主应力,σ_2、σ_3为模壁反作用所产生的主应力,并设 $\sigma_2 = \sigma_3$。为了使材料发生塑性变形,对于同号主应力图时应满足:

$$\sigma_1 - \sigma_3 = \sigma_s \tag{2.24}$$

即

$$\sigma_1 = \sigma_s + \sigma_3 \tag{2.25}$$

而对异号主应力时应满足:

$$\sigma_1 + \sigma_3 = \sigma_s \tag{2.26}$$

即

$$\sigma_1 = \sigma_s - \sigma_3 \tag{2.27}$$

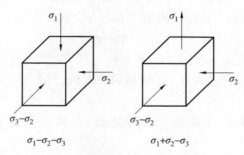

图2.32　三向同号与异号主应力图时的塑性条件

显然在两种情况下 σ_3 所起的作用正好相反,故第一种情况时 σ_1 的绝对值(即变形抗力)要比第二种时大。可以这样来理解:金属塑性变形主要是由于金属内部的晶体产生了滑移,为了使滑移发生,滑移面上的剪应力应达到某一临界值。在同号主应力图中,各主应力在滑移面上所引起的剪应力分量总要相互抵消一部分,而在异号主应力图中却是互相叠加的。为此,在同号主应力图中需要增加外力,才能使该面上剪应力达到临界值而发生滑移。

由此可知,具有同号主应力图中的变形抗力,大于异号主应力图中的变形抗力。同时在同号主应力图中,随着 σ_2、σ_3 的增加,变形抗力也增加。

6. 其他因素

（1）外摩擦对变形抗力的影响。

若在不同摩擦系数的压力机上的平板间做镦粗试验,试验样品具有同样化学成分和同样性质,每次压缩试验后,都进行一次总压力的测量,结果得到的是变形抗力随摩擦系数的增加而增加的曲线,如图 2.33 所示。

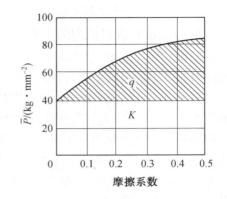

图 2.33　摩擦系数对平均单位压力的影响

当 $\mu = 0$ 时,在接触面上的摩擦影响完全消失,三向应力状态不存在,显然曲线与纵轴相交的数值是符合单向应力状态的金属变形抗力的,现用 K 表示。此时,K 值的物理意义可以理解为:当接触表面完全没有摩擦存在时,该材料的变形抗力仅由金属本身性质所决定。该变形抗力常称为金属的"天然强度"。

可以假设,"天然强度"是金属的性质,该性质在任何应力状态的条件下都保持不变。于是在图 2.33 中的曲线上,可将变形抗力分成两个组成部分:"天然强度"的变形抗力值和外摩擦力所引起的附加抗力值,后者用 q 表示。这样金属塑性变形时的总抗力或真实变形抗力值为 K 与 q 之和,即

$$P = K + q \tag{2.28}$$

当 $\mu = 0$ 时,$P = K$;当 $\mu > 0$ 时,$P = K + q$。

比较图 2.33 曲线中之 K 和 q 的区域可以看到,当 K 不变时,随摩擦系数的增加 q 值也增加。

所以,塑性变形时,欲使变形抗力降低,必须用一切方法来降低摩擦系数值。

（2）工具形状和尺寸的影响。

当原始厚度 H 相同的轧件,以相同的压下量,在不同辊径的轧机上轧至相同的最终厚度 h（图2.34）时,轧辊直径越大,接触弧长度 L 越大,随之摩擦影响的程度越大,三向压应力状态越强,因此变形抗力越大,轧制压力越大。所以轧辊直径的大小反映了摩擦和应力状态的影响。

对于这一问题的解释,可用平板压缩圆柱试验说明:用直径分别为12.7 mm、19.0 mm、25.4 mm、31.7 mm 和38.14 mm,高为12.7 mm 的圆柱形试样,进行压

缩测量（图 2.35）。可以认为,随着直径的增加,表面摩擦阻力的增加和应力状态的改变会造成变形困难,引起压力升高,变形抗力增大。这个平板压缩试验在实质上显示了尺寸因素的影响。

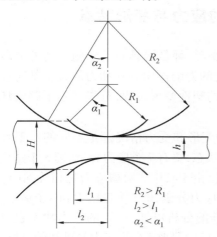

图 2.34　辊径尺寸的影响

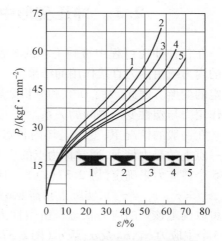

图 2.35　接触面积增加对压力的影响

（3）轧件尺寸的影响。

仍以平板压缩的试验来说明轧件尺寸的影响。

在同样的变形条件下,压缩直径同为 19 mm,高度不同的圆柱体,试样的高度分别为 38 mm、19 mm、11.2 mm、6.35 mm。虽然工具表面摩擦条件相似,接触面积相同,但在同样变形程度下,却得出不同结果,如图 2.36 所示。这是因为,变形时虽然接触面积相同,但是变形的体积不同,因而三向压应力状态的影响程度也不同。

由此可见,压下率相同时,试件越薄,变形时所需单位压力越大,如 40% 的压下

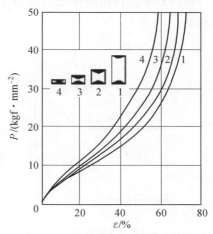

图 2.36　轧件尺寸因素的影响

率,对 38 mm 高的试件,压力为 16 t,而对 6.35 mm 的薄件,则为 23 t,但从绝对压下量来说,后者压力为小,这就充分说明了轧件尺寸这一因素的影响。

综上所述,变形过程中,外摩擦系数、工具尺寸、轧件尺寸对变形抗力的影响不仅取决于摩擦系数,同时取决于接触面积和变形区体积的比值。轧件高度 H 值越小,外摩擦影响越大,三向压应力状态越强,金属的变形抗力越大;反之,H 越大,外摩擦影响越小,三向压应力状态越弱,因而变形抗力值越小。轧辊直径 D

越大,外摩擦系数越大,三向压应力状态越强,金属的变形抗力越大;反之,轧辊直径 D 越小,外摩擦系数越小,三向压应力状态越弱,金属的变形抗力越小。

2.3 冲压变形中的应力与变形特点

在各种冲压过程中板料毛坯的塑性变形,都是模具对毛坯施加的外力所引起的内力或由内力直接作用的结果。一定的力的作用方式和力的大小都对应着一定的变形。因此,为了研究和分析金属的塑性变形过程,首先必须了解毛坯内的作用力与塑性变形之间的关系。

在一般的情况下,变形毛坯内各点的变形和受力情况都是不同的。毛坯内每一点上的受力情况,通常称为点的应力状态,要有 9 个应力分量,即 3 个正应力和 6 个剪应力来确定(图 2.37(a))。但是,由于其中 3 对剪应力是相等的($\tau_{xy} = \tau_{yx}$,$\tau_{zx} = \tau_{xz}$,$\tau_{zy} = \tau_{yz}$),实际上只需要 6 个应力分量,即 3 个正应力和 3 个剪应力,就可以确定该点的应力状态。由塑性力学的分析可知,一点的应力状态也可以用 3 个主应力 σ_1、σ_2 及 σ_3 表示(图 2.37(b))。只要 3 个主应力是已知的,就可以计算出任意平面作用的正应力与剪应力,所以也就可以认为该点的应力状态是已知的。

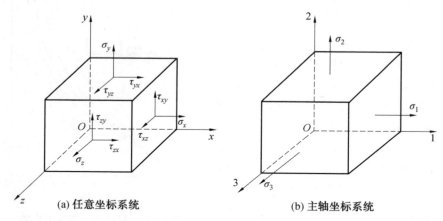

(a) 任意坐标系统   (b) 主轴坐标系统

图 2.37 点的应力状态

通常,称主应力 σ_1、σ_2 及 σ_3 的作用方向为主轴。主轴的方向仅仅取决于该点的受力情况,而与坐标轴的选取无关。利用主应力来研究冲压过程中毛坯内应力的作用特点及其分布规律有很多方便。例如在图 2.38 中所示的拉深过程的应力分析时,在忽略数值较小的表面摩擦力之后,可以近似地取图中所示的 3 个主轴方向。这样做的结果可以使拉深毛坯变形区的应力分析及对拉深变形中许多问题的研究都得到很大程度的简化。

绝大多数冲压成形过程中毛坯的塑性变形区都不是处于单向受压或单向受拉的应力状态，而是受到二向或三向的应力作用。在单向受拉或单向受压时的应力与应变关系可以用硬化曲线或用硬化曲线的数学表达式来表示。但是，在受到二向以上的应力作用时的复杂应力状态下，处于塑性变形状态的毛坯变形区内应力与应变关系是相当复杂的。目前常用的有全应变理论和增量理论两种应力与应变关系。

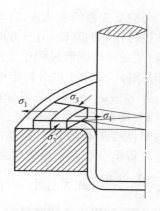

图 2.38　拉深时毛坯变形区内主应力方向

全应变理论的应力与应变关系表达式为

$$\frac{\varepsilon_1 - \varepsilon_2}{\sigma_1 - \sigma_2} = \frac{\varepsilon_2 - \varepsilon_3}{\sigma_2 - \sigma_3} = \frac{\varepsilon_3 - \varepsilon_1}{\sigma_3 - \sigma_1} = 常数 \qquad (2.29)$$

式（2.29）也可以改写为另一形式

$$\frac{\varepsilon_1}{\sigma_1 - \sigma_m} = \frac{\varepsilon_2}{\sigma_2 - \sigma_m} = \frac{\varepsilon_3}{\sigma_3 - \sigma_m} = 常数 \qquad (2.30)$$

式中　σ_m——平均应力，$\sigma_m = \dfrac{\sigma_1 + \sigma_2 + \sigma_3}{3}$，其数值表示应力状态中三向均匀受拉或三向均匀受压成分的大小。

增量理论的应力与应变关系表达式为

$$\frac{d\varepsilon_1 - d\varepsilon_2}{\sigma_1 - \sigma_2} = \frac{d\varepsilon_2 - d\varepsilon_3}{\sigma_2 - \sigma_3} = \frac{d\varepsilon_3 - d\varepsilon_1}{\sigma_3 - \sigma_1} = 常数 \qquad (2.31)$$

式（2.31）也可以改写为

$$\frac{d\varepsilon_1}{\sigma_1 - \sigma_m} = \frac{d\varepsilon_2}{\sigma_2 - \sigma_m} = \frac{d\varepsilon_3}{\sigma_3 - \sigma_m} = 常数 \qquad (2.32)$$

全应变理论仅仅表示塑性变形终了时主应变与主应力之间的关系，它不能反映出变形过程中应力与应变的变化过程所产生的影响。增量理论表示在塑性变形的某一个瞬间应变增量与主应力之间的关系，经过积分便可以把变形过程的特点反映出来，所以它更接近于实际的情况。假如塑性变形过程中的主应力方向不变，而且各应力间的比例也保持不变，那么全应变理论和增量理论的计算结果是一致的，所以在这种情况下完全可以应用全应变理论。此外，在单调的塑性变形过程中也可以应用全应变理论。增量理论在计算上引起的困难很大，尤其在冷变形硬化时，计算就更复杂。

应力与应变关系的表达式式（2.29）～（2.32）一方面是对压力加工中各种工艺参数进行计算的基础；另一方面，也可以在不进行详细的理论分析与计算的条件下，对某些冲压成形过程中毛坯的变形和应力的性质做出大致的分析和判断。例如从对式（2.30）的分析中可以得知：

（1）当 $\sigma_2 - \sigma_2 = 0$ 时，必定有 $\varepsilon_2 = 0$。利用体积不变条件 $\varepsilon_1 + \varepsilon_2 + \varepsilon_3 = 0$ 可得 $\varepsilon_1 = -\varepsilon_3$，即在主应力与平均应力相等的方向上不产生塑性变形，而另外两个方向上的塑性变形在数量上相等，在方向上相反。通常称这种变形为平面变形。由此可得出一个在实践中常常用到的重要结论：在平面变形时必定有 $\sigma_2 = \sigma_m = \dfrac{\sigma_1 + \sigma_2 + \sigma_3}{3}$（此式的另一种形式是 $\sigma_2 = \dfrac{\sigma_1 + \sigma_3}{2}$）。宽板弯曲时，在宽度方向的变形为零，即属于这种情况。

（2）当 $\sigma_1 = \sigma_2 = \sigma_3 = \sigma_m$ 时，由式（2.30）得 $\varepsilon_1 = \varepsilon_2 = \varepsilon_3 = 0$。也就是说，当三个主应力相等时，毛坯受三向等拉或三向等压的应力状态作用。此时毛坯不产生任何塑性变形，仅有弹性变形存在。

（3）当 $\sigma_1 > 0$ 且 $\sigma_2 = \sigma_3 = 0$ 时，毛坯受到单向拉应力作用。因为 $\sigma_1 - \sigma_m = \sigma_1 - \dfrac{\sigma_1}{3} > 0$，故 $\varepsilon_1 > 0$，而由式（2.30）又可得 $\varepsilon_1 = -2\varepsilon_2 = -2\varepsilon_3$；即单向受拉时，在拉应力作用方向上为伸长变形。在其余两个方向上产生数量相同的压缩变形，而且伸长变形为每一个压缩变形的两倍，当 $\sigma_3 < 0$ 且 $\sigma_1 = \sigma_2 = 0$ 时，毛坯受到单向压应力的作用。因为，$\sigma_3 - \sigma_m = \sigma_3 - \dfrac{\sigma_3}{3} < 0$，故 $\varepsilon_3 < 0$，利用式（2.30）又可得 $-\varepsilon_3 = 2\varepsilon_2 = 2\varepsilon_1$，即毛坯在单向压应力作用时，在压应力作用方向上为压缩变形，其值为另两个方向上伸长变形的 2 倍。翻边、缩口等冲压过程中毛坯边缘的变形就分别属于上述两种情况。

（4）当 $\sigma_1 = \sigma_2 > 0$ 且 $\sigma_3 = 0$ 时，由式（2.30）得 $\varepsilon_1 = \varepsilon_2 = -\dfrac{1}{2}\varepsilon_3$，即当毛坯受二向等拉时，在拉应力作用方向上为伸长变形，而在另一个没有主应力作用的方向上为压缩变形，其值为每个伸长变形的 2 倍。平板毛坯胀形时的中心部位就属于这种变形情况。

（5）当 $\sigma_1 > \sigma_2 > \sigma_3 > 0$ 时，由式（2.30）的分析可知，在最大拉应力 σ_1 方向上的变形一定是伸长变形，而在最小拉应力 σ_3 方向上的变形一定是压缩变形。利用这个分析结果，可以判断在两向受拉应力作用的胀形变形时，在拉应力作用方向上的变形是伸长变形，而在没有主应力作用的厚度方向上的变形是压缩变形，使毛坯变薄。

（6）当 $0 > \sigma_1 > \sigma_2 > \sigma_3$ 时，由式（2.30）的分析可知，在最小压应力 σ_3（绝对值最大）方向上的变形一定是压缩变形，而在最大压应力 σ_1（绝对值最小）方向上的变形一定是伸长变形。

上述这几个由应力 – 应变关系公式得出的推论,可以帮助我们对冲压变形中毛坯上某些特定的有代表性的位置上金属的变形性质和应力状态做出定性的分析,这在实际中是很有用的。

2.4　　加工硬化和硬化曲线

塑性变形后金属组织要产生一系列变化:晶粒内产生滑移带和孪晶带;滑移面转向,晶粒发生转动;变形程度很大时形成纤维组织;晶粒破碎,形成亚结构;当变形程度极大时各晶粒位向趋于一致,形成变形织构。由于塑性变形使金属内部组织发生变化,因而金属的性能也发生改变。其中变化最显著的是金属的力学性能,即随着变形程度的增加,金属的强度硬度增加,塑性韧性降低,这种现象称为加工硬化。

金属加工硬化的特征可以从其应力 – 应变曲线反映出来,图 2.39 所示为面心立方体结构单晶体的典型切应力 – 切应变曲线(也称加工硬化曲线),其硬化过程大体可分为三个阶段:在硬化曲线的第 Ⅰ 阶段,由于晶体中只有一组滑移系产生滑移,在平面上移动的位错很少受到其他位错的干扰,因此,位错运动受到的阻力较小,故加工硬化系数 $\theta_1 = d\tau/d\gamma$ 较小。当变形以两组或多组滑移系进行时,曲线进入第 Ⅱ 阶段,由于滑移面相交,很多位错线穿过滑移面,像在滑移面上竖起的森林一样,称为林位错。滑移面上位错的移动,必须不断地切割林位错,产生各种位错割阶和固定位错障碍,晶体中位错密度也迅速增加,并且还会产生位错塞积,这都使位错继续运动的阻力增大,这时晶体的加工硬化系数很大。第 Ⅲ 阶段和位错的交滑移有关,当应力增加到一定程度的时候,滑移面上的位错可借交滑移而绕过障碍,从而使加工硬化系数相对下降。

上述三个阶段加工硬化曲线是典型的情况,实际单晶体的加工硬化曲线因其晶体的结构类型、晶体位向、杂质含量及试验温度等因素的不同而有所变化。图 2.40 所示为三种常见单晶体的加工硬化曲线。密排六方金属只能沿一组滑移面滑移,曲线平缓,加工硬化效应不大。立方晶体可以同时开动好几个滑移系,曲线较陡,呈现较强的加工硬化效应。

多晶体的加工硬化要比单晶体的加工硬化复杂得多。多晶体变形时,由于晶界的阻碍作用和晶粒之间的协调配合要求,各晶粒不可能以单一滑移系动作,必然有多组滑移系同时开动。因此,多晶体在塑性变形一开始就进入第 Ⅱ 阶段硬化,随后进入第 Ⅲ 阶段硬化,而且多晶体的硬化曲线比单晶体的更陡,加工硬化系数更大,如图 2.41 所示。此外,加工硬化还与晶粒大小有关,晶粒越细,加工硬化越显著,这在变形开始阶段尤为明显。

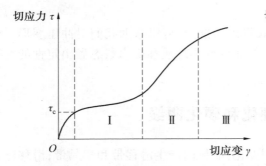 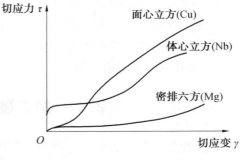

图2.39　单晶体的切应力－切应变曲线　　图2.40　三种常见单晶的加工硬化曲线

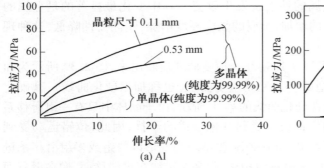 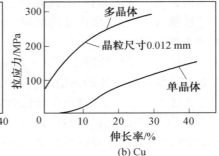

(a) Al　　　　　　　　　　　(b) Cu

图2.41　单晶体与多晶体的硬化曲线

　　在冲压生产中,毛坯形状的变化与零件的形状形成过程——材料的塑性变形过程都是在常温下进行的。对于常用的金属材料,在常温下的塑性变形过程当中,由冷变形的硬化效应引起的材料机械性能的变化,使其强度指标(屈服极限σ_s与强度极限σ_b)随变形程度的加大而增加,并且使其塑性指标(延伸率δ与断面收缩率ψ)降低。因此,在进行变形毛坯内各部分的应力分析和各种工艺参数的确定时,必须考虑到材料在冷变形硬化中的屈服强度(或称变形抗力)的变化。另外,板料的冷变形硬化性能对许多冲压工艺都有较大的影响:有时是有利的,有时是不利的。例如在伸长类的冲压成形工艺中,板材的硬化能够减少过大的局部变形(减小局部变薄量),使变形趋向均匀,增大成形的极限;又如在翻边变形前孔边缘部分材料的硬化容易引起开裂,降低了极限翻边系数。由此可见,在处理冲压生产上的许多实际问题时,必须研究和掌握材料的硬化和硬化规律及它们对冲压工艺的影响。

　　在冷变形中材料的变形抗力随变形程度的变化,用硬化曲线来表示。图2.42即为几种材料的硬化曲线举例。材料的硬化曲线可在普通的拉伸变形时用试验方法求得,但是,当超越材料的稳定变形区,产生集中的局部变形——细颈之后,应力状态也随着发生变化,这是拉伸试验的缺点。做材料的镦粗试验,也能得到硬化曲线。虽然镦粗时没有拉伸时产生的局部细颈的问题,但是当变形程度较大时,试件断面形状发生的畸变也会引起试验上的误差。试验证明,拉伸试验和镦粗试验得到的硬化曲线基本上是一致的。对于板料,有时也用平板毛坯的液压胀形试验,经过一些换算后求得硬化曲线,这时毛坯中心点受双向等拉应力的作用,变形稳定性比单向拉伸时大得多,这是本方法的一个主要优点。图 2.42 是用镦粗方法得到的硬化曲线,变形程度用试件高度的相对变化表示。

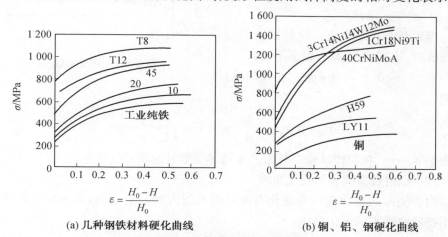

(a) 几种钢铁材料硬化曲线　　　(b) 铜、铝、钢硬化曲线

图 2.42　几种材料的硬化曲线举例

由图 2.42 可见,几乎所有的硬化曲线都具有一个共同的特点,就是随变形程度的增大,材料的硬化强度 $\dfrac{\mathrm{d}\sigma}{\mathrm{d}\varepsilon}$(或称硬化模数)逐渐降低,也就是材料的硬化曲线的梯度变小。

为了实用上的需要,必须把硬化曲线用数学式表示出来。但是,由于各种材料的硬化曲线都具有不同的特点,因此用同一个数学式精确地把它们表示出来是不可能的。实际上,常用的几种硬化曲线的数学表达式都是近似的,由于材料种类和性能的不同,其误差大小也不尽相同。现在常用的有两种硬化曲线的表达式:用直线代替硬化曲线或用指数曲线表示硬化曲线。

(1) 用直线代替硬化曲线。

用直线代替硬化曲线时有

$$\sigma = \sigma_0 + F\varepsilon \tag{2.33}$$

式中　　σ_0——近似的屈服极限,也是硬化直线在纵坐标轴上的截距;

　　　　F——硬化直线的斜率,称为硬化模数,表示材料硬化强度的大小。

由图 2.43 可见,用直线代替硬化曲线是非常近似的,而且它们的数值仅在切点上是一致的,在其他各点都有差别,尤其在变形程度很小或很大时,差别是很显著的。

式(2.33)中的变形程度 ε 的表示方法不同,硬化直线的表达式也不一样。当用拉伸试验中的延伸率时,式(2.33)具有以下形式:

$$\sigma = \sigma_b (1 + \delta) \qquad (2.34)$$

式中　σ_b—— 材料的强度极限;

　　　　δ—— 延伸率。

当用断面收缩率表示拉伸试验的变形程度时,式(2.33)具有以下形式:

$$\sigma = \sigma_0 + F\psi \qquad (2.35)$$

式中

$$\sigma_0 = \sigma_b \frac{1 - 2\psi_u}{(1 - \psi_u)^2}, \quad F = \frac{\sigma_b}{(1 - \psi_u)^2}$$

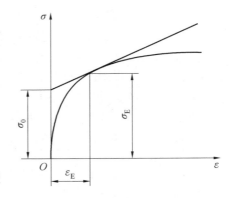

图2.43　硬化曲线

式中　ψ_u—— 在拉伸试验中开始产生局部变形时的断面收缩率。

(2)用指数曲线表示硬化曲线。

由于实际的硬化曲线和硬化直线之间有很大的差别,所以在冲压生产中经常用指数曲线表示硬化曲线:

$$\sigma = c\varepsilon^n \qquad\qquad (2.36)$$

式中　c—— 系数;

　　　　n—— 硬化指数。

c 与 n 的值均取决于材料的种类和性能,其值见表2.2。

表2.2　各种材料的 c 值与 n 值

材料	$c/(\text{N} \cdot \text{mm}^{-2})$	n
软钢	710 ~ 750	0.19 ~ 0.22
黄铜(60/40)	990	0.46
黄铜(65/35)	760 ~ 820	0.39 ~ 0.44
磷青铜	1 100	0.22
磷青铜(低温退火)	890	0.52
银	470	0.31
铜	420 ~ 460	0.27 ~ 0.34
硬铝	320 ~ 380	0.12 ~ 0.13
铝	160 ~ 210	0.25 ~ 0.27

注:表中数据是由退火材料在室温和低变形速度下的试验求得的。

指数曲线 $\sigma = c\varepsilon^n$ 和材料的实际硬化曲线比较接近。系数 c 与硬化指数 n 都可以用拉伸试验方法得到。硬化指数,是表明材料冷变形硬化性能的重要参数,也称为 n 值,对板材在各种冲压成形中的冲压性能以及冲压件的质量都有较为重要的影响。图 2.44 所示为不同 n 值材料的硬化曲线的对比。硬化指数 n 大时,表示在冷变形过程中材料的变形抗力随变形的进展而迅速地增大。因此, n 值大时,材料的塑性变形稳定性较好,不易出现局部的集中变形和破坏,有利于增大伸长类变形的成形极限。

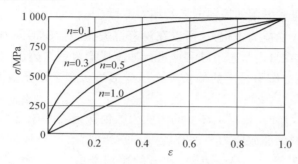

图 2.44　n 值不同时的硬化曲线

2.5　冲压成形的特点与分类

冲压成形是塑性加工的一种方法。虽然它也是利用材料的塑性变形能力,改变其几何形状与尺寸,从而达到冲压成形的目的,但是,由于冲压成形所用板料毛坯的几何形状特点和所用设备与模具的特殊性,使冲压成形除具有塑性加工普遍存在的特点和遵循其一般的变形规律外,还具有一些与一般的压力加工不同的特点与独特的规律。对这些特点与规律的研究,不仅有助于深入而清晰地认识冲压成形过程的本质和各种现象产生的机理,掌握变形规律,科学而合理地制定冲压工艺过程,确定合理的工艺参数与模具参数,而且还利于准确而迅速地分析冲压成形过程中产生缺陷与发生不良现象的原因。另外,对这些问题的研究,还能够推动冲压技术与理论工作的进步。

2.5.1　冲压成形的特点

在生产实践中应用的冲压成形工艺方法很多,有多种形式和名称,但它们在本质上是相同的,都是使平面形状的板料毛坯,在力的作用下,按既定的要求产生不可恢复的塑性变形,从而完成一定形状与精度零件的制造工艺。从利用原材料的塑性进行加工这个基本原则看,它和其他所有的塑性加工方法是一样的,但是,由于冲压成形中的毛坯是厚度远小于板平面尺寸的板料以及由此决定的外力作用方式与大小等,致使冲压成形具有如下几个非常突出的特点。

(1)由于冲压成形中的板料毛坯的厚度远小于它的板面尺寸,工具对毛坯的作用力只能作用于板料的表面。由于垂直于板面方向上的单位压力的数值远小于板面方向上的内应力,所以大多数冲压变形都可以近似地当作平面应力状态来处理,使变形力学的分析和工艺参数的计算等工作都得到很大的简化。

(2)由于冲压成形用的板料毛坯的相对厚度(与板面尺寸相比)很小,在压应力作用下的抗失稳能力也很差,所以在没有抗失稳装置(如压力圈等)拘束作用的条件下,很难在自由状态下顺利地进行冲压成形过程。因此,在各种冲压成形方法中,以拉应力作用为主的伸长类冲压成形过程多于以压应力为主的压缩类成形过程。

(3)在冲压成形时,板料毛坯里的内应力数值接近或等于材料的屈服应力,有时甚至小于板料的屈服应力。而在模锻和挤压时,有时毛坯的内应力可能超过其屈服应力许多倍。在这一点上,两者的差别是很大的。因此,在冲压成形时,变形区应力状态中的静水压力成分对成形极限与变形抗力的影响及其影响规律,已失去其在体积成形时的重要程度,有些情况下可以不予考虑,即使有必要考虑时,其出发点与处理方法也不相同。

(4)在冲压成形时,模具对板料毛坯作用力所形成的拘束作用程度较轻,并不像体积成形(如模锻等)靠与制件形状完全相同的模腔对毛坯的全面接触面实现的强制成形。在冲压成形中,大多数情况下,板料毛坯都有某种程度的自由度,常常只有一个表面与模具接触,面另侧表面是非接触的自由表面,甚至有时存在板料两侧表面都不与模具接触的变形部分。在这种情况下,这部分毛坯的变形是靠模具对其相邻部分施加的外力实现其控制作用的。例如球面与锥面零件成形时的悬空部分和管坯端部的搭边成形等都是这种情况。

由于冲压成形具有上述一些在变形与力学方面的特点,因此冲压技术也形成了一些与一般塑性加工不同的特点。

(1)由于不需要在板料毛坯的表面作用数值很大的单位压力即可使其成形,所以在冲压技术中关于模具强度与刚度的研究并不十分重要,相反地却发展了许多简易模具技术。相同的原因也促使靠气体或液体压力成形的工艺方法得以发展。

(2)因冲压成形时的平面应力状态或更为单纯的应变状态(与体积成形相比),当前对冲压成形中毛坯的变形与力能参数方面的研究较为深入,有条件运用合理的科学方法进行冲压加工。现在不仅采用合理设计的冲模工作部分的几何形状与尺寸来控制冲压变形过程,以获得高质量冲压件的传统技术方法,而且运用引入压边力或变压边力的对冲压变形的控制技术,甚至借助于电子计算机与当代的测试手段,在对板材性能与冲压变形参数进行适时测量与分析的基础上,实现冲压过程智能化控制的研究工作也在开展。

（3）人们在对冲压成形过程有了较为深入的了解后,已经认识到冲压成形与原材料有十分密切的关系。所以对板材冲压性能即成形性与形状冻结性的研究,目前已成为冲压技术的一个重要内容。对板材冲压性能的研究工作不仅是冲压技术发展的需要,而且也促进了钢铁工业制造技术的发展,为其提高板材的质量提供了一个基础与依据。

2.5.2　冲压成形中毛坯的分析

在冲压成形过程中,为使板料毛坯改变其原始形状成为零件,必须在毛坯各部分之间形成一定的受力与变形关系。每一种冲压成形方法都要求毛坯各部分之间存在一定的力与变形的关系。这是顺利完成冲压成形的基本保证,所以对冲压毛坯进行受力与变形方面的分析是十分必要的。

图 2.45 所示为几种典型冲压成形中毛坯的分析。在这四种成形工序中 A 是变形区,它是在冲压成形中产生塑性变形的部分;B 是传力区,它的作用是把冲模的作用力传递给变形区。图 2.45(b) 中的 D 是暂不变形的待变形区。虽然在图示的状态下它不参与变形,但随冲压成形过程的进行,它将不断地进入变形区参与变形。图中的 C 是自始至终都不参与变形的不变形区。有时也会出现传力区本身也是产生塑性变形的变形区的情况,它在本身变形的同时,把模具的作用力传给另一个变形区。图 2.45(c) 所示的球面零件成形中的 E 就是这种情况。

不变形区可能是传力区,也可能是不传力的已变形区或待变形区。但是,有时不变形区也可能是在全部过程中自始至终都不传力也不产生塑性变形,对冲压成形不起任何作用的无功能不变形区(图 2.45(b))。

在冲压成形过程中各个区(部分)之间是在相互转化而不断变化的,例如待变形区内的板料不断地进入变形区,而变形区的金属又可能不断地进入已变形区并承担起传力的作用等。

对变形区与不变形区的判断,当然可以直观地根据该部分毛坯是否在改变其形状来决定。不过,有时变形区的形状与尺寸并不发生变化(如再次拉深时的变形区),所以最根本的判断方法是:如果毛坯内某个部分内任意两点的距离不产生变化,也就是它们之间不产生相对的位移,那么即使该部分产生总体的位移,或做等角速度的转动,这部分也一定不是变形区,而是非变形区。

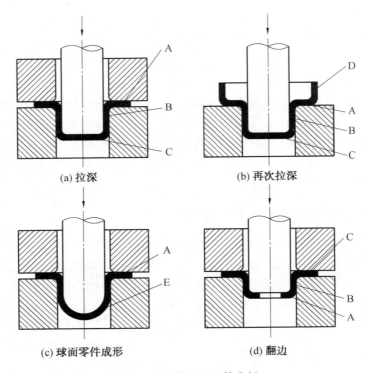

(a) 拉深　　　　　　　　　　　　(b) 再次拉深

(c) 球面零件成形　　　　　　　　　(d) 翻边

图 2.45　冲压毛坯的分析

2.5.3　冲压变形的分类

在冲压加工的技术工作与生产管理工作中,根据各自不同的需要与目的,按不同的标准出现了许多分类方法。吉田清太则根据成形毛坯与冲压件的几何尺寸参数将冲压成形分为胀形、拉深、翻边与弯曲等四类。

从本质上看,冲压成形就是冲压毛坯的变形区,在力的作用下产生相应的塑性变形,所以变形区内的应力状态和变形性质应该是决定冲压成形性质的基本因素。因此,根据变形区应力状态和变形特点进行的冲压成形分类方法,可以把成形性质相同的成形方法概括成同一个类型并进行体系化的研究。

绝大多数冲压成形时毛坯变形区均处于平面应力状态。通常在板料表面不受外力的作用(即使有力作用,其数值也是较小的),所以可以认为垂直于板面方向上的应力为零。使板料毛坯产生塑性变形的是作用于板面方向上相互垂直的两个主应力。由于板厚较小,通常都近似地认为这两个主应力在厚度方向上是均匀分布的。基于这样的分析,可以把所有各种形式的冲压成形中的毛坯变形区的受力状态与变形特点,在平面应力的应力坐标系中(冲压应力图)与相应的两向应变坐标系中(冲压变形图)以应力与应变坐标决定的位置来表示。反过来讲,在冲压应力图与冲压变形图中的不同位置都代表着不同的受力情况与变形特点。为了说明这一点,做以下分析。

(1)冲压毛坯变形区受两向拉应力作用时,可以分为两种情况,即 $\sigma_r > \sigma_\theta > 0$ 且 $\sigma_t = 0$ 和 $\sigma_\theta > \sigma_r > 0$ 且 $\sigma_t = 0$。在这两种情况下,绝对值最大的应力都是拉应力。以下对这两种情况分别进行分析。

① 当 $\sigma_r > \sigma_\theta > 0$ 且 $\sigma_t = 0$ 时。按全量理论可以写出如下应力与应变的关系式:

$$\frac{\varepsilon_r}{\sigma_r - \sigma_m} = \frac{\varepsilon_\theta}{\sigma_\theta - \sigma_m} = \frac{\varepsilon_t}{\sigma_t - \sigma_m} = \kappa \tag{2.37}$$

式中　　ε_r、ε_θ 与 ε_t ——轴对称冲压成形时的经向主应变、纬向主应变与厚度方向上的主应变;

　　　　σ_r、σ_θ 与 σ_t ——轴对称冲压成形时的经向主应力、纬向主应力与厚度方向上的主应力;

　　　　σ_m ——平均应力,其值为 $\sigma_m = \dfrac{\sigma_r + \sigma_\theta + \sigma_t}{3}$;

　　　　κ ——常数。

在受平面应力作用时,式(2.37)具有如下形式:

$$\frac{3\varepsilon_r}{2\sigma_r - \sigma_\theta} = \frac{3\sigma_\theta}{2\sigma_\theta - \sigma_t} = \frac{3\varepsilon_t}{-(\sigma_r + \sigma_\theta)} = \kappa \tag{2.38}$$

因为 $\sigma_r > \sigma_\theta > 0$,所以必定有 $2\sigma_r - \sigma_\theta > 0$ 与 $\varepsilon_r > 0$。这个结果表明:在受两向拉应力的平面应力作用时,如果绝对值最大的拉应力是 σ_r,则在这个方向上的主应变一定是正应变,即伸长变形。

又因为 $\sigma_r > \sigma_\theta > 0$,所以必定有 $-(\sigma_r + \sigma_\theta) < 0$ 与 $\varepsilon_t < 0$,即在板料厚度方向上的应变是负的,即压缩变形,板料变薄。

在 σ_θ 方向上的变形取决于 σ_r 与 σ_θ 的数值:当 $\sigma_r = 2\sigma_\theta$ 时,$\varepsilon_\theta = 0$;当 $\sigma_r > 2\sigma_\theta$ 时,$\varepsilon_\theta < 0$;当 $\sigma_r < 2\sigma_\theta$ 时,$\varepsilon_\theta > 0$。

σ_θ 的变化范围是 $\sigma_r \geqslant \sigma_\theta \geqslant 0$。在受双向等拉应力作用时,$\sigma_r = \sigma_\theta$,由式(2.30)得 $\varepsilon_r = \varepsilon_\theta > 0$ 及 $\varepsilon_t < 0$;在受单向拉应力作用时,$\sigma_\theta = 0$,由式(2.30)可得 $\varepsilon_\theta = -\dfrac{\varepsilon_r}{2}$。

根据上述分析可知,这种变形情况处于冲压变形图中的 AON 范围(图 2.46);而在冲压应力图中则处于 GOH 范围(图 2.47)。

② 当 $\sigma_\theta > \sigma_r > 0$ 且 $\sigma_t = 0$ 时。由式(2.38)可知,因为 $\sigma_\theta > \sigma_r > 0$,所以一定有 $2\sigma_\theta > \sigma_r > 0$ 与 $\varepsilon_\theta > 0$。这个结果表明:对于两向拉应力的平面应力状态,

当 σ_θ 的绝对值最大时,则在这个方向上的应变一定是正的,即一定是伸长变形。

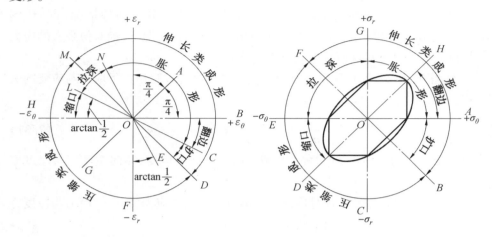

| 图2.46 冲压变形图 | 图2.47 冲压应力图 |

又因为 $\sigma_\theta > \sigma_r > 0$,所以一定有 $-(\sigma_r + \sigma_\theta) < 0$ 与 $\varepsilon_t < 0$,即在板厚方向上的应变是负值,是压缩变形,板料变薄。

在 σ_r 方向上的变形取决于 σ_r 与 σ_θ 的数值,当 $\sigma_\theta = 2\sigma_r$ 时,$\varepsilon_r = 0$;当 $\sigma_\theta > 2\varepsilon_r$ 时,$\varepsilon_r < 0$;当 $\sigma_\theta < 2\varepsilon_r$ 时,$\varepsilon_r > 0$。

这时 σ_r 的变化范围是 $\sigma_\theta \geqslant \sigma_r \geqslant 0$。当 $\sigma_r = \sigma_\theta$ 时,$\varepsilon_r = \varepsilon_\theta > 0$,即在双向等拉的应力状态下,在两个拉应力方向上产生数值相同的伸长变形;当 $\sigma_r = 0$ 时,$\varepsilon_r = -\dfrac{\varepsilon_\theta}{2} < 0$,即在单向应力状态下,其变形性质与一般的简单拉伸是完全一样的。

这种变形与受力情况,处于冲压变形图中的 AOC 范围(图2.46),处于冲压应力图中的 AOH 范围(图2.47)。

上述两种冲压变形情况,仅在最大应力的方向上不同,而两个应力的性质与比值范围以及它们引起的变形都是一样的。因此,对于各向同性的均质材料,这两种变形是完全相同的。

(2)冲压毛坯变形区受两向压应力的作用,这种变形也分两种情况分析,即 $\sigma_r < \sigma_\theta < 0$ 且 $\sigma_t = 0$ 和 $\sigma_\theta < \sigma_r < 0$ 且 $\sigma_t = 0$。

① 当 $\sigma_r < \sigma_\theta < 0$ 且 $\sigma_t = 0$ 时。由式(2.38)的分析可知:$\sigma_r < \sigma_\theta < 0$,所以一定有 $2\sigma_r - \sigma_\theta < 0$ 与 $\varepsilon_r < 0$。这个结果表明:在受两向压应力的平面应力作用时,如果绝对值最大的应力是 $\sigma_r < 0$,则在这个方向上的应变一定是负的,即压缩变形。

又因为 $\sigma_r < \sigma_\theta < 0$，所以必定有 $-(\sigma_r + \sigma_\theta) > 0$，即在板厚方向上的应变是正的，板料增厚。

在 σ_θ 方向上的变形取决于 σ_θ 与 σ_r 的数值：当 $\sigma_r = 2\sigma_\theta$ 时，$\varepsilon_\theta = 0$；当 $\sigma_r > 2\sigma_\theta$ 时，$\varepsilon_\theta < 0$；当 $\sigma_r < 2\sigma_\theta$ 时，$\varepsilon_\theta > 0$。

这时 σ_θ 的变化范围在 σ_r 与 0 之间。当 $\sigma_\theta = \sigma_r$ 时，是双向等压的平面应力状态，故有 $\varepsilon_\theta = \varepsilon_r < 0$；当 $\sigma_\theta = 0$ 时，是单向受压的应力状态，所以 $\varepsilon_\theta = -\dfrac{\varepsilon_r}{2}$。这种变形情况处于冲压变形图的 GOE 范围内（图 2.46），而在冲压应力图中则处于 COD 范围。

② 当 $\sigma_\theta < \sigma_r < 0$ 且 $\sigma_t = 0$ 时。由式（2.35）的分析可知，因为 $\sigma_\theta < \sigma_r < 0$，所以一定有 $2\sigma_\theta - \sigma_r < 0$ 及 $\varepsilon_\theta < 0$。这个结果表明：对于两向压应力作用的平面应力状态，如果绝对值最大的应力是 σ_θ，则在这个方向上的应变一定是负的，即压缩变形。

又因为 $\sigma_\theta < \sigma_r < 0$，所以一定有 $-(\sigma_\theta + \sigma_r) > 0$ 与 $\varepsilon_t > 0$，即在板厚方向上的应变是正的，板料增厚。

σ_r 方向上的变形取决于 σ_r 与 σ_θ 的数值：当 $\sigma_\theta = 2\sigma_r$ 时，$\varepsilon_r = 0$；当 $\sigma_\theta > 2\sigma_r$ 时，$\varepsilon_r < 0$；当 $\sigma_\theta < 2\sigma_r$ 时，$\varepsilon_r > 0$。

这时，σ_r 的数值只能在 $\sigma_\theta \leqslant \sigma_r \leqslant 0$ 变化。当 $\sigma_\theta = \sigma_r$ 时是双向等压的应力状态，所以 $\varepsilon_\theta = \varepsilon_r < 0$；当 $\sigma_r = 0$ 时，是单向受压的应力状态，所以有 $\varepsilon_r = -\dfrac{\varepsilon_\theta}{2} > 0$。这种变形情况，在冲压变形图中处于 GOL 范围（图 2.46），而在冲压应力图中处于 DOE 范围（图 2.47）。

（3）冲压毛坯变形区受两个方向上异号应力的作用，而且拉应力的绝对值大于压应力的绝对值。这种变形共有两种情况，分别做如下分析。

① 当 $\sigma_r > 0$，$\sigma_\theta < 0$ 及 $|\sigma_r| > |\sigma_\theta|$ 时。由式（2.38）可知：因为 $\sigma_r > 0$，$\sigma_\theta < 0$ 及 $|\sigma_r| > |\sigma_\theta|$，所以一定有 $2\sigma_r - \sigma_\theta > 0$ 及 $\varepsilon_r > 0$。这个结果表明，在异号的平面应力状态时，如果绝对值最大的应力是拉应力，则在这个绝对值最大的拉应力方向上的应变是正的，即为伸长变形。

又因为 $\sigma_r > 0$ 与 $\sigma_\theta < 0$，所以必定有 $\varepsilon_\theta < 0$，即在压应力方向上的应变是负的，是压缩变形。

这时，σ_θ 的数值只能在 $\sigma_\theta = -\sigma_r$ 与 $\sigma_\theta = 0$ 的范围内。当 $\sigma_\theta = -\sigma_r$ 时，$\varepsilon_r > 0$，$\varepsilon_\theta < 0$，而且 $|\varepsilon_r| = |\varepsilon_\theta|$；当 $\sigma_\theta = 0$ 时，$\varepsilon_r > 0$，$\varepsilon_\theta < 0$，而且 $\varepsilon_\theta = -\dfrac{\varepsilon_r}{2}$，这是单向受拉的应力状态。这种变形状态处于冲压变形图中的 MON 范围（图 2.46），而在

冲压应力图中处于 *GOF* 范围(图2.47)。

②当$\sigma_\theta > 0, \sigma_r < 0$及$|\sigma_\theta| > |\sigma_r|$时。利用式(2.38),用与前项相同的方法分析可得$\varepsilon_\theta > 0$,即在异号应力作用的平面应力状态下,如果绝对值最大的应力是拉应力σ_θ,则在这个方向上的应变是正的,是伸长变形。而在压应力σ_r方向上的应变是负的($\varepsilon_r < 0$),是压缩变形。

这时σ_r的数值只能介于$\sigma_r = -\sigma_\theta$与$\sigma_r = 0$之间。当$\sigma_r = -\sigma_\theta$时,$\varepsilon_\theta > 0$,$\varepsilon_r < 0$,而且有$|\varepsilon_r| = |\varepsilon_\theta|$;当$\sigma_r = 0$时,$\varepsilon_\theta > 0$,$\varepsilon_r < 0$,而且$\varepsilon_r = -\dfrac{\varepsilon_\theta}{2}$。这种变形处于冲压变形图中的 *COD* 范围(图2.46),而在冲压应力图中则处于 *AOB* 范围(图2.47)。

虽然这两种情况的表示方法不同,但从变形的本质上看是一样的。

(4)冲压毛坯变形区受两个方向上异号应力的作用,而且压应力的绝对值大于拉应力的绝对值。以下对这种变形的两种情况,分别进行分析。

①当$\sigma_r > 0, \sigma_\theta < 0$及$|\sigma_\theta| > |\sigma_r|$时。由式(2.38)可知:因为$\sigma_r > 0$,$\sigma_\theta < 0$与$|\sigma_\theta| > |\sigma_r|$,必定有$2\sigma_\theta - \sigma_r < 0$及$\varepsilon_\theta < 0$。这个结果表明:在异号应力的平面应力状态下,如果绝对值最大的应力是压应力σ_θ,则在这个方向上的应变是负的,是压缩变形。

又因为$\sigma_r > 0, \sigma_\theta < 0$,必定有$2\sigma_r - \sigma_\theta > 0$及$\varepsilon_r > 0$,即在拉应力方向上的应变是正的,是伸长变形。

这时,σ_r的数值只能介于$\sigma_r = -\sigma_\theta$与$\sigma_r = 0$之间。当$\sigma_r = -\sigma_\theta$时,$\varepsilon_r > 0$,$\varepsilon_\theta < 0$,而且$\varepsilon_r = -\varepsilon_\theta$;当$\sigma_r = 0$时,$\varepsilon_r > 0$,$\varepsilon_\theta < 0$,而且$\varepsilon_r = -\dfrac{\varepsilon_\theta}{2}$。这种变形处于冲压变形图中的 *MOL* 范围(图2.46),而在冲压应力图中则处于 *EOF* 范围(图2.47)。

②当$\sigma_\theta > 0, \sigma_r < 0$及$|\sigma_r| > |\sigma_\theta|$时。利用式(2.38)的关系,并用与前项相同的方法分析可得$\varepsilon_r < 0$,即在异号应力作用的平面应力状态下,如果绝对值最大的应力是压应力σ_r,则在这个方向上的应变是负的,是压缩变形,而在拉应力作用方向上的应变是正的,是伸长变形。

这时σ_θ的数值只能介于$\sigma_\theta = -\sigma_r$与$\sigma_\theta = 0$之间。当$\sigma_\theta = -\sigma_r$时,$\varepsilon_\theta > 0$,$\varepsilon_r < 0$,而且$\varepsilon_\theta = -\varepsilon_r$;当$\sigma_\theta = 0$时,$\varepsilon_\theta > 0$,$\varepsilon_r < 0$,而且$\varepsilon_\theta = -\dfrac{\varepsilon_r}{2}$。这种变形处于冲压变形图中的 *DOE* 范围(图2.46),而在冲压应力图中则处于 *BOC* 范围(图2.47)。实质上,这两种变形(*a* 与 *b*)的变形性质与特点是完全相同的。

这四种变形与相应的冲压成形方法之间是相对应的,它们之间的对应关系用文字标注在图2.46与图2.47上。

以上分析的四种变形情况,相当于所有的平面应力状态,也就是说这四种变形情况可以把全部的冲压变形毫无遗漏地概括为两大类别,即伸长类与压缩类。当作用于冲压毛坯变形区内的拉应力的绝对值最大时,在这个方向上的变形一定是伸长变形,称这种冲压变形为伸长类变形。根据上述分析,伸长类变形在冲压变形图中占有 *MON*、*NOA*、*AOB*、*BOC* 及 *COD* 5 个区间,而在冲压应力图中则占有 *FOG*、*GOH*、*HOA* 及 *AOB* 4 个区间。当作用于冲压毛坯变形区的压应力的绝对值最大时,在这个方向上的变形一定是压缩变形,称这种变形为压缩类变形。根据上述分析,压缩类变形在冲压变形图中占有 *MOL*、*LOH*、*HOG*、*GOF* 及 *FOD* 5 个区间,而在冲压应力图中则占有 *FOE*、*EOD*、*DOC*、*COB* 4 个区间。*MD* 与 *FB* 分别是冲压变形图与冲压应力图中两类变形的分界线。分界线的右上方是伸长类变形,而分界线的左下方是压缩类变形。

由于塑性变形过程中材料所受的应力和由此应力所引起的应变之间存在相互对应的关系,所以冲压应力图与冲压变形图也存在一定的对应关系。每一个冲压变形都可以在冲压应力图上和冲压变形图上找到它固定的位置。根据冲压毛坯变形区内的应力状态或变形情况,利用冲压应力图或冲压变形图中的分界线(*MD* 或 *FB*),就可以较容易地判断该冲压变形的性质与特点。

概括以上分析的结果,把各种应力状态在冲压应力图和冲压变形图中所处的位置以及两个图的对应关系列于表 2.3。从表 2.3 中的关系可知,冲压应力图与冲压变形图中各区间所处的几何位置并不相同,但它们在两个图中的顺序是相同的。最重要的一点是:伸长类与压缩类变形的分界线,在两个图里都是与坐标轴成 45° 角的一条斜线。

表 2.3 冲压应力状态与冲压变形状态的对照

应力状态		冲压变形图中位置	冲压应力图中位置	在绝对值最大的应力方向上		变形类别
				应力	应变	
双向受拉 $\sigma_\theta > 0, \sigma_r > 0$	$\sigma_r > \sigma_\theta$	AON	HOG	+	+	伸长类
	$\sigma_\theta > \sigma_r$	AOC	HOA	+	+	伸长类
双向受拉 $\sigma_\theta < 0, \sigma_r < 0$	$\sigma_r < \sigma_\theta$	GOF	DOC	−	−	压缩类
	$\sigma_\theta < \sigma_r$	GOL	DOE	−	−	压缩类
异号应力 $\sigma_r > 0, \sigma_\theta < 0$	$|\sigma_r| > |\sigma_\theta|$	MON	FOG	+	+	伸长类
	$|\sigma_\theta| > |\sigma_r|$	MOL	FOE	−	−	压缩类
异号应力 $\sigma_\theta > 0, \sigma_r < 0$	$|\sigma_\theta| > |\sigma_r|$	DOC	BOA	+	+	伸长类
	$|\sigma_r| > |\sigma_\theta|$	DOE	BOC	−	−	压缩类

　　表2.4是用低碳钢板进行典型冲压成形时,在冲压毛坯变形区内应变分布与应力分布的实测结果。把表2.4中各种成形加工中毛坯变形区的应变与应力所处的位置与范围,与图2.46(冲压变形图)和图2.47(冲压应力图)相对比,可以清楚地判断出它们应该属于哪种类型的冲压成形方法。用这个方法可以对所有冲压成形时毛坯变形区的变形性质、受力情况以及与此有关的问题做出准确的判断与识别,并可进一步对许多实际问题进行深入的分析。

表2.4　典型的冲压成形中毛坯变形区内的应力与应变

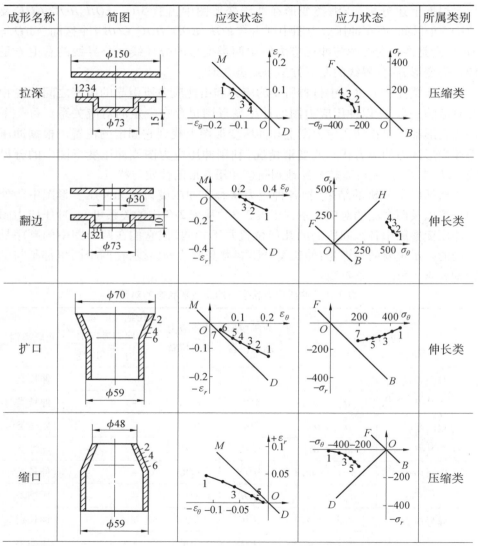

成形名称	简图	应变状态	应力状态	所属类别
拉深				压缩类
翻边				伸长类
扩口				伸长类
缩口				压缩类

续表 2.4

成形名称	简图	应变状态	应力状态	所属类别
胀形				伸长类
曲面翻边				伸长类
胀形				伸长类
胀形				伸长类

由于这个分类方法的理论基础是以冲压毛坯变形区的应力状态与变形的分析为基础的,所以它可以充分地反映不同类别的成形方法在变形方面的特点以及与变形密切相关的实际问题的差别。表 2.5 中列出了伸长类成形与压缩类成形在冲压成形工艺方面的特点。

表 2.5　伸长类成形与压缩类成形的对比

项目	伸长类成形	压缩类成形
变形区质量问题的表现形式	变形程度过大引起变形区破坏	压应力作用下失稳起皱
成形极限	1. 主要取决于板材的塑性,与厚度无关 2. 可用伸长率及成形极限线 FLD 判断	1. 主要取决于传力区的承载能力 2. 取决于抗失稳能力 3. 与板材厚度有关
变形区板材的变化	减薄	增厚
提高成形极限的方法	1. 改善板材塑性 2. 使变形均化,降低局部变形程度 3. 工序间热处理	1. 采用多道工序成形 2. 改变传力区与变形区的力学关系 3. 采用防起皱措施

　　由表 2.5 可以清楚地看出,由于每一类别的冲压成形方法,其毛坯变形区的受力与变形特点相同,而与变形有关的一些规律也都是一样的,所以有可能在对各种具体的冲压成形方法进行研究工作之外,开展综合性的体系化研究方法。体系化研究方法的特点是,对每一类别的冲压成形方法进行其共性规律的研究。体系化研究工作的结果,对每一个属于该类别的成形方法都是适用的。这种体系化的研究方法,不但可使研究工作效率得到提高,而且也可使研究工作更加深入,视野也更加开阔。

2.6　板料冲压成形过程中的变形趋向性及其控制

　　冲压成形的本质就是使毛坯按要求完成可控制的变形过程。在所有的冲压成形过程中,都是使冲压毛坯的某个部分或某几个部分以适当的方式变形,达到预期成形的目的,而同时又必须保证其他不应产生变形的部分,在成形过程中不改变其本身的形状与尺寸。为了做到这一点,必须遵循冲压变形趋向性规律,对变形过程实行有效的控制。如果对毛坯的变形过程控制不恰当,就会出现冲压加工的废品或发生影响冲压件质量的各种问题,使冲压工艺过程陷于失败。在冲压生产中被用来控制变形过程的主要措施与因素是:正确确定毛坯的尺寸;合理设计模具工作部分的几何形状与尺寸;适当地运用毛坯与模具表面之间的摩擦力;恰当地选定或改善板料毛坯的力学性能等。而运用这些方法实现冲压变形控制的理论基础,则是以下几个变形趋向性规律。

2.6.1　冲压变形趋向性规律之一

在同一个冲模外力的直接作用下,毛坯的各个部分都有产生某种形式的塑性变形的可能,但是,由于受模具外力的作用方式与毛坯各部分的几何形状与尺寸的不同,在所有可能发生的变形方式中,需要变形力最小的部分以需要变形力最小的方式首先变形。

这个规律是对所有冲压成形过程都适用的,以下通过两个实例予以说明。

在图 2.48 所示的冲压成形中,凸模直径 d 把毛坯分成两个部分。在这两个部分的分界处存在由凸模作用力 P 引起的内力。这个内力对毛坯两个部分的作用是一样的,其数值是相同的。

图 2.49 所示为用低碳钢板,并

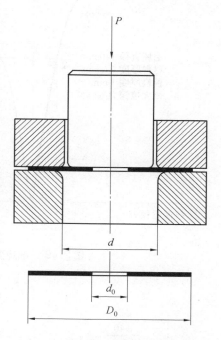

图 2.48　冲压变形趋向性原理的分析

用图中所示的毛坯尺寸进行冲压时的实测结果。图 2.49 的右半部是为使毛坯的环形部分($\phi 40 \sim 73$ mm)产生翻边变形所需的力与行程的关系曲线,其最大翻边力是 43.2 kN;图 2.49 的左半部是为使毛坯的环形部分($\phi 73 \sim 120$ mm)产生拉深变形所需的力与行程的关系曲线,其最大拉深力是 63 kN。在这种情况下,由于毛坯内环形部分产生翻边变形所需的力小于毛坯外环形部分产生拉深变形所需的力,所以根据变形趋向性规律可以判断,产生的变形一定是毛坯内环形部分的翻边变形。

如果把试验用毛坯的外径尺寸由 $\phi 120$ mm 减小到 $\phi 96$ mm,则毛坯外环形部分($\phi 73 \sim 96$ mm)产生拉深变形所需力与行程的关系曲线如图 2.50 中左半部所示,其最大值降至 32.5 kN,小于最大翻边力的数值。根据冲压变形趋向性规律判断,在这种情况下产生的变形一定是外环形部分的拉深变形。

从上述分析可以看出,毛坯的形状与尺寸是冲压变形趋向性的决定因素,所以它也是在实际生产中用以控制冲压成形过程的主要措施。当然,在生产中也常用改变冲模工作部分的几何形状(圆角半径等)、摩擦条件、压边装置和模具的约束条件等方法实现对冲压变形的控制。

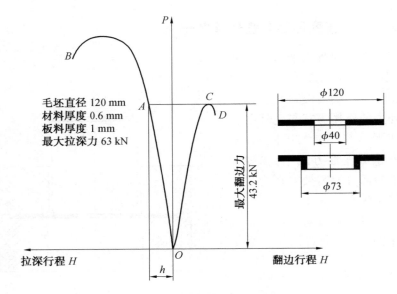

图 2.49　翻边变形趋向性条件

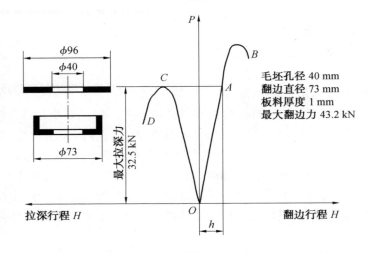

图 2.50　拉深变形趋向性条件

2.6.2　冲压变形趋向性规律之二

　　模具力的作用,可引起冲压毛坯变形区产生与外力方向一致的内应力,并使之产生与之相应的变形与位移。如果变形区的变形与位移受到毛坯的几何形状因素或其他因素的影响或牵制,就可能在变形区和与之相邻的其他部分之间引发出诱发应力。诱发应力与外力的方向不一致,也没有简单的平衡关系。但是,这种诱发应力都是以拉应力和压应力的形式同时存在的。虽然,它们分别作用在毛坯的不同部位,但是它们之间却是相互平衡的,也就是说,在毛坯不同部位上诱发应力所构成的内力的数值是相等的,而方向是相反的。但是,由于受诱发应力作用的两个部分的形状与尺寸不同,即使在内力相等的条件下,作用于这两个部分的诱发应力的大小也是不同的。又因为这两个部分可能产生的塑性变形方式不同,其产生塑性变形所需力的大小也不一样。因此,在数值相等的内力作用条件下,必定有一个部分以所需力最小的方式首先进入塑性变形状态。在这种情况下,为了判断冲压变形的进行情况,可以应用第二个冲压变形趋向性规律,即在冲压毛坯的相邻部位上,受到由诱发应力引起的方向相反数值相等的内力作用时,在所有可能产生的变形方式中,需要变形力最小的部位以所需力最小的方式首先变形。

利用这个变形趋向性规律,可以对与模具力的作用没有明显的、直观的因果联系的变形问题做深入的分析,从诱发应力的作用上寻找原因和解决办法。当冲压毛坯某个部分出现由诱发应力引起的变形问题并阻碍冲压成形过程正常而顺利地进行时,不仅可以从这个部分本身的变形与受力方面寻找原因与解决的办法,而且还可以用改善其相邻部分(受成对诱发应力作用的另一个部分)的变形与受力条件的方法,改变其本身所受诱发应力的数值,使问题得到解决。尤其是在不规则的复杂形状零件冲压时,由于它的变形比较复杂,对变形的分析也比较困难时,这个规律的作用是明显的。下面以曲面翻边变形的分析为例,对这个道理做简要的说明。

图 2.51 所示为伸长类曲面翻边时的模具与毛坯的示意图。在翻边变形过程中,在模具的作用下,除在毛坯两侧直壁内产生与凸模力作用方向相同的拉应力外,还在宽度为 b_1 的两侧翼曲面部位上产生诱发应力。这个部位上的诱发应力

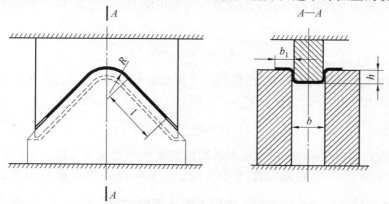

图 2.51　伸长类曲面翻边的模具与毛坯示意图

是圆周方向的拉应力。同时，在宽度为 b 的底面产生圆周方向的诱发压应力（图 2.52）。由作用于这两个部位的诱发应力构成的两个内力数值相等，方向相反，是相互平衡的。由诱发应力引起的变形缺陷是：在宽度为 b 的底面可能产生压应力作用下的失稳起皱（图 2.53）；在宽度为 b_1 的两侧翼面上可能产生因拉应力过度的开裂。开裂的方向与拉应力的作用方向相垂直。

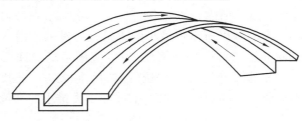

图 2.52　伸长类曲面翻边时的诱发应力

图 2.53　诱发应力引起的底面起皱

在宽度为 b_1 的两侧翼曲面部位上的诱发应力 σ_θ 是拉应力。它在 A—A 断面上（图 2.51）形成的内力是

$$F_1 = 2\int_0^{b_1} \sigma_\theta t \mathrm{d}b \tag{2.39}$$

在宽度为 b 的底面部位上的诱发应力是压应力 σ_L，它在 A—A 断面形成的内力是

$$F_2 = 2\int_0^{b} \sigma_L t \mathrm{d}b \tag{2.40}$$

在冲压成形的初始阶段，凸模的压入深度 h 较小时，可不计高度为 h 的垂直侧壁上的内应力，并近似地取 $F_1 = F_2$，即

$$2\int_0^{b_1} \sigma_\theta t \mathrm{d}b = \int_0^{b} \sigma_L t \mathrm{d}b \tag{2.41}$$

分析式（2.41）可知，改变毛坯底面的宽度 b，可以使诱发应力 σ_θ 与 σ_L 的数值都发生变化。当底面宽度 b 增大时，由于底面的横截面积增大，在内力 $2\int_0^{b_1} \sigma_\theta t \mathrm{d}b$ 的数值不变的条件下，作用于底面部位的诱发应力 σ_L 的数值必然降低。另外，底面部分产生压缩变形所需的力又随其横截面积的增大而加大，结果

必然使底面圆周方向上的压缩变形减小。当然,这样的结果也势必对变形趋向性产生影响。伸长类曲面翻边时,底面部分的宽度 b 对其本身的圆周方向的压应力与压缩变形的影响,可由图2.54中的试验结果清楚地看出。这个试验结果也证实了上述分析的正确性。

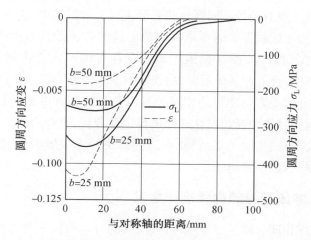

图2.54　伸长类曲面翻边时底面宽度对其本身压应力与压缩变形的影响

同样的,伸长类曲面翻边时,毛坯底面宽度 b 对两侧翼曲面上的伸长变形也有影响。当底面宽度 b 增大时,底面的刚度增大,同样的变形可以承受更大的内力,其结果使两侧翼曲面上的伸长变形增大。图2.55所示为由于毛坯底面宽度 b 增大引起的两侧翼曲面上伸长变形增大的试验结果。图中的圆周方向的伸长应变值是在翻边过程结束后,在对称轴中心线部位测得的结果。

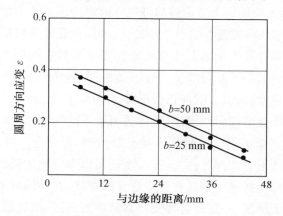

图2.55　伸长类曲面翻边时底面宽度对其本身压应力与压缩变形的影响

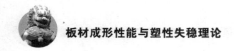

用相同的分析方法可知,当毛坯两侧翼曲面部分的宽度变化时,由于它本身产生伸长变形的刚度发生变化,因此必然引起它本身和底面应力与变形的变化。

综合以上的分析与试验结果可知,利用关于诱发应力作用下的冲压变形趋向性规律,可以实现对毛坯不同部位的变形实行有效的控制,使变形过程的进展符合冲压成高质量成品零件的要求。当然上述的各种分析与所得的结论,不仅适用于伸长类曲面翻边,而且也适用于所有存在诱发应力作用的冲压成形过程。在形状复杂零件的冲压成形时,用当前的一般解析方法,还不可能得到关于毛坯内各个部分的受力与变形的相互关系以及各种因素的影响规律。因此,在这种情况下,运用冲压变形趋向性规律进行定性分析,可以对冲压毛坯各部分的受力与变形情况得到基本的了解,也可以为解决冲压成形中出现的与变形有关的冲压件质量问题提供方向。

2.6.3　冲压变形趋向性规律之三

在变形性质相同的同一个变形区内,应变的分布取决于变形区的宽度尺寸,在变形区宽度小的部位上变形所需的内力也小,该部位的变形也最大。

在变形性质相同的同一个变形区内,只要板材是连续的,而且板厚与性能是均匀一致的,在各相邻部分之间也存在力的相互作用关系。变形区宽度较小的部位,其变形所需的内力也小,当然变形也大些。由于这部分的变形硬化也大于其相邻部分,因此变形得以扩展。所以加工硬化性能较强的材料,可使变形区内应变的分布更趋均匀。

图2.56所示为应用这个变形趋向性规律改进冲压工艺参数的一个实例。图2.56(a)是某汽车发动机盖上的一个矩形孔,采用预先冲孔再进行翻边的工艺制造。图中虚线是预冲孔的轮廓形状与尺寸。当采用过小的圆角半径 R 时,翻边时的切向伸长变形集中于圆角部位,导致开裂。在改变圆角半径的尺寸,增大圆角部分的变形区宽度后,最大的伸长变形降低50%以上(图2.56(b))。

上述三个冲压变形趋向性规律,各自适用于不同的冲压变形问题的分析,它们各自的含义也完全不同。但是从本质上看,它们是完全一致的。如果把冲压毛坯中需要最小变形力的部分称为弱区,而把其他部分称为强区,则可以把这三个变形趋向性规律概括成一个具有普遍意义的规律:在冲压成形过程中,毛坯内产生塑性变形的变形区,一定是需要变形力最小的弱区,而且以所需力最小的方式变形。

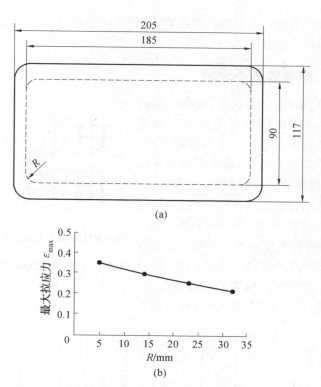

图 2.56　变形区宽度尺寸对变形分布的影响

2.6.4　变形趋向性的稳定性

在冲压成形过程中,毛坯的变形趋向性并不一定是始终不变的,也就是说在冲压成形过程的初始阶段形成的变形趋向性条件,不一定在冲压成形的全过程都能够得到保证。在冲压成形时出现的冷变形硬化现象、变形区尺寸与厚度的变化等三个因素,都是决定毛坯变形区产生塑性变形所需变形力的主要条件,所以这三个条件都可能使冲压成形初期已形成的变形趋向性条件(变形力最小的条件)发生变化,以致使变形区以外的其他部分变成所需变形力最小的弱区,转化成为新的变形区。因此,在制定冲压工艺过程时,不但要保证成形初期的冲压变形趋向性,而且还应该考虑变形趋向性的稳定性条件,使在冲压成形的全过程里都能保证变形趋向性条件是成形过程所需要的。

2.7　金属断裂的物理本质

在金属塑性加工的生产实践中,由于种种原因,常在金属(特别是低塑性金属)的表面或者是内部出现裂纹,它是造成废品的重要原因。研究断裂现象的物

板材成形性能与塑性失稳理论

理实质以及裂纹形成和发展的各种因素,对于进一步改善金属的塑性加工性能,防止工件开裂是十分必要的。

2.7.1 断裂的基本类型

随着材料、温度、应力状态、加载速度的不同,金属与合金的断裂可表现出多种类型。根据断裂前发生塑性变形的情况不同,断裂大体上可以分为两类:脆性断裂和延性断裂(或称韧性断裂)。从微观角度来看,晶体被分开为两部分是图 2.57 所示的两种过程之一积累的结果:① 垂直于原子结合面产生撕裂;② 沿滑移面发生滑移变形。由过程① 发生的断裂为脆性断裂;由过程② 造成的断裂则为延性断裂。断裂的宏观表现,以拉伸试验为例,有图 2.58 所示的各种类型。

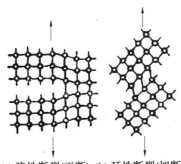

(a) 脆性断裂(正断) (b) 延性断裂(切断)

图 2.57　从微观的原子论来看断裂的两种形式

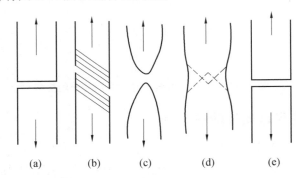

(a)　　(b)　　(c)　　(d)　　(e)

图 2.58　金属试样拉伸时的断裂类型

(1) 脆性断裂。

脆性断裂在表观上没有明显的塑性变形的迹象,只有通过细致的观测才能在断口附近发现很少量塑性变形的痕迹。脆性断裂的破断面和拉应力接近于正交,拉伸试样的断口平齐(图 2.58(a)),在单晶试样中表现为沿解理面的解理断裂。所谓解理面,一般都是晶面指数比较低的晶面,例如,图 2.59(a) 所示的 α 铁的解理面。

在多晶体试样中可能出现两种情况:一是沿解理面的穿晶断裂,断口可以看到解理亮面;二是沿晶界的晶间断裂,断口呈颗粒状。后一种情况和晶界上的脆化因素(例如沉淀相的析出、杂质及溶质原子的偏聚等) 有关。图 2.60 所示为穿晶断裂与晶间断裂的图片。

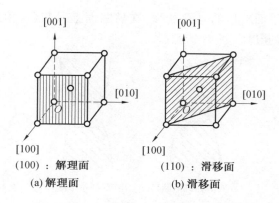

(100)：解理面   (110)：滑移面

(a) 解理面   (b) 滑移面

图 2.59   α 铁(体心立方晶格) 的解理面

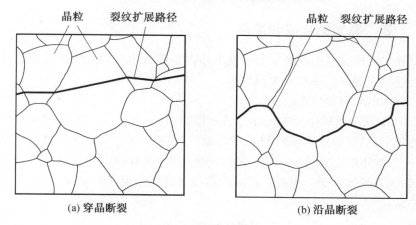

(a) 穿晶断裂   (b) 沿晶断裂

图 2.60   断裂照片

（2）延性断裂。

在断裂前金属已经历了相当显著的塑性变形。它主要表现为穿晶断裂，而延性的晶间断裂，只有在高温下金属发生蠕变时才能见到。延性断裂的具体表现形式有以下几种：一种是切变断裂，例如密排六方金属单晶体，沿基面做大量滑移后就会发生这种形式的断裂，其断裂面就是滑移面（图 2.58(b)）；另一种是试样在塑性变形后出现细颈，一些塑性非常高的材料（如金、铅、铁的单晶体等），断面收缩率几乎达 100%，可以拉缩成一点才断开（图 2.58(c)）；对于一般的塑性金属，断裂由试样中心开始，然后沿图 2.58(d) 所示的虚线断开，形成杯锥状断口。杯锥状断口有图 2.61 所示的两种形式，图(a) 为圆柱形试样延性破断的典型形式，一般钢与合金多发生此种断裂；图(b) 为双杯锥形断裂，纯金属的断裂属于这种情况的较多。图 2.58(e) 所示为平面断口，几乎未产生局部收缩，断面收缩率较小，高碳钢那样的较脆材料延性断裂时常发生这种情况。还应指出，产

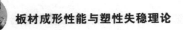

生杯锥状断口和平面断口的延性断裂,在破断面上呈灰色,由肉眼可看到纤维状,故称为纤维状断口。

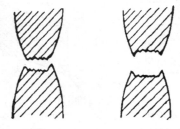

(a) 典型杯锥形断口　　(b) 双杯锥形断口

图 2.61　杯锥状断口

2.7.2　裂缝的生成和发展

塑性加工中金属的断裂是由于变形体内裂缝的生成和发展的最终结果。下面对裂缝的生成和发展问题进行讨论。

(1)Griffith 的裂口理论。

Griffith 认为材料中原本就存在某种微裂口,在外力作用下其端部产生很大的应力集中,结果导致实际断裂强度降低。对应于一定尺寸的裂口有一临界应力值 σ_c。当外加应力低于 σ_c 时,裂口不能扩大;只有应力超过 σ_c 时,裂口才能迅速扩大,并导致断裂。由裂口扩展所需能量最低的观点出发,可得 σ_c 与裂口尺寸的关系:

$$\sigma_c = \left(\frac{2E\gamma}{\pi C} \right)^{\frac{1}{2}} \approx \left(\frac{E\gamma}{C} \right)^{\frac{1}{2}} \tag{2.42}$$

式中　　E—— 弹性模量;

γ—— 单位面积的表面能;

C—— 半个椭圆裂口的长度。

式(2.42)称为 Griffith 公式。它表明裂口传播的临界应力与裂口长度的平方根成反比。对于非晶体或脆性材料(如玻璃、石英等)Griffith 裂口理论比较合适。由于该理论未能反映塑性变形在断裂中的作用,因此对它加以适当的补充和修正才能说明金属中的断裂问题。

(2)裂口的成核机制。

不少迹象表明,金属中的断裂是和塑性变形密切相关的。关于裂口成核机制,从位错理论出发,人们曾提出过多种设想,通常都是假定在应力作用下刃型位错的合并可以构成裂口的胚芽(图 2.62)。

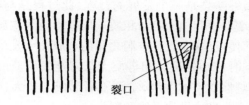

裂口

图2.62　同号刃型位错合并成裂口的胚芽

（3）延性断裂。

金属在塑性加工成形过程中会出现不同形式的延性断裂。现以拉伸试验为例讨论杯锥断裂的发生过程。

图 2.63 所示为延性断裂发展的各个阶段。拉伸变形中，当加工硬化所引起的强度增加不足以补偿断面收缩的效应时，就产生了细颈，出现三向拉应力状态（图 2.63（a））。细颈中央在三向拉应力作用下开始出现许多小的空洞（图 2.63（b）），继续拉伸时，这些空洞逐渐汇集成小裂口（图 2.63（c））。裂口沿垂直于拉伸方向扩展，直到接近于试样表面（图 2.63（d））。然后沿着局部应力集中的切变形平面（与拉伸轴成 45°）传播，最后形成杯锥状断口的锥面部分（图2.63（e））。

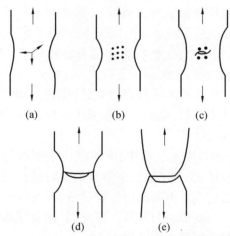

图2.63　标准断裂（杯锥形）过程

可见，延性断裂发源于小的空洞。这些空洞除了因位错塞积时在基体上发生显微裂纹而引起外，主要还在析出物、夹杂物等第二相粒子的地方发生，这可从金属纯度提高、空洞数量减少、断面收缩率增加的事实中得到证明。

（4）断裂的发展。

物体在塑性变形中出现裂口（或空洞），并不意味着材料已断裂。从裂口的发生到导致物体的最终断裂是一个发展的过程,此过程是与塑性变形的发展密切联系的。譬如,在变形过程中于第二相质点周围形成的空洞,在继续变形时由于各空洞互相接触而使空洞扩大;各空洞之间的金属由于发生局部收缩而破断,在这些过程发展的同时较小的第二相等质点又可能发生新的空洞。由此可见,对塑性金属而言,随塑性变形的发展,空洞不断形成与扩大,只有当变形达到某一程度,这些空洞结合起来才导致最终的断裂。

另外,随塑性变形的发展,物体被破坏的同时,还存在破坏的修复过程,其最终的结果取决于它们进行的速度。若修复速度大于破坏胚芽的形成速度,则变形任一时刻发生的显微破坏都能得到修复。那么物体在任何变形程度下都不会破坏。这种情况是黏性体和不破坏的塑性体所有的。若破坏的形成和发展速度很大而其修复速度很小时,就会出现另一种情况:破坏发展得非常快,以致塑性变形来不及发生,物体破坏时没有明显的塑性变形标志。若修复速度小于亚显微破坏的胚芽形成速度,破坏就会不断发展和积累起来,经显微破坏、宏观破坏,最后达到某一变形程度时,物体就发生断裂。

显微破坏和宏观破坏可能会在加载过程中在一定条件下减小甚至消失(修复),但宏观破坏的修复比显微破坏的修复要困难得多。对破坏的修复过程起主要影响的有:在破坏区域内的变形力学图示,应力集中的程度,在破坏体积内原子的扩散速度以及在破坏表面上有无外来原子吸附等。增加静水压力,可减轻拉应力的危害,促进破坏表面贴合,利于原子间联系力的恢复;原子扩散到破坏表面上去,可使破坏体积减小;在破坏表面上有他种原子的吸附,将妨碍破坏表面层的压结,影响修复过程的发展。

这样,在冷变形时,破坏只能通过它的变形(压扁)和随后的破坏表面层原子的压结来修复。而在热变形时,除上述的修复机制外,还可通过原子扩散和再结晶等过程,使破坏得到修复。

综上可见,物体在塑性变形过程中,有可能由于裂口的生成和相继的发展,使变形物体很快遭到破坏;也有可能由于修复的及时进行,使塑性变形得到很大的发展。这完全由矛盾的主要方面而定。当然,这首先取决于金属的本性,因为它决定了裂口胚芽和空洞的形成与发展。但是,如能很好地控制变形条件,也有可能使矛盾往有利于塑性发展方面转化。

第 3 章

板材冲压成形工艺

本章主要从力学分析与塑性变形过程等角度出发介绍冲裁、弯曲、拉弯与拉形、拉深、胀形、翻边等板材冲压工艺的成形过程及其特点,最后简要介绍了旋压、爆炸成形、电液／电水成形、电磁成形、激光冲击成形以及超塑性成形等其他冲压成形方法。

3.1 冲　　裁

冲裁是利用冲模使板料的一部分沿一定的轮廓形状与另一部分分离的工序。经过冲裁,板料被分为带孔的部分和冲落的部分。若冲裁的目的在于获得一定形状和尺寸的内孔,这种冲裁称为冲孔;若冲裁的目的在于获得具有一定外形轮廓和尺寸的零件,这种冲裁称为落料。落料和冲孔的性质完全相同,但冲裁的目的不同,确定模具工作部分尺寸时,应分别加以考虑。冲裁工艺是冲压生产的主要工艺之一。冲裁既可以直接冲制出成品零件,又可以为其他成形工序,如弯曲、拉延和成形等工序准备毛坯,还可以在已成形的冲压件上进行修边和冲孔等。板料的冲裁过程通常简单地分为弹性变形、塑性变形及断裂分离三个阶段。由于冲裁件的冲裁轮廓线多为封闭曲线,在板料的冲裁过程中,沿此封闭曲线的切线方向,变形受到板料的相互牵制,故可近似地认为板料切线方向的变形为零。因为曲线上的任一微段都可以近似地看作一微段圆弧,直线可近似地看作半径无限大的圆弧,所以用圆形冲裁件为例进行冲裁机理分析与试验研究所得到的结论,可以推广应用于任意形状的冲裁件。

3.1.1　冲裁变形过程

1. 冲裁过程的弹性变形

（1）冲裁过程弹性变形的理论分析。

冲裁圆形工件时,板料的受力状态如图 3.1 所示。当凸模下行刚接触板料之时,凸、凹模给予板料的作用力 F_t 与 F_a 的倾角 $\varphi_1 = \varphi_2 = 0$,由于凸、凹模刃口之间有冲裁间隙 $Z/2$（Z 为凸模与凹模的刃口尺寸之差,$Z/2$ 为凸模与凹模单边刃口尺寸之差）,故 F_t 与 F_a 不作用在同一条直线上,F_t 与 F_a 使板料内产生弯矩 M,使板料绕凸模向上拱起,呈浅盘状。板料在弯矩 M 的作用下,上表面纤维径向受压,下表面纤维径向受拉,凸、凹模刃口表面将因阻止这种变形而产生图 3.1 所示的圆形冲裁件板料的受力状态。摩擦力 f_{F_t} 与 f_{F_a},方向均指向半径 R 的正方向。在整个冲裁过程中,作用力 F_t 与 F_a,以及摩擦力 f_{F_t} 与 f_{F_a} 都是变量,所以图 3.1 所示为冲裁过程弹性变形中某一瞬间的受力状态,机理分析也只能是瞬间状态的机理分析。

在弹性变形阶段,板料形成一个很浅的旋转体。由于板料垂直方向位移很小,为分析问题方便,近似地按圆平板周边受均布垂直力产生小挠度问题处理,此问题为轴对称问题,可采用柱坐标系进行应力分析。

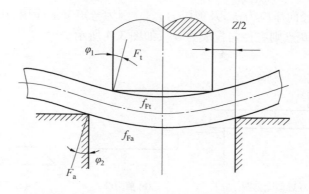

图 3.1　圆形板料冲裁瞬间受力分析图

图 3.2 所示为板料刃口区冲裁时的一个示力微体。由于轴对称问题,切向(θ 方向)是主方向,所以示力微体上只有 4 个应力分量。假设切线方向应变为零,故切向主应力 σ_θ 为中间主应力,且有

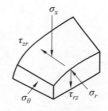

$$\sigma_\theta = \mu(\sigma_r + \sigma_z) \qquad (3.1)$$

式中　μ——冲裁材料的泊松比。

图 3.2　板料刃口区冲裁时的示力微体

另外两个主应力作用在 rz 平面内,其值为

$$\frac{\sigma_r + \sigma_z}{2} \pm \sqrt{\left(\frac{\sigma_r - \sigma_z}{2}\right)^2 + \tau_{rz}^2} \qquad (3.2)$$

使金属材料产生塑性变形的是主剪应力,在三个主剪应力 $\tau'_{r\theta}$、$\tau'_{\theta z}$ 和 τ'_{rz} 中,由于 σ_θ 是中间主应力,故在 rz 平面内的主剪应力 τ'_{rz} 是最大主剪应力,其值为

$$\tau'_{rz} = \frac{1}{2}\sqrt{(\sigma_r - \sigma_z)^2 + 4\tau'^2_{rz}} \qquad (3.3)$$

按照屈雷斯卡(Tresca)屈服准则,当 τ'_{rz} 达到板料的屈服应力 τ_s 时,板料就进入了塑性变形,所以分析冲裁机理只需要分析 rz 平面内主剪应力 τ'_{rz} 的分布规律。板料冲裁光弹试验已经证实了 τ'_{rz} 是最大主剪应力,且切向主应力 σ_θ 不影响 τ'_{rz} 的分布规律。

将图 3.1 所示的板料沿直径方向切出一个单位厚度的薄片,研究此薄片内的应力分布规律。在板料的弹性变形阶段近似取倾角 $\varphi_1 = \varphi_2 = 0$,$F_t = F_a$,并忽略摩擦力的影响,则此薄片可近似地视为图 3.3 所示的受集中力作用的简支梁(实际为在刃口附近高度集中的非均匀分布力)。此薄片受剪力 Q、弯矩 M 的联合作用,由于剪力 Q 和弯矩 M 都在刃口附近达到最大值,所以板料冲裁时变形区集中在刃口连线附近。沿刃口连线取两个示力微体 A 与 B,则因凸、凹模作用力 F_t 在 A 点产生垂直方向压应力 σ_{zA}、径向压应力 σ_{rA} 及剪应力 τ_{rzA};在 B 点上产生垂直方

向压应力 σ_{zB}、径向压应力 σ_{rB} 及剪应力 τ_{rzB}。因为弯矩 M 的作用，在 A 点还有径向压应力 σ_{r1}，在 B 点则有径向拉应力 σ_{r2}，如图 3.4 所示。

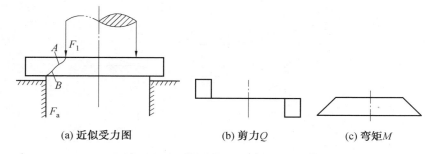

(a) 近似受力图　　　　(b) 剪力 Q　　　　(c) 弯矩 M

图 3.3　圆片冲裁时受力分析

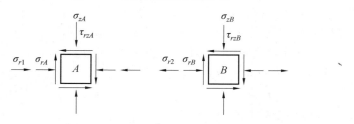

图 3.4　A、B 两点受力分析比较

　　假设因为垂直作用力产生的各个应力分量都相等，即 $\sigma_{zA} = \sigma_{zB}$，$\tau_{rzA} = \tau_{rzB}$，$\sigma_{rA} = \sigma_{rB}$。而由于弯矩的作用，在 A 点和 B 点产生方向相反的径向应力 σ_{r1} 和 σ_{r2}。因为 σ_{r1} 为压应力，而 σ_{r2} 为拉应力，根据式（3.3），并考虑到 $|\sigma_z| > |\sigma_r|$，不难得出 B 点的主剪应力大于 A 点的主剪应力的结论。这个结论说明，凹模刃口附近的板料下表面处的主剪应力大于凸模刃口附近的板料上表面处的主剪应力。所以，在加大凸模作用力时，板料下表面必然首先达到屈服应力而进入塑性变形。冲裁光弹试验已证实了变形区集中在刃口连线附近，板料下表面主剪应力最大，板料上表面主剪应力次之，主剪应力沿刃口连线呈现下大上小的"8"字形。

　　综上理论分析可知，板料冲裁弹性变形阶段的主要力学特征如下。

　　① 切向应力 σ_θ 不影响最大主剪应力 τ'_{rz} 的分布规律。讨论冲裁机理可以只分析 rz 平面内的应力分布规律。

　　② 板料上、下表面的摩擦力均指向半径 R 的正方向。

　　③ 凹模刃口附近板料的下表面承受的主剪应力大于凸模刃口附近板料的上表面主剪应力，并最先进入塑性变形。

　　④ 由于凸、凹模间隙越大，弯矩越大，所以使板料进入塑性变形所需的凸模作用力（即冲裁力）越小。

（2）板料冲裁光弹试验。

在板料的冲裁过程中，变形区主要集中在凸、凹模刃口连线附近。这个变形区属于圣维南（Saint Fenant）区，其应力分布规律无法用数学 – 力学方法求得。板料冲裁光弹试验可以通过等色线了解某一截面内主剪应力的分布规律，通过等色线配合等倾线可进一步了解该截面内各点的剪应力和两个主应力的数值、主应力迹线及主剪应力迹线等。通过改变试验模具的间隙可以得出不同冲裁间隙对板料内应力分布规律的影响。而且通过冻结光弹试验还可以了解不同截面内的应力分布规律。总之，通过光弹试验可以有效地观察、分析板料冲裁弹性变形阶段的力学特征，并对冲裁过程的理论分析进行验证。

① 冲裁光弹试验原理简介。

a. 光学 – 力学定律。光学试验指出：环氧树脂模型不受力（无内应力）时是光学各向同性体，受力后即变成光学各向异性体。当一束平面偏振光照射受力（或有内应力）的环氧树脂模型后，光线沿光学主轴（与应力主轴重合）分解为两束光，这两束光在模型内的传播速度不同。传播速度与折射率有下述关系：

$$\begin{cases} n_1 = v_c/v_1 \\ n_2 = v_c/v_2 \end{cases} \tag{3.4}$$

式中　　v_c—— 偏振光在真空（空气）中的传播速度；

　　　　v_1、v_2—— 偏振光沿两个应力主轴 σ_1、σ_2 的传播速度；

　　　　n_1、n_2—— 偏振光由空气进入模型时沿应力主轴的折射率。

折射率与主应力数值有下列关系：

$$\begin{cases} n_1 - n_0 = C_1\sigma_1 + C_2\sigma_2 \\ n_2 - n_0 = C_1\sigma_2 + C_2\sigma_1 \end{cases} \tag{3.5}$$

式中　　C_1、C_2—— 光学系数；

　　　　n_0—— 无应力模型材料的折射率。

由式（3.5）得

$$n_1 - n_2 = C(\sigma_1 - \sigma_2) \tag{3.6}$$

式中

$$C = C_1 - C_2$$

式（3.6）表明了应力模型内某点的主应力差值与偏振光在该点的折射率之间的关系，称为光学 – 力学定律，是光弹试验的理论根据。

对于平面问题，弹性变形阶段的应力分布与材料本身无关，只与材料的受力状态有关。所以用环氧树脂材料代替金属材料，再应用相似定理，就可以求得金属板料冲裁加工时的应力分布规律。

b. 平面光弹试验原理简介。设一束自然光通过起偏镜 P 后得到平面偏振光 E，如图 3.5 所示。

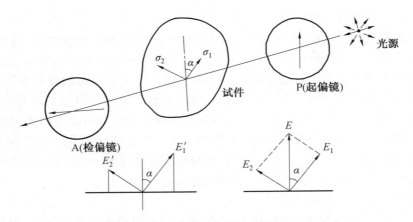

图 3.5   应力模型在正交平面偏振光场内

假设平面偏振光为

$$E = A\sin wt \tag{3.7}$$

式中 A—— 该偏振光的振幅；

$\qquad t$—— 光波通过的时间；

$\qquad w$—— 该偏振光的圆频率。

当 E 射入模型后沿应力主轴分解为

$$E_1 = E\cos \alpha = A\sin wt\cos \alpha$$

$$E_2 = E\sin \alpha = A\sin wt\sin \alpha$$

式中 φ_1、φ_2——E_1、E_2 穿过试件后产生的相位角。

用 v_c 表示光波在空气中的传播速度，则 E_1' 和 E_2' 之间产生的光程差 δ 为

$$\delta = v_c(t_1 - t_2) = v_c\left(\frac{h}{v_1} - \frac{h}{v_2}\right) = h\left(\frac{v_c}{v_1} - \frac{v_c}{v_2}\right) = h(n_1 - n_2) \tag{3.8}$$

光程差与相位差 φ 的关系为

$$\varphi = \varphi_1 - \varphi_2 = \frac{2\pi\delta}{\lambda} \tag{3.9}$$

式中 λ—— 光波的波长。

当 E_1 与 E_2 到达检偏镜 A 时，只有水平分量可以通过，两束光合成为一束平面偏振光 E''。

$$E'' = E_1'\sin \alpha - E_2'\cos \alpha =$$
$$A\sin(wt + \varphi_1)\cos \alpha\sin \alpha - A\sin(wt + \varphi_2)\sin \alpha\cos \alpha =$$
$$A\sin 2\alpha\sin(0.5\varphi)\cos(wt + 0.5\varphi_1 + 0.5\varphi_2)$$

光强 I 与振幅的平方成正比，故有

$$I_\perp = kA^2\sin^2 2\alpha\sin^2(0.5\varphi) \tag{3.10}$$

式中 k—— 比例系数。

因为在上述推导过程中,起偏镜 P 与检偏镜 A 垂直放置,光场中无应力模型时屏幕是暗的,故称为暗场。当起偏镜 P 与检偏镜 A 水平放置,光场中无应力模型时屏幕是亮的,可称为亮场。式(3.10)即为平面偏振光穿过受力模型(有内应力试件)后的暗场光强公式。

根据式(3.10),满足 $\sin\varphi = 0$,即 $\varphi = 2m\pi(m = 0,1,\cdots)$ 的点在屏幕上组成干涉条纹,此条纹称为光弹试验的等色线。将 $\varphi = 2m\pi$ 代入式(3.9)和式(3.8),化简后可得 $n_1 - n_2 = m\lambda/h$,再联系光学 – 力学定律,将式(3.6)代入 $n_1 - n_2 = m\lambda/h$ 并化简为

$$\sigma_1 - \sigma_2 = \frac{\lambda m}{hC} = \frac{fm}{h} \qquad (3.11)$$

式(3.11)表明了屏幕上的干涉条纹 m 值与模型内该点的主应力差值的关系。式中,$f = \lambda/c$ 称为模型材料的条纹值,它只与模型材料的光学性能(C)和所用光波波长(λ)有关,而与模型的受力状态(内应力)无关,可以用和试件相同的材料预先测定。m 值可以利用光弹试验技术判定。式(3.11)说明,只要求出某点的 m 值,即可计算出该点的主应力差值,再除以 2 即可得到该点的主剪应力差值。

在光强公式(3.10)中,$\sin 2\alpha$ 的点也可以在屏幕上组成干涉条纹,此种条纹与主应力倾角 α 有关,故称之为等倾线。在光弹试验中可以用圆偏振光场消去等倾线,而获得纯等色线条纹。

用上述同样的推导方法,所得到的等色线条纹 m 值将是半数级的,即 $m = 0.5,1,5,\cdots$。综上所述,通过光弹试验等色线图案可以求解:

(a)模型内主应力差值和主剪应力的分布情况;

(b)任何一点的主剪应力;

(c)任意两点的主剪应力比值。

c. 冻结光弹试验原理。环氧树脂材料是一种双相结构的材料(图3.6)。它具有可溶分子网络和不可溶分子网络两种成分。在高温(120 ~ 130 ℃)时,可溶分子网络崩溃,试件所受载荷完全由不可溶分子网络承担,加载状态下缓慢降温使可溶分子网络固化,便可将不可溶分子网络的变形"冻结"在模型内。卸除外力后,不可溶分子网络的变形不能再恢复。这样便可沿任意方向切出薄片,利用光弹仪观察该截面在承载时的应力状态了。

② 板料冲裁光弹试验。

a. 冻结试验。采用图3.7所示的导板模进行板料冲裁光弹冻结试验。该导板模凸模直径 $d_t = 16.79$ mm,凹模直径 $d_a = 18.89$ mm,双边间隙为2.1 mm。所用环氧树脂试件长度为57 mm,宽度为23.5 mm,厚度为6 mm。故试验的相对间隙为35%。在自动控温的烘箱内,将温度以 5 ℃/h 的速度升高到130 ℃,当辅助

试件(径向受压圆盘)上出现清晰的暗场等色线图案后,将载荷 $F = 51.22$ kN 加到凸模上端。保温 1 h,然后以 $2 \sim 3$ ℃/h 的速度降温,当降到 60 ℃ 时停机,使试件在烘箱内自然降至室温。

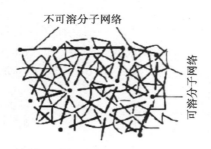

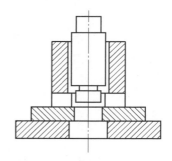

图 3.6　环氧树脂材料双相成分示意　　图 3.7　板料冲裁冻结光弹试验用导板模

图 3.8 所示为用 409 - 2 型光弹仪拍下的试件暗场等色线图案。然后按图 3.9 所示尺寸在冻结试件上切出 A、B、C 三个薄片,厚度为 2 mm。试件 A、B、C 的暗场等色线图案如图 3.10 所示。

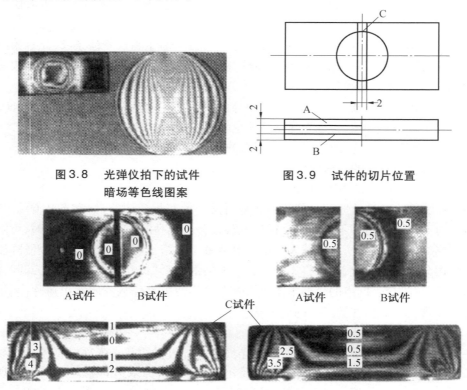

图 3.10　试件 A、B、C 暗场等色线图案

b. 平面光弹间隙试验。将图 3.11 所示的试验装置安装在 409 - 2 型光弹仪上，如图 3.12 所示，通过改变两个凹模的距离，获得不同的相对冲剪间隙(表 3.1)。

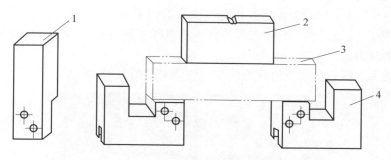

图 3.11　平面光弹间隙试验用的试验模具
1— 附件;2— 凸模;3— 试件;4— 凹模

图 3.12　平面光弹试验模具装在光弹试验机上

表 3.1　双边间隙及相对间隙数据

Z/mm	0.56	1.40	2.80	4.20	7.00	8.40	11.20	14.00
$\dfrac{Z}{t}\Big/\%$	2	5	10	15	25	30	40	50

该试验模具和实际冲裁模要求完全一致。模具刃口粗糙度为 $Ra\ 0.8 \sim 0.4\ \mu\text{m}$，硬度为 HRC58 ~ 64,刃口保持锋利状态。凸模上方的 f 形槽保证加载不偏斜。凹模采用分块结构,以便于调整间隙。附件 1(两件)用于调整两个凹模块与凸模的间隙值。试验时,先将凹模、凸模、试件装在光弹仪加载架上,将附件 1 装在凹模块上,利用附件 1 上部侧表面和凸模侧表面的距离,确定冲剪凸、凹模的间隙,并确保两边间隙值相等。

该试验模具凸模长度为 50 mm,宽度为 10 mm。试件高度为 28 mm(相当于

冲裁材料的厚度 t)，长度为 145 mm，厚度为 6.1 mm(相对于冲裁材料 R 方向的切片厚度)。加载砝码为 110 N，力臂比为 10∶1，故试件实际加载为 1 100 N。

预先在同样的光场中测得试验所用环氧树脂试件的条纹值 $f=$ 120 N/(cm·条)，模型厚度为 0.61 cm。所以将试件中任一点的 m 值乘以 f/t(此例 $f/t=$ 196.7 N/条)时，即可得到该点的主应力差值，再除以 2 即得到该点的主剪应力。

按表 3.1 所列的间隙值获得的等色线图案如图 3.13 所示。

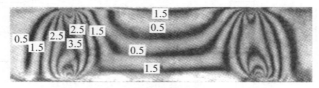

(a) 相对间隙2%(亮场)

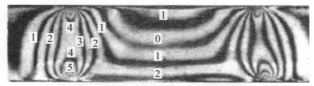

(b) 相对间隙5%(暗场)

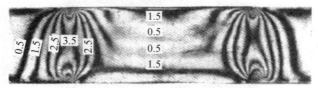

(c) 相对间隙5%(亮场)

(d) 相对间隙10%(暗场)

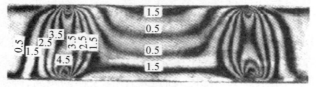

(e) 相对间隙10%(亮场)

图 3.13　不同相对冲裁间隙的光弹试验等色线图案

(f) 相对间隙15% (暗场)

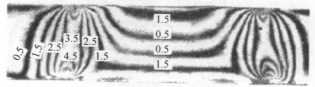

(g) 相对间隙15% (亮场)

(h) 相对间隙25% (暗场)

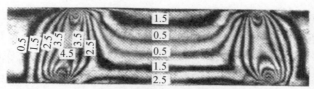

(i) 相对间隙25% (亮场)

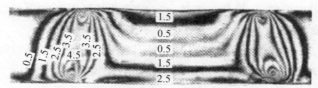

(j) 相对间隙30% (亮场)

(k) 相对间隙40% (暗场)

续图 3.13

(l) 相对间隙40% (亮场)

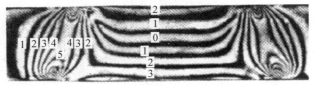

(m) 相对间隙50% (暗场)

(n) 相对间隙50% (亮场)

续图 3.13

③ 板料冲裁光弹试验结果分析。

a. 切向主应力 σ_θ 不影响最大主剪应力 τ'_{rz} 的分布规律。图 3.10 所示的冻结试件 C 的等色线图是 rz 平面内的主剪应力 τ'_{rz} 在受切向主应力 σ_θ 影响时的分布规律。而图 3.13 所示为各种不同间隙时平面光弹试验等色线图,由于试件厚度 6.1 mm 相对于高度 28 mm 较小,可近似认为厚度方向能自由变形,试验得出的是在不受 σ_θ 影响下的 τ'_{rz} 的分布规律。比较这两种情况下的等色线图可见:

（a）凸模端面下方板料内都有一段平直的等色线;

（b）凹模刃口附近的条纹级数(m 值) 大于凸模刃口附近的条纹级数(m 值);

（c）刃口连线附近的条纹级数大于离开连线处的条纹级数;

（d）板料下表面的条纹级数大于板料上表面的条纹级数。

由此可得出中间主应力 σ_θ 不影响 τ'_{rz} 的分布规律。

b. rz 平面内主剪应力为最大主剪应力。图 3.10 中冻结试件 A、B 的等色线分别表明了靠近凸模与凹模处的 θ 平面内的主剪应力,而试件 C 的等色线则代表 rz 平面内的主剪应力。$r\theta$ 平面内最高条纹级数为 0.5,而 rz 平面内的条纹级数为 5 以上,相差 10 倍之多。这说明 τ'_{rz} 是板料内的最大主剪应力。

c. 凸模作用力是主要集中在模具刃口处的非均布力。分析图 3.13 中一系列的等色线图可知:凸模端面下方一段平直的等色线说明此段板料处于拉伸加弯曲变形状态,0 级条纹上方径向受压,而 0 级条纹下方径向受拉。0 级条纹是 0 应力点和两向应力相等点的连线。在平直段两端,0 级条纹迅速指向凸模刃口,说明这一段板料垂直方向受到凸模的作用力,作用力越大则上移越大。从 0 级条纹的上移情况可以推断,凸模作用力是在刃口附近高度集中的非均布力,它在刃口处达到极值。间隙越大,平直段越长,0 级条纹上升越陡,则此时其作用力的集中程度越大。

d. 板料上下两表面所受摩擦力均指向 R 的正方向,凸模下方板料处于拉伸加弯曲的组合变形状态,如图 3.13 所示,凸模端面下方板料内等色线平直,但不对称于板料中间层。0 级条纹(即 $\sigma_1 = \sigma_2 = 0$)的连线向凸模一方移动,使板料下表面的条纹级数大于板料上表面的条纹级数。纯弯曲时的条纹级数应上下对称,纯弯曲加压缩时 0 级条纹级数应下移,只有弯曲加拉伸时才可能产生 0 级条纹向上移的现象。在板料弹性变形初期,拉伸力是由凸、凹模的摩擦力提供的,证实了此时凸、凹模表面给予板料的摩擦力指向半径 R 正方向的推论。

e. 变形区主要集中在凸、凹模刃口连线附近,呈上小下大的倒"8"字形。如图 3.13 中的一系列等色线图所示,凹模刃口附近板料下表面内条纹级数最大,凸模刃口附近板料上表面条纹级数次之,沿刃口连线处条纹级数高,而离开刃口连线处条纹级数低。例如,在 $Z/t = 30\%$ 时,离开板料下表面 5 mm 处 m 值为 4.5 级,而离开板料上表面 5 mm 处 m 值为 3.5 级,即高出 1 级。

同样,在 $Z/t = 30\%$ 时,离板料下表面 5 mm 处 m 值为 6 级,而离板料上表面5 mm 处为 4.5 级,高出 1.5 级。m 值大表明此处的主剪应力大。不难推知,当进一步加大凸模作用力时,必先在条纹级数最高(即主剪应力最大)的凹模刃口附近板料下表面出现塑性变形区,接着随变形过程的进行在凸模刃口附近的板料上表面出现塑性变形区。上下两个塑性变形区将沿条纹级数

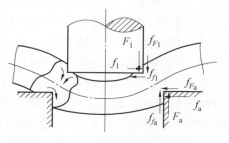

图 3.14　板料冲裁时的塑性变形区域受力状态

较高的刃口连线不断地向板料内扩展,最后出现如图 3.14 所示的上小下大的"8"字形变形区。

f. 间隙越大,冲裁板料所需凸模作用力(即冲裁力)越小。分析图 3.13 可知,间隙越大,条纹级数越高,板料内的主剪应力越大(表 3.2)。

从表 3.2 中数值可见:当相对间隙由 2% 提高到 50% 时,上、下表面的条纹级数都提高了 1 级。这说明中间板料所受的弯矩增大,板料将产生较大的弯曲变形,所以大间隙冲裁时落料件的平整度较差。设从上、下刀口出发相交的等色线条纹级数为 m_c,当 m_c 达到屈服应力 τ_s 时,上、下塑性变形区连成一片,板料就进入了塑性大变形阶段。

表 3.2　板料内条纹级数(m 值)与相对间隙的关系

$\dfrac{Z}{t}$/%	2	5	10	15	25	30	40	50
上表面 m/条	1.5	1.5	2.0	2.0	2.0	2.0	2.5	2.5
下表面 m/条	2	2	2.4	2.4	2.5	2.5	3.0	3.0
刃口连线处 m_c/条	3.5	3.6	3.7	3.8	4.2	4.1	4.3	4.4

注:表中上、下表面 m 值系平直段的条纹级数。

从表 3.2 可见,随着间隙的变大,m_c 由 3.5 级增大到 4.4 级,提高了 0.9 级,即提高了 26%。这是在凸模作用力 $F = 1\,100$ N 不变的情况下,仅由于增大冲剪间隙而提高了板料内的主剪应力,由此不难得出大间隙冲裁时所需冲裁力必然降低的结论。

2. 冲裁过程的塑性变形

按现代金属物理学的观点,金属内部存有大量的位错,金属塑性变形的实质就是位错的运动,材料的屈服极限就是开动位错使之运动所需的临界应力值。材料内部的位错数量越多,开动位错就越困难,屈服极限也就越高。位错运动的结果,即金属塑性变形的结果,使位错数量增加、位错堆积,增加了进一步的塑性变形的困难,因而材料的屈服极限提高,这就是通常宏观上的冷作硬化效应。当位错堆积、增殖到一定程度时,如果继续加大应力值,则会在位错的堆积处产生裂纹,金属就会断裂分离。在板料冲裁的弹性变形阶段,板料内各处都具有同一数量级的位错,因而各处也具有几乎相同的屈服极限。如相关章节所述,凹模刃口附近的板料下表面主剪应力最大,所以在加大凸模压力时,必将在此处最先达到板料的初始屈服极限,从而最早由弹性变形进入塑性变形。塑性变形使此处的屈服极限提高,进一步塑性变形则需进一步提高凸模的作用力,而提高凸模作用力,又使主剪应力稍小的凸模刃口附近的板料上表面处也达到了材料的初始屈服极限,从而也进入塑性变形。不断地加大凸模作用力,板料的塑性变形区就由凹、凸模刃口附近的板料下、上表面逐渐地沿刃口连线向板料内部扩展。在板料的下、上两个塑性变形区没有连成一片之前,板料内的塑性变形区受周围材料的限制,称之为塑性小变形阶段。当板料的下、上两个塑性变形区连成一片之后,板料就进入了塑性大变形阶段。根据上述分析和光弹试验所得的板料内主剪应力 τ'_{rz} 的分布情况,可以得出此时塑性变形区的形状为:光弹照片中既能使板料上下平面连成一片,条纹级数又是最小的条纹所包围的区域,如图 3.14 中的“8”字形所示。图中板料所受的冲裁力 F_t、F_a 及其摩擦力 f_{F_a} 的方向仍与板料弹性变形阶段时的方向相同,而摩擦力 f_{F_t} 则由于材料发生了塑性流动,其方向由半

径 R 的正方向转为指向 R 的负方向,侧向力 f_t、f_a 及摩擦力 f_{F_t}、f_{F_a} 则是伴随板料进入塑性变形后产生的。

根据冲裁叠层试验,在板料的塑性变形阶段,塑性剪切部分的材料纤维起初并未被切板料,如图 3.15 所示,板料的表层纤维产生很大的弯曲和拉伸,越接近中性层则越平缓。由此可见,模具刃口处板料上表面的径向应力,由弹性变形阶段的压应力状态转化成拉应力状态了。这种转化是随着被冲裁板料塑性变形的发展而逐步进行的,正是这种转化使摩擦力 f_{F_t} 改变了方向。

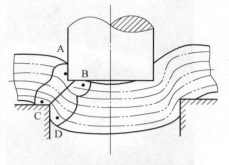

图 3.15   冲裁叠层试验

同时,板料上表面弹性变形时(图 3.15 中 A、B 区),由压力 F 和弯矩 M 产生的两个径向应力均为压应力;而板料的下表面(图 3.15 中 C、D 区),由压力 F 产生径向压应力,而由弯矩 M 产生了径向拉应力。

所以,在发生上述转化时,板料的上表面纤维材料由压缩状态逐步转换为拉伸状态,而板料下表面的纤维材料一直处于拉伸状态,所以板料下表面的纤维材料径向拉伸变形程度必然大于板料上表面。随着凸模作用力的逐渐加大,在板料塑性变形的后期,必然在拉伸变形大,也是应力较大的板料下表面(即图 3.15 中 C、D 区)首先产生裂纹。在凹模刃口附近的板料下表面 C、D 两个区域内,各点的拉伸变形程度也是不相同的。摩擦力 f_b 使板料下表面与凹模接触的各点的拉伸变形程度沿凹模型腔向下逐渐增大,同时还由于凹模 F_b、侧压力 f_b 和凹模刃口应力集中的影响,板料下表面最大应力点应在与凹模型腔侧壁相接触的、向下稍微离开凹模刃口的板料表面处,摩擦力使此点下移,而应力集中使此点上移,此点的位置即确定了冲裁件毛刺的高低。此点离刃口近,则毛刺低;离刃口远,则毛刺高。模具的刃口锋利时,应力集中的影响占绝对优势,故冲裁件毛刺低。而冲制一定数量的工件之后,模具刃口变钝,应力集中的影响下降,同时摩擦力数值增大,致使冲裁件毛刺增高。这就是变钝模具必须进行刃磨的原因。在常规冲裁工艺中,由于摩擦力总是存在的,所以冲裁件的毛刺是不可避免的。

为了验证上述分析的可靠性,采用放大 10 万倍的电子扫描显微镜对低碳钢 08F 冲裁过程进行扫描,图 3.16 所示是观察时拍摄的冲裁瞬间照片。当凸模行程比(凸模切入板料深度与板料厚度之比)为 22% 时(图 3.16(c)),低碳钢下表面出现可见的微裂纹;在行程比达到 31% 时(图 3.16(d)),板料下表面已形成较宽的主裂纹;当凸模行程比达到 65% 时(图 3.16(f)),板料上表面才出现裂纹。

(a) 凸模压入板料 2%

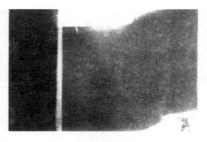
(b) 凸模压入板料 10%

(c) 凸模压入板料 22%

(d) 凸模压入板料 31%

(e) 凸模压入板料 55%

(f) 凸模压入板料 65%

(g) 凸模压入板料 80%

(h) 板料分离

图 3.16　低碳钢 08F 的冲裁过程

注:材料板厚 0.5 mm,相对冲裁间隙(双边)28%

　　同时从图 3.16 的照片中可观察到,裂纹的起点不在模具刃口处,这完全证实了上述的理论分析。

综上所述,板料在冲裁的塑性变形阶段有以下主要力学特征。

① 凸模施加在板料上表面的水平摩擦力 f_{F_t} 的方向由指向半径 R 的正方向转向 R 的负方向。

② 塑性变形区集中在刃口连线附近,凹模刃口附近板料下表面的塑性变形区大于板料上表面的塑性变形区,整个塑性变形呈下大上小的"8"字形。

③ 与凹模型腔侧壁相接触的板料下表面先出现裂纹,继而在与凸模侧壁相接触的板料上表面出现裂纹,然后两裂纹向板料内扩展。

④ 由于摩擦力使裂纹的起点稍微离开模具刃口,故常规冲裁工艺中的毛刺是不可避免的。

3. 板料冲裁的断裂阶段

模具刃口附近的板料,随着板料塑性变形的发展,板料内位错数量大大增加并堆积在晶间和杂质处。塑性变形后期形成首次微裂纹,随后内生第 2 条、第 3 条微裂纹,在微裂纹根部汇集成较宽的主裂纹,或称之为裂缝,如图 3.17 所示。在主裂纹形成之后,板料弹、塑性变形阶段积蓄在板料内的应变能得到迅速的释放,使裂纹迅速向板料内扩展。如果间隙合理,则上下两裂纹重合;如果间隙不合理,则在上下裂纹中间再产生第 3 条裂纹。此种板料的断裂分离过程称为双向裂纹分离理论。图 3.18 所示为使用放大 10 万倍的电子扫描显微镜拍摄的不同间隙时断裂瞬间的裂纹照片。

(a) 产生首次裂纹　　(b) 首次裂纹停止发展　　(c) 产生第2条、第3条裂纹　　(d) 产生主裂纹

图 3.17　典型的裂纹产生与发展过程

(a) 相对间隙 7.6%　　　　(b) 相对间隙 16%　　　　(c) 相对间隙 32%

图 3.18　不同相对冲裁间隙的剪切断面瞬间照片

不同的冲裁间隙,使冲裁件的剪切断面呈现不同的类型,根据实际板料冲裁加工试验研究,冲裁件的剪切断面类型主要分为5种。冲裁件剪切断面上的圆角区是刃口附近的板料在分离后所保留的残余变形,冲裁件上的毛刺是裂缝不在模具刃口处的板料表面上所致,而光亮带则是断面在塑性变形和脱离模具时板料与模具摩擦形成的。

3.1.2　冲裁区变化曲线

冲裁变形过程的三个阶段,还可以在冲裁力的变化曲线图中得到验证。

冲裁过程中,冲裁力的大小是不断变化的。图 3.19 所示为厚度 3 mm 的 A3 钢冲裁时的冲裁力变化曲线。图中横坐标表示凸模行程,纵坐标表示作用在凸模上的压力(即冲裁力),相当于材料内产生的应力。在凸模压入板料厚度的 1/3 左右时,冲裁力曲线相当于图中 AC 段,其中 AB 段相当于冲裁的弹性变形阶段,BC 段相当于塑性变形阶段;C 点相当于材料的极限强度,即冲裁力的最大值,当材料内的应力达到抗剪强度时,材料开始产生裂纹。CD 段相当于裂纹扩展至材料分离的断裂阶段,DE 段表示凸模克服摩擦力,将冲裁件(或废料)从凸模中推出。AE 曲线表示了整个冲裁变形过程。

冲裁变形过程中,由于板料弯曲的影响,材料内的应力状态是比较复杂的,且与变形过程有关,对于无卸料板压紧材料的冲裁,在塑性变形阶段,其变形区的应力状态如图 3.20 所示。

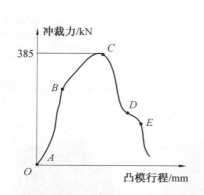

图 3.19　冲裁力变化曲线

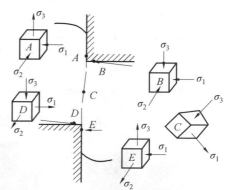

图 3.20　变形区的应力状态

其中:

A 点 —— σ_1 为凸模侧压力与板料弯曲引起的径向压应力;σ_2 为板料弯曲引起的压应力与侧压力引起的拉应力的合成切向应力;σ_3 为凸模下压引起的横向拉应力。

B 点 —— 受三向压应力,是由凸模下压及板料弯曲引起的。

C 点 ——σ_1 为板料受拉延作用而产生的拉应力；σ_3 为板料受挤压而产生的压应力。

D 点 —— 板料弯曲引起的径向拉应力 σ_1 和切向拉应力 σ_2；σ_3 为凹模挤压板料产生的轴向压应力。

E 点 ——σ_1、σ_2 为板料弯曲引起的拉应力与凹模侧压力引起的压应力合成产生的应力；σ_3 为凸模下压引起的轴向拉应力。一般情况下，E 点以拉应力为主。

从 A、B、C、D、E 各点的应力状态可以看出，凸模与凹模端面（B 点与 D 点处）的静水压应力（压应力球张量）高于侧面（A、E 点）。又因材料弯曲使凸模一侧的板料受到双向压缩，凹模一侧板料受到双向拉延，故凸模刃口附近的静水压应力又比凹模刃口附近的静水压应力高。因此，冲裁裂纹首先在静水压应力最低的凹模刃口侧壁 E 点产生，继而在凸模刃口侧面 A 点产生。所以裂纹形成时，就在冲裁件上留下了毛刺。

根据冲裁时板料的受力情况可知，材料的变形区在以凸模与凹模刃口连线为中心而形成的狭小区域内。在与刃口连线大约成 45° 的方向上，金属材料受拉延而伸长，在其垂直方向，金属材料由于受到压挤作用而缩短，在切线方向的应力和应变较小，可忽略不计。在这种应力状态下，其刃口连线就是最大剪应变方向，因而上、下裂纹必然会重合（在合理间隙时）。

3.1.3　冲裁件断面特征

冲裁过程所得的冲裁件的断面并不是光滑而垂直的，而是在断面上形成了四个特征区，即圆角带、光亮带、断裂带和毛刺区，如图 3.21 所示。

1. 圆角带

这个区域发生在弹性变形阶段。它的形成主要是当凸模下降而接触板料后，由于金属纤维的弯曲与拉延而形成的。材料塑性越好高，圆角越大。影响圆角大小的因素除材料的性质外，还有工件轮廓形状、凸模与凹模间隙等。

2. 光亮带

这个区域发生在塑性变形阶段，主要是由金属材料产生塑性剪切变形而形成的。在塑性变形阶段初期，即当凸模挤压板料时，挤进凹模型腔的材料受到型

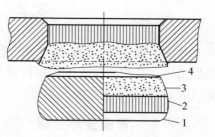

图 3.21　冲裁件的断面
1— 圆角带；2— 光亮带；
3— 断裂带；4— 毛刺区

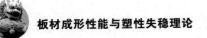

孔孔壁的挤光作用,而在冲裁件断面上形成一个光滑且与底面垂直的光亮区域,通常光亮带占全断面的1/2～1/3,软材料的光亮带宽,硬材料的光亮带窄。同时光亮带大小还与凸、凹模间隙及刃口磨损程度等有关。

3. 断裂带

这个区域是在冲裁变形过程的断裂阶段形成的,主要是刃口处的微裂纹在拉应力作用下,不断扩展而形成的撕裂面。故冲裁件断面粗糙不光滑,且有斜度。

4. 毛刺区

毛刺的形成是从塑性变形阶段产生光亮带之后,凸模继续下降,塑性变形加大,变形区材料硬化加剧,导致材料开始在刃口附近产生裂纹。由于凸、凹模间隙的存在,并非正好处于刃口处,而是出现在离刃口不远的 E、A 点处,并且除了因凸模挤入材料使之不但发生剪切变形,还会产生弯曲及拉延变形,故在此时产生了毛刺。当材料在剪断阶段(开裂阶段),凸模的下降又使毛刺继续拉延,并最后留在冲裁件上。

在冲出的孔的断面上,同样具有上述四个特征区,只是各区域的分布位置与落料件相反,如图 3.21 所示。

冲裁件的四个特征区域的大小和在断面上所占的比例,随材料的机械性能、材料的状态及冲裁条件的不同而变化。

3.2 弯　　曲

弯曲是将板料、棒料、型材或管料等弯成一定形状和角度的零件的一种冲压成形工序。采用弯曲成形的零件种类繁多,常见的如汽车大梁、自行车车把、门窗铰链、各种电器零件的支架等。

3.2.1 弯曲变形过程

这里以在两种最基本的弯曲模(即 V 形压弯模和 U 形压弯模)中板料受力变形的基本情况为例,来分析弯曲变形过程。如图 3.22 所示,在板料 A 处,凸模施加弯曲力 P(U 形)或 $2P$(V 形),在凹模的圆角半径支撑点 B 处产生反力 P,这样就形成弯曲力矩 $M = PL$,该弯曲力矩使板料产生弯曲。在弯曲过程中,随着凸模进入凹模的深度不同,凹模圆角半径支撑点的位置及弯曲件毛坯弯曲半径 r 发生变化,即支撑点距离 L 和弯曲半径 r 逐渐减小,而弯曲力 P 逐渐增大,弯矩 M 也增加。当毛坯的弯曲半径达到一定值时,毛坯在弯曲凸模圆角半径处开始塑性变形,最后将板料弯曲成与凸模形状一致的工件。图 3.23 所示为 V 形弯曲模校正弯曲过程。弯曲开始阶段为自由弯曲,随着凸模下压,板料的弯曲半径与支撑点距离逐渐减小。在弯曲行程接近终了时,弯曲半径继续减小,而直边部分反而向凹模方向变形(图 3.23(c)),直至板料与凸、凹模完全贴合。

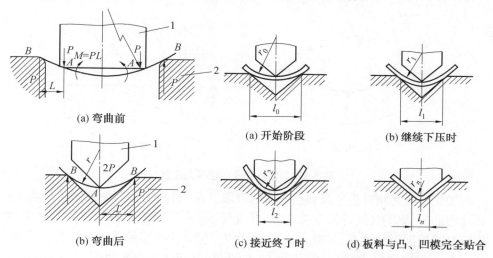

图 3.22　弯曲毛坯受力情况
1— 凸模;2— 凹模

图 3.23　V 形弯曲模校正弯曲过程

为了分析弯曲变形规律,以 f 形件为例,观察工件侧边的坐标网格及断面形态在弯曲前后的变化情况。从图 3.24 中可以看出:

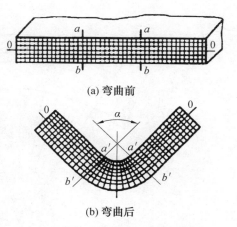

图 3.24　弯曲前后坐标网格变化

① 弯曲变形区主要在弯曲件的圆角部分,此处的正方形网格变成了扇形。远离圆角的直边部分,则没有变形;靠近圆角部分的直边,则有少量的变形。

② 弯曲变形区内,在板料的外层(靠凹模一侧)切向纤维受拉而伸长,$b'b' > bb$;在内层(靠凸模一侧)切向纤维受压缩而缩短,$a'a' < aa$。由内、外表面至板料中心,其缩短和伸长的程度逐渐变小。在缩短与伸长两变形区域之间,必有一层金属纤维变形前后长度保持不变,称为应变中性层。

③ 在弯曲变形区中,板料变形后产生变薄现象,r/t 越小,变薄程度越大。板料由 t 变薄至 t_1,其比值 $\eta = t_1/t$ 称为变薄系数。

④ 弯曲变形区内板料横断面形状变化分为两种情况:宽板(板宽 b 与板厚 t 之比大于 3)弯曲时,横断面形状几乎不变,仍为矩形;而窄板($b/t < 3$)弯曲时,原矩形断面变成了扇形,如图 3.25 所示。生产中,一般为宽板弯曲。

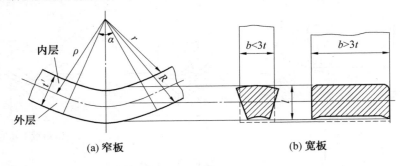

(a) 窄板　　　　　　　　　　(b) 宽板

图 3.25　板料弯曲后横断面形状

塑性弯曲必须首先经过弹性弯曲的阶段。在"材料力学"中我们已经熟知:弹性弯曲时,梁的外区纤维受拉,内区纤维受压。拉、压两区以中性层为界,中性层恰好通过剖面的重心,其应力 – 应变为零。假定中性层的曲率半径为 ρ,弯曲角度为 α(图 3.26),则距中性层为 y 处的纤维,其切向应变 ε_θ 为

$$\varepsilon_\theta = \ln \frac{(\rho + y)\alpha}{\rho\alpha} = \ln\left(1 + \frac{y}{\rho}\right) \approx \frac{y}{\rho} \tag{3.12}$$

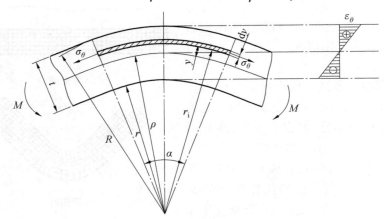

图 3.26　线性弹塑性弯曲时的应力 – 应变

弹性弯曲时,切向应力 σ_θ 为

$$\sigma_\theta = E\varepsilon_\theta = E\frac{y}{\rho} \tag{3.13}$$

所以材料的变形程度与应力大小,完全取决于纤维至中性层的距离与中性层半径的比值 y/ρ,而与弯曲角度 α 的大小无关。在弯曲变形区的内、外边缘,应

力 – 应变最大。

对于厚度为 t 的板料,当其弯曲半径为 R 时,板料边缘的应力 $(\sigma_\theta)_{\max}$ 与应变 $(\varepsilon_\theta)_{\max}$ 为

$$(\varepsilon_\theta)_{\max} = \pm \frac{\frac{t}{2}}{R + \frac{t}{2}} = \pm \frac{1}{1 + 2\frac{R}{t}} \tag{3.14}$$

$$(\sigma_\theta)_{\max} = \pm E (\varepsilon_\theta)_{\max} = \pm \frac{E}{1 + 2\frac{R}{t}} \tag{3.15}$$

假定材料的屈服应力为 σ_s,则弹性弯曲的条件是

$$| (\sigma_\theta)_{\max} | \leqslant \sigma_s \tag{3.16}$$

$$\frac{E}{1 + 2\frac{R}{t}} \leqslant \sigma_s \tag{3.17}$$

亦即

$$\frac{R}{t} \geqslant \frac{1}{2}\left(\frac{E}{\sigma_s} - 1\right) \tag{3.18}$$

例如:LY12C,$E = 70\,000$ MPa,$\sigma_{0.2} = 290$ MPa,其弹性弯曲的条件是 $R/t \geqslant$ $(70\,000/290 - 1)/2 \geqslant 120$。

LY12M,$E = 70\,000$ MPa,$\sigma_{0.2} = 102$ MPa,其弹性弯曲的条件为 $R/t \geqslant$ $(70\,000/102 - 1)/2 \geqslant 342$。

R/t 称为板料的相对弯曲半径,是表示板料弯曲变形程度的重要指数。R/t 越小,变形程度越大。当 R/t 减小至一定数值 $[0.5(E/\sigma_s - 1)]$ 时,板料的内、外边缘就首先屈服,开始塑性变形,对比上面举的两个例子可见,软料比硬料易于产生塑性弯曲。如果 R/t 继续减小,板料中屈服的纤维由表及里逐渐加多,在板料的变形区中,塑性变形部分越益扩大,弹性变形部分则越益缩小,其影响甚至可以忽略不计。例如当 $R/t = 34$ 时,可以近似推得,弹性变形部分仅在中性层附近 $t/10$ 的范围以内,一般当 $R/t \leqslant 3 \sim 5$ 时,弹性区很小,可以近似认为:板料的弯曲变形区已经全部进入塑性变形。

3.2.2　弯曲变形应力 – 应变状态

当板料的相对弯曲半径逐渐减小时,弯曲的变形性质由弹性变为塑性。这时,变形区的应力 – 应变状态也逐渐产生了变化,立体的应力 – 应变状态逐渐显著。

假定弯曲时,板料纤维之间没有相对错动,变形区主应力和主应变所取的方向为切向、径向(厚度方向)与板料的宽度方向(即折弯线方向)。塑性弯曲时,

随着变形程度的增加,除了切向应力 – 应变之外,宽向和厚向的应力 – 应变也有了显著的发展。但是,因为板料的相对宽度 B/t(其中 B 为板料的宽度)不同,立体应力 – 应变状态的性质也有所不同。详细分析如下:

1. 应变状态

弯曲时,主要是依靠中性层内外纤维的缩短与伸长,所以切向主应变,即为绝对值最大的主应变 ε_θ。根据塑性变形体积不变条件可知,沿着板料的宽度和厚度方向,必然产生与 ε_θ 符号相反的应变。在板料的外区,切向主应变 ε_θ 为拉应变,所以厚度方向的应变 ε_r 和宽度方向的应变 ε_B 均为压应变。而在板料的内区,ε_θ 为压应变,所以 ε_r 与 ε_B 均为拉应变。

对于 $B/t \leqslant 8$ 的窄板,由于宽向和厚向材料可以自由变形,其应变状态如上所述。

对于 $B/t > 8$ 的宽板,由于宽度方向受到材料彼此之间的制约作用,不能自由变形,可以近似认为宽度方向的应变 $\varepsilon_B = 0$。

所以弯曲时,窄板的应变状态是立体的,而宽板的应变状态是平面的。

2. 应力状态

切向:外区受拉,内区受压。

径向:塑性弯曲时,由于变形区曲度增大,纤维之间相互压缩,因而产生了显著的径向应力 σ_r。在板料表面 $\sigma_r = 0$,由表及里逐渐递增,至中性层处达到了最大值。

宽度方向:对于窄板,宽度方向可以自由变形,所以 $\sigma_B = 0$;对于宽板,因为宽度方向受到材料的制约作用,$\sigma_B \neq 0$。具体而言,外区由于宽度方向的收缩受到牵制,所以 σ_B 为拉应力;内区由于宽度方向的伸长受到抵制,所以 σ_B 为压应力。

从应力状态看,宽板弯曲时的应力状态是立体的,而窄板则是平面的。

将上述内容归纳整理,见表 3.3。

表 3.3　窄板与宽板应力 – 应变分析

相对宽度	变形区域	应力 – 应变状态分析	
		应力状态	应变状态
窄板 $\dfrac{B}{l} \leqslant 8$	外区(拉区)	σ_r σ_θ	ε_r ε_θ ε_B
	内区(压区)	σ_r σ_θ	ε_r ε_θ ε_B

续表 3. 3

相对宽度	变形区域	应力 - 应变状态分析	
		应力状态	应变状态
宽板 $\dfrac{B}{l} > 8$	外区(拉区)	σ_r σ_θ σ_B	ε_r ε_θ
	内区(压区)	σ_r σ_θ σ_B	ε_r ε_θ

3. 宽板塑性弯曲时 3 个主应力的分布性质

一般冷压弯曲所用的板料大多属于宽板,为了深入理解宽板弯曲时的各种现象,还必须进一步分析弯曲变形区 3 个主应力的分布性质。为此,我们只需在一种理想的情况下求出 3 个未知主应力 σ_θ、σ_B、σ_r 的解就行了。因此假定变形区已全部进入塑性,而且不考虑板料的应变强化效应(即认为材料的屈服应力与变形程度无关)。

根据上面的分析可以看出:σ_θ、σ_B、σ_r 这 3 个未知主应力,就其代数值的大小次序而言,在拉区是 $\sigma_\theta > \sigma_B > \sigma_r$,在压区是 $\sigma_r > \sigma_B > \sigma_\theta$。为了求解上述 3 个未知主应力,必须建立 3 个独立的方程式,然后联立求解这一组方程式,才能找出 3 个未知数的答案。

根据宽板塑性弯曲时应力 - 应变状态的特点,我们可以从以下几个条件:塑性条件、平面应变条件和微分平衡条件出发,建立 2 个独立的方程式。详细分析如下:

(1) 塑性条件。

假定材料为理想塑性体,平面应变状态下,$\beta = 1.155$,其塑性方程为

$$\sigma_1 - \sigma_3 = 1.155\sigma_s \tag{3.19}$$

(2) 对于外区,$\sigma_\theta > \sigma_B > \sigma_r$ 且 σ_r 与 σ_θ 符号相反,所以其塑性条件为

$$\sigma_\theta + \sigma_r = 1.155\sigma_s \tag{3.20a}$$

(3) 对于内区,$\sigma_r > \sigma_B > \sigma_\theta$ 且 σ_r 与 σ_θ 符号相同,所以其塑性条件为

$$\sigma_\theta - \sigma_r = 1.155\sigma_s \tag{3.20b}$$

(4) 平面应变条件。

根据主应力差与主应变差成比例和体积不变条件,在平面应变状态($\varepsilon_2 = 0$)时,可以求得中间主应力 σ_2 等于其余两个主应力的平均值 —— $\sigma_2 = (\sigma_1 + \sigma_3)/2$。

对于外区,$\sigma_\theta > \sigma_B > \sigma_r$,且 σ_θ 与 σ_r 符号相反,所以此处平面应变条件可以

写成

$$\sigma_B = \frac{\sigma_\theta - \sigma_r}{2} \tag{3.21a}$$

对于内区，$\sigma_r > \sigma_B > \sigma_\theta$ 且 σ_r 与 σ_θ 符号相同，所以内区的平面应变条件可以写为

$$\sigma_B = \frac{\sigma_\theta + \sigma_r}{2} \tag{3.21b}$$

（5）微分平衡条件。

①外区。如果我们沿着主轴在外区切取任意微体 $ABCD$，微体在宽度方向取为单位长度，如图 3.27 所示。

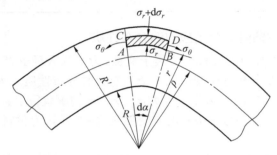

图 3.27　弯曲时微体受力分析

R— 板料的内缘半径；R'— 板料的外缘半径；ρ— 中性层的半径；
r— 微体的位置半径；dr— 微体的径向厚度；$d\alpha$— 微体的张角

在弯曲变形的任一瞬间，微体都应处于受力平衡状态。

在 $(r \sim a)$ 平面（即板料的剖面）内，微体上只有 σ_r 与 σ_θ 两个未知主应力的作用。宽度方向的应力 σ_B 对于微体在此平面内的平衡没有影响。此外由于微体具有对称性，为了保持其切向平衡，所以微体两侧所受的切向应力 σ_θ 应该相等。从径向来看，如果半径为 r 处的径向应力为 σ_r，在 $r + dr$ 处的径向应力则为 $\sigma_r + d\sigma_r$。因为微体必须满足力的平衡条件，所以微体在径向所受的力的代数和必须为零。这些力如下：

AB 弧面上的径向力 —— 应力 σ_r 乘以 AB 弧面的面积 $rd\alpha \times 1$，等于 $\sigma_r \cdot r \cdot d\alpha$；

CD 弧面上的径向力 —— 应力 $\sigma_r + d\sigma_r$ 乘以 CD 弧面的面积 $(r + dr)d\alpha \times 1$，等于 $(\sigma_r + d\sigma_r)(r + dr)d\alpha$。

AC 和 BD 面上的力在径向的分力 —— 两倍的应力 σ_r 乘以面积 $dr \times 1$，再乘以 $\sin d\alpha/2$，即 $2\sigma_\theta \cdot dr \cdot \sin d\alpha/2$。因为 $d\alpha$ 很小，$\sin d\alpha/2 \approx d\alpha/2$，所以此力为 $\sigma_\theta \cdot r \cdot d\alpha$。这些力的代数和为零，所以

$$\sigma_r r \mathrm{d}\alpha - (\sigma_r + \mathrm{d}\sigma_r)(r + \mathrm{d}r)\mathrm{d}\alpha - \sigma_\theta \mathrm{d}r \mathrm{d}\alpha = 0 \qquad (3.22)$$

消去 $\mathrm{d}\alpha$ 可得

$$\sigma_r r - (\sigma_r + \mathrm{d}\sigma_r)(r + \mathrm{d}r) - \sigma_\theta \mathrm{d}r = 0 \qquad (3.23)$$

将式(3.23)展开

$$\sigma_r r - \sigma_r r - \sigma_r \mathrm{d}r - r\mathrm{d}\sigma_r - \mathrm{d}\sigma_r \mathrm{d}r - \sigma_\theta \mathrm{d}r = 0 \qquad (3.24)$$

略去二次微量 $\mathrm{d}\sigma_r \cdot \mathrm{d}r$ 稍加整理后可得

$$\mathrm{d}\sigma_r = -(\sigma_r + \sigma_\theta)\frac{\mathrm{d}r}{r} \qquad (3.25\mathrm{a})$$

② 内区。按照同样的道理,注意切向应力 σ_θ 的改变,也可列出内区的微分平衡方程式

$$\mathrm{d}\sigma_r = (\sigma_\theta - \sigma_r)\frac{\mathrm{d}r}{r} \qquad (3.25\mathrm{b})$$

对于外区:

$$\begin{cases} \sigma_r + \sigma_\theta = \sigma_s \\ \sigma_B = \dfrac{\sigma_\theta - \sigma_r}{2} \\ \mathrm{d}\sigma_r = -(\sigma_r + \sigma_\theta)\dfrac{\mathrm{d}r}{r} \end{cases} \qquad (3.26\mathrm{a})$$

对于内区:

$$\begin{cases} \sigma_\theta - \sigma_r = \sigma_s \\ \sigma_B = \dfrac{\sigma_\theta + \sigma_r}{2} \\ \mathrm{d}\sigma_r = (\sigma_\theta - \sigma_r)\dfrac{\mathrm{d}r}{r} \end{cases} \qquad (3.26\mathrm{b})$$

将以上方程组联立求解,即可求得 3 个未知主应力 σ_θ、σ_B、σ_r 在板料剖面上的变化规律。

以外区为例:

将式(3.20a)代入式(3.25a)得

$$\mathrm{d}\sigma_r = -1.155\sigma_s \frac{\mathrm{d}r}{r} \qquad (3.27)$$

积分(积分时,因为不考虑应变强化的效应,所以 σ_B 为一常数):

$$\sigma_r = -1.155\sigma_s \ln r + c \qquad (3.28)$$

式中　c——积分常数,可以利用下列边界条件求得:在板料的外缘 $r = R'$ 处,由于此处为板料的自由表面,$\sigma_r = 0$,所以积分常数 $c = 1.155\sigma_B \ln R'$。

将 c 值代入式(3.28),即可求得外区的径向应力 σ_r:

$$\sigma_r = -1.155\sigma_s \ln r + 1.155\sigma_B \ln R'$$

$$\sigma_r = 1.155\sigma_s \ln\frac{R'}{r} \tag{3.29a}$$

将 σ_r 值代入式(3.20a),即可求得 σ_θ:

$$\sigma_\theta = 1.155\sigma_s\left(1 - \ln\frac{R'}{r}\right) \tag{3.30a}$$

将 σ_r、σ_θ 值代入式(3.21a),即可求得 σ_B:

$$\sigma_B = 1.155\frac{\sigma_s}{2}\left(1 - 2\ln\frac{R'}{r}\right) \tag{3.31a}$$

同样,我们可以求得内区的三个主应力分量:

$$\sigma_r = 1.155\sigma_s \ln\frac{r}{R} \tag{3.29b}$$

$$\sigma_\theta = 1.155\sigma_s\left(1 + \ln\frac{r}{R}\right) \tag{3.30b}$$

$$\sigma_B = 1.155\frac{\sigma_s}{2}\left(1 + 2\ln\frac{r}{R}\right) \tag{3.31b}$$

根据中性层上内外区径向应力 σ_r 相平衡的条件:$r = \rho$ 时,式(3.29a) 与式(3.29b) 相等

$$\ln\frac{R'}{\rho} = \ln\frac{\rho}{R}$$

所以中性层的位置半径 ρ 为

$$\rho = \sqrt{RR'} \tag{3.32}$$

如果板料弯曲后的厚度为 t,$R' = R + t$,所以

$$\rho = \sqrt{R(R + t)} \tag{3.33}$$

此值小于 $R + t/2$。所以中性层的位置并不通过剖面的重心,产生了内移。

图 3.28 所示为按式(3.29a)、式(3.30a)、式(3.31a) 及式(3.29b)、式(3.30b)、式(3.31b) 求得的板料剖面上三个主应力的分布规律。

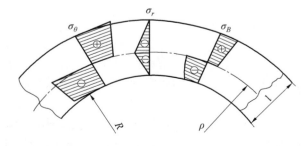

图 3.28　板料剖面上三个主应力分布规律

4. 各向异性板料的弯曲

各向异性宽板塑性弯曲时,求解三个主应力分布性质所用的条件中,除了微分平衡条件外,其他两个条件必须做相应的修正。

以下分别对折弯线垂直板料辗压方向(图 3.29(a))和平行板料辗压方向(图 3.29(b)),这两种情况加以讨论。

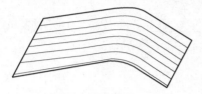
(a) 折弯线垂直板料辗压方向

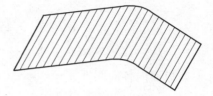
(b) 平行板料辗压方向

图 3.29　各向异性宽板塑性弯曲

正交各向异性板的屈服条件为

$$2f = F(\sigma_2 - \sigma_3)^2 + G(\sigma_3 - \sigma_1)^2 + H(\sigma_1 - \sigma_2)^2 = 1 \qquad (3.34)$$

设各向异性板顺辗压方向为 1 轴,垂直辗压方向为 2 轴,板厚方向为 3 轴。

由各向异性屈服关系可知

$$G + H = \frac{1}{\sigma_{s1}^2}, \quad F + H = \frac{1}{\sigma_{s2}^2}, \quad r_0 = \frac{H}{G}, \quad r_{90} = \frac{H}{F} \qquad (3.35)$$

当折弯线垂直板料辗压方向时

$$\sigma_\theta = \sigma_1, \quad \sigma_B = \sigma_2, \quad \sigma_r = \sigma_3, \quad d\varepsilon_B = d\varepsilon_2 = 0$$

由塑性流动的法向性原则可得

$$\sigma_2 = \frac{H\sigma_1 + F\sigma_3}{F + H} \text{ 或 } \sigma_B = \frac{H\sigma_\theta + F\sigma_r}{F + H} \qquad (3.36a)$$

代入式(3.34)经过化简,得

$$\frac{FG + GH + HF}{F + H}(\sigma_1 - \sigma_3)^2 = 1 \qquad (3.37)$$

或

$$\frac{FG + GH + HF}{F + H}(\sigma_\theta - \sigma_r)^2 = 1 \qquad (3.38)$$

所以

$$\sigma_\theta - \sigma_r = \pm\sigma_{s2} \frac{\dfrac{1}{r_{90}} + 1}{\sqrt{\dfrac{1}{r_0 r_{90}} + \dfrac{1}{r_0} + \dfrac{1}{r_{90}}}} \qquad (3.39)$$

当折弯线平行板料辗压方向时

$$\sigma_\theta = \sigma_2, \quad \sigma_B = \sigma_1, \quad \sigma_r = \sigma_3, \quad \mathrm{d}\varepsilon_B = \mathrm{d}\varepsilon_1 = 0$$

同理可得

$$\sigma_1 = \frac{H\sigma_2 + G\sigma_3}{G + H} \quad 即 \quad \sigma_B = \frac{H\sigma_\theta + G\sigma_r}{G + H} \tag{3.36b}$$

$$\sigma_\theta - \sigma_r = \pm\sigma_s \frac{\dfrac{1}{r_0} + 1}{\sqrt{\dfrac{1}{r_0 r_{90}} + \dfrac{1}{r_0} + \dfrac{1}{r_{90}}}} \tag{3.40}$$

若板面内各向同性，$r = r_0 = r_{90}$。

$$\sigma_B = \frac{r\sigma_\theta + \sigma_r}{1 + r} \tag{3.41}$$

$$\sigma_\theta - \sigma_r = \pm\frac{1 + r}{\sqrt{1 + 2r}}\sigma_s \tag{3.42}$$

仿照上节方法，事先考虑了应力的拉压性质，可对内外区分别列出求解主应力数值的 3 个独立的方程。

对于外区：

$$\sigma_r + \sigma_\theta = \frac{1 + r}{\sqrt{1 + 2r}} = \sigma_s \tag{3.43a}$$

$$\sigma_B = \frac{r\sigma_\theta - \sigma_r}{1 + r} \tag{3.44a}$$

$$\mathrm{d}\sigma_r = -(\sigma_r + \sigma_\theta)\frac{\mathrm{d}r}{r} \tag{3.45a}$$

对于内区：

$$\sigma_\theta - \sigma_r = \frac{1 + r}{\sqrt{1 + 2r}}\sigma_s \tag{3.43b}$$

$$\sigma_B = \frac{r\sigma_\theta + \sigma_r}{1 + r} \tag{3.44b}$$

$$\mathrm{d}\sigma_r = (\sigma_\theta - \sigma_r)\frac{\mathrm{d}r}{r} \tag{3.45b}$$

将以上方程组联立，即可求得 3 个主应力在板料剖面上的变化规律。

对于外区：

$$\sigma_r = \frac{1 + r}{\sqrt{1 + 2r}}\sigma_s \ln\frac{R'}{r} \tag{3.46a}$$

$$\sigma_\theta = \frac{1 + r}{\sqrt{1 + 2r}}\sigma_s\left(1 - \ln\frac{R'}{r}\right) \tag{3.47a}$$

$$\sigma_B = \frac{1}{\sqrt{1+2r}}\sigma_s\left[r - (1+r)\ln\frac{R'}{r}\right] \qquad (3.48a)$$

对于内区：

$$\sigma_r = \frac{1+r}{\sqrt{1+2r}}\sigma_s\ln\frac{r}{R} \qquad (3.46b)$$

$$\sigma_\theta = \frac{1+r}{\sqrt{1+2r}}\sigma_s\left(1 + \ln\frac{r}{R}\right) \qquad (3.47b)$$

$$\sigma_B = \frac{1}{\sqrt{1+2r}}\sigma_s\left[r + (1+r)\ln\frac{r}{R}\right] \qquad (3.48b)$$

3.2.3　板料塑性弯曲的变形特点

1. 应变中性层的内移

板料在弹性弯曲时,应变中性层位于板料横断面中间,塑性弯曲时,设板料原来长度、宽度和厚度分别为 l、b、t（图3.30）。弯曲后成为外半径 R、内半径 r、宽度 b_1、厚度 t_1 和弯曲中心角为 α 的形状。根据变形前后金属材料体积不变条件,得

$$tlb = \pi(R^2 - r^2)\frac{\alpha}{360°}b_1 \qquad (3.49)$$

塑性弯曲后,其应变中性层长度不变,所以

$$l = \alpha\rho \qquad (3.50)$$

将式（3.49）和式（3.50）联解,并以 $R = r + \eta t$ 代入,得塑性弯曲时应变中性层位置

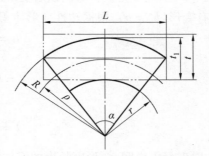

图3.30　应变中性层的确定

$$\rho = \left(\frac{r}{t} + \frac{\eta}{2}\right)\eta\beta t \qquad (3.51)$$

式中　η——变薄系数,$\eta = t_1/t < 1$,其值由表3.4查得;

　　　　β——展宽系数,$\beta = b_1/b$,当 $b/t > 3$ 时,$\beta = 1$。

表3.4　变薄系数 η 值

r/t	0.1	0.25	0.5	1.0	2.0	3.0	4.0	5	> 10
η	0.82	0.87	0.92	0.96	0.985	0.992	0.995	0.998	1

一般生产中,板料的 b/t 均大于3,$\beta = 1$,所以由式（3.51）可得

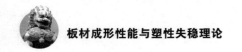

$$\rho = \left(\frac{r}{t} + \frac{\eta}{2} \right) \eta t = \left(r + \frac{1}{2} \eta t \right) \eta \tag{3.52}$$

从式(3.52)中可以看出,应变中性层位置与相对弯曲半径 r/t 和变薄系数 η 的数值有关。弯曲时,随着凸模下行,r/t 和 η 不断减小,所以板料的应变中性层不断内移。弯曲变形程度越大,应变中性层内移量越大。

2. 变形区内板料的变薄和增长

板料弯曲时,外层纤维受拉使厚度减薄,内层纤维受压使厚度增加。由于应变中性层的内移,外层拉伸区逐步扩大,内层压缩区不断减小,外层的减薄量大于内层的增厚量,从而使板料的厚度变薄。

如果板料弯曲后的厚度与原来厚度的比值 η 表示变薄的程度,不同相对弯曲半径下的 η 值可用理论计算或试验测定,其数据见表3.4。

由表中所列数据可见,R/t 越小,η 的数值越小,板料变薄越严重。当 $R/t \geqslant 5$ 以后,η 的数值渐渐趋近于1,表示板料变形前后厚度不变。

拉区的扩大和压区的减小,使宽板变形区的平均长度增加。

如果板料变形区的原始长度为 l_0,原始厚度为 t_0,宽度为 b_0,弯曲以后相应地变为 l、t、b(其中 l 为板料弯曲以后变形区的平均弧长),由于宽板弯曲时,宽度方向没有变形($b_0 = b$),根据塑性变形体积不变条件:

$$lt = l_0 t_0 \tag{3.53}$$

所以

$$l = l_0 t_0 / t \tag{3.54}$$

即

$$l = \frac{1}{\eta} l_0 \tag{3.55}$$

式(3.55)说明,变形区长度的增加恰与厚度的减小成反比。所以相对弯曲半径越小,板料变形区的增长量越大。因此对于 r/t 值较小的弯曲件,要注意厚度的过分变薄以致影响弯曲件的质量,同时在计算弯曲件毛坯长度时,必须考虑弯曲后的板料增长。一般要通过试验,才能确定准确的毛坯展开尺寸。厚度的减薄和变形区长度的增加对于薄板的弯曲而言影响不大。

3. 变形区板料剖面的畸变、翘曲和破裂

板料塑性弯曲时,外区切向伸长,引起宽向与厚向的收缩;内区切向缩短,引起宽向与厚向的延伸。当板弯件短而粗时,沿着折弯线方向零件的刚度大,宽向应变被抑制,零件的翘曲不明显。反之,当板弯件细而长时,沿着折弯线方向零件的刚度小,宽向应变将得到发展——外区收缩、内区延伸,结果使折弯线凹曲,造成零件的纵向翘曲,如图3.31所示。

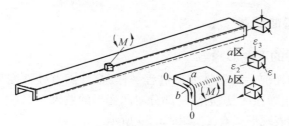

图 3.31 弯曲件的翘曲现象

剖面的畸变现象，在型材、管料的塑性弯曲中表现得最为明显，如图3.32所示。这种现象，实际上是由径向压应力引起的，因此弯曲型材与管料必须在剖面中间加填料和垫块。

剖面畸变现象，也可用最小阻力定律加以解释。弯曲时，距离中性层越远的材料变形阻力越大，为了减小变形阻力，材料有向中性层靠近的趋向，于是造成了剖面的畸变。

图 3.32 弯曲件剖面的畸变现象

弯曲时外区受拉，所以板料的外边层有可能首先拉裂。一般而言，拉裂是因为切向应力 σ_θ 的作用，所以裂纹基本上是沿着折弯线的方向，如图3.33(a)所示。但是宽板弯曲时，由于外区在板宽方向也有拉应力 σ_B 的作用，所以也可能使板料垂直于折弯线产生拉裂，如图3.33(b)所示。但是外边层宽度方向的拉应力 σ_B 要比切向拉应力 σ_θ 小，只有它的一半，如图3.28所示。所以垂直于折弯线产生的拉裂，大都发生在一些具有明显各向异性的板料或者具有某种缺陷(例如杂质的存在、垂直于折弯线有显微裂纹或严重划伤等)的板料上。这时，板料垂直于折弯线方向的抗拉强度显著小于沿着折弯线方向的抗拉强度，板料外边层就有可能在宽向拉应力 σ_B 的作用下，垂直于折弯线方向产生拉裂。

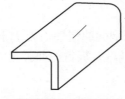

(a) 裂纹沿着折弯线方向

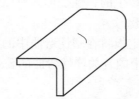

(b) 裂纹垂直于折弯线方向

图 3.33 弯曲时的表层拉裂

3.2.4　弯曲回弹

1. 弯曲回弹的表现形式

塑性弯曲和任何一种塑性变形过程一样,都伴随有弹性变形。外加弯矩卸去以后,板料产生弹性回复,消除一部分弯曲变形的效果。

弯曲回弹的表现形式有二,如图 3.34 所示。

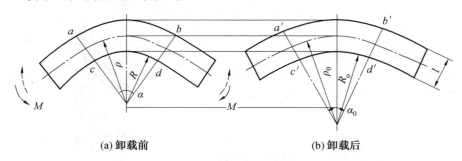

(a) 卸载前　　　　　　　　　　(b) 卸载后

图 3.34　弯曲回弹表现形式

(1) 曲率减小。

卸载前板料中性层的半径为 ρ,卸载后增加至 ρ_0。曲率则由卸载前的 $1/\rho$ 减小至卸载后的 $1/\rho_0$。如以 Δk 表示曲率的减小量,则

$$\Delta k = \frac{1}{\rho} - \frac{1}{\rho_0} \tag{3.56}$$

(2) 弯角减小。

卸载前板料变形区的张角为 α,卸载后减小至 α_0,所以角度的减小 $\Delta\alpha$ 为

$$\Delta\alpha = \alpha - \alpha_0 \tag{3.57}$$

Δk 与 $\Delta\alpha$ 即为弯曲板料的回弹量。

2. 回弹量和残余应力

前面我们已经讨论过:金属在塑性变形过程中的卸载回弹量等于加载同一载荷所产生的弹性变形。所以塑性弯曲的回弹量即为加载弯矩所产生的弹性曲率的变化。

假定板料在塑性弯曲中的加载弯矩为 M,板料剖面的惯性矩为 J,利用"材料力学"中的有关弹性弯曲的公式可知,此弯矩卸去以后,板料的回弹量 Δk 为

$$\Delta k = \frac{M}{EJ} \tag{3.58}$$

为了确定 Δk 的大小,必须首先确定加载弯矩的大小。

假定塑性弯曲的应力状态是线性的,即只有应力 σ_θ 的作用,忽略其他两个方向的主应力分量。这样,可以大大简化计算工作而不致产生太大的误差。如

果板料的宽度为 B,厚度为 t,中性层位于剖面的重心,半径为 ρ,则外加弯矩可以很容易确定:

$$M = 2\int_0^{\frac{1}{2}} B\sigma_\theta y \mathrm{d}y \tag{3.59}$$

其中,距中性层 y 处的切向应力 σ_θ 可以根据实际应力曲线由相应的切向应变 δ_θ 确定。

如果将实际应力曲线取为近似直线式(即 $\sigma = \sigma_0 + D\delta$),切向应变 δ_θ 取为相对应变,则因 y 处的切向应变 $\delta_\theta = y/\rho$,所以相对应力 σ_θ 为

$$\sigma_\theta = \sigma_0 + D\frac{y}{\rho} \tag{3.60}$$

将 σ_θ 代入式(3.59),可以求得弯矩 M 为

$$M = 2\int_0^{\frac{1}{2}} \left(\sigma_0 + D\frac{y}{\rho}\right) By \mathrm{d}y = \sigma_0 \frac{Bt^2}{4} + \frac{D}{\rho}\frac{Bt^3}{12} \tag{3.61}$$

因为 $\Delta k = \dfrac{1}{\rho} - \dfrac{1}{\rho_0} = \dfrac{M}{EJ}$,而板料的 $J = Bt^3/12$,所以

$$\Delta k = \frac{1}{\rho} - \frac{1}{\rho_0} = \frac{\sigma_0 \frac{Bt^2}{4} + \frac{D}{\rho}\frac{Bt^3}{12}}{E\frac{Bt^3}{12}} = \frac{3\sigma_0}{Et} + \frac{D}{\rho E} \tag{3.62}$$

因此回弹后的曲率半径

$$\rho_0 = \frac{\rho}{1 - \dfrac{D}{E} - \dfrac{3\sigma_0}{E}\dfrac{\rho}{t}} \tag{3.63}$$

因为卸载前后中性层的长度不变:$\overset{\frown}{\rho_0 \alpha_0} = \overset{\frown}{\rho\alpha}$,所以回弹后的角度

$$\alpha_0 = \frac{\rho\alpha}{\rho_0} = \left(1 - \frac{D}{E} - \frac{3\sigma_0}{E}\cdot\frac{\rho}{t}\right)\alpha \tag{3.64}$$

而角度回弹量

$$\Delta\alpha = \alpha - \alpha_0 = \left(\frac{3\sigma_0}{E}\cdot\frac{\rho}{t} + \frac{D}{E}\right)\alpha \tag{3.65}$$

比较式(3.62)和式(3.65),可见 Δa 与 Δk 有以下关系:

$$\Delta\alpha = \Delta k \cdot \rho\alpha \tag{3.66}$$

加载时,由式(3.60)得出板料剖面上的应力分布如图 3.35(a)所示。卸载时内弯矩随之消失,由于卸载是弹性变形,板料剖面内会引起图 3.35(b)所示的回复应力变化。上述两种应力的代数和即为图 3.35(c)所示的残余应力。残余应力的内弯矩相互平衡。

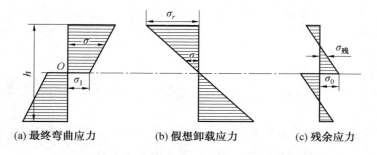

(a) 最终弯曲应力　　　　(b) 假想卸载应力　　　　(c) 残余应力

图 3.35　纯塑性弯曲卸载过程中毛坯断面内切向应力的变化

设板料外层的回复应力为 σ_y，则

$$\left(\frac{1}{2}\sigma_y \cdot B \cdot \frac{t}{2}\right) \cdot \frac{2}{3}t = -M \qquad (3.67)$$

即

$$\sigma_y = -\left(\frac{3}{2}\sigma_\theta + \frac{D}{2}\frac{t}{\rho}\right) \qquad (3.68)$$

y 处的回复应力为

$$\sigma' = \frac{y}{\frac{t}{2}}\sigma_y = -\left(3\sigma_0\frac{y}{t} + D\frac{y}{\rho}\right) \qquad (3.69)$$

y 处的残余应力为

$$\sigma_{残} = \sigma_\theta + \sigma' = \sigma_0\left(1 - \frac{3y}{t}\right) \qquad (3.70)$$

3. 影响回弹的因素

式（3.62）～（3.66）定量地反映了影响回弹的各种因素的作用。归纳讨论如下：

（1）材料的机械性能。

材料的变形抵抗力越大（σ_0、D 越大），在一定变形程度下所需的加载弯矩越大，所以卸载后回弹量 Δk 与 $\Delta\alpha$ 也越大。

材料弹性模数 E 越大，板料抵抗弹性弯曲的能力越大，所以卸载后回弹量 Δk 与 $\Delta\alpha$ 越小。

（2）相对弯曲半径 ρ/t（或 R/t）。

相对弯曲半径 ρ/t（或 R/t）对于曲率的回弹量 Δk 和角度回弹量 $\Delta\alpha$ 有不同的影响；ρ/t 越大，Δk 越小，而 $\Delta\alpha$ 则越大。

（3）弯曲角度 α。

曲率的回弹量与弯曲角度的大小无关，参见式（3.62）；角度的回弹量随弯曲角度的增加而增加，参见式（3.65）。

（4）弯曲条件。

板料弯曲时的回弹量与弯曲条件密切相关。这些重要的实际因素，虽然难以通过分析计算用数学公式明确表达，但对弯曲回弹量的大小有显著的影响，在生产实践中必须予以考虑。兹将这些因素列举说明如下。

① 弯曲方式对回弹量的影响。板料压弯的方式不外乎以下两种形式：

a. 无底凹模的自由弯曲，如图 3.36（a）所示；

b. 有底凹模的限制弯曲，如图 3.36（b）所示。

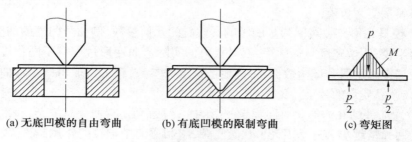

(a) 无底凹模的自由弯曲　　(b) 有底凹模的限制弯曲　　(c) 弯矩图

图 3.36　板料弯曲形式

板料压弯时，其加载方式与简支梁在集中载荷下的横向弯曲相似。凸模压力在板料上产生的弯曲力矩，分布于整个凹模洞口支点以内的板料上，如图 3.36（c）所示。因此板料的弯曲变形，实际上并非局限于与凸模圆角相接触的折弯线附近，在凹模洞口支点以内的板料，都要产生不同程度的弯曲变形。图 3.37 所示为板料在有底凹模中弯曲时的变形过程。

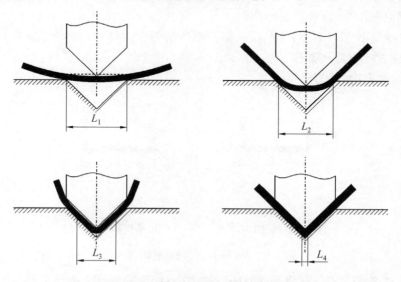

图 3.37　板料在有底凹模中弯曲时的变形过程

不难设想,板料在无底凹模中自由弯曲时,即使是最大限度地减小凹模洞口宽度,使加载弯矩的分布区间尽可能集中,一般也难以使板料的弯曲曲率与凸模取得一致。板料的弯曲角度与凸模进入凹模的深度有关。而角度的回弹量也要比纯弯曲时大得多,参见式(3.65)。

有底凹模弯曲时,由于凹模底部对于板料的限制作用,弯曲终了时,可以使产生了一定曲度的直边重新压平并与凸模完全贴合。同时,由于直边压平后的反向回弹,可以减少和抵消圆角弯曲变形区的角度回弹,甚至可使整个弯曲件的角度回弹量变为负值。

② 模具几何参数对回弹量的影响。模具的几何参数,例如凸凹模的间隙、凹模圆角半径、凹模宽度与深度等,都对板料的实际弯曲变形过程有不同程度的影响。根据冷压手册和试验数据,正确地选择这些参数,都可以取得减少弯曲回弹量,提高产品质量的效果。

③ 弯曲件的几何形状对回弹量的影响。一般而言,弯曲件越复杂,一次弯曲成形的回弹量越小。这是因为形状越复杂,限制弯曲中加拉的作用越大,使弯曲的变形性质发生了有利变化。例如Ⅱ形件的回弹量较∏形件小,∏形件又较V形件小。

④ 减少回弹的措施。

a. 补偿法。根据弯曲件的回弹趋势与回弹量大小,控制模具工作部分的几何形状与尺寸,使弯曲以后,工件的回弹量恰好得到补偿。

例如,弯制V形件时,可以根据工件可能产生的回弹量,将凸模的圆角半径与角度预先作小,以补偿回弹作用。

在弯制U形件时,可将凸模两侧分别作出等于回弹角的斜度,如图3.38(a)所示;或者将模具底部作成弧状,如图3.38(b)所示。利用底部向下的回弹作用,补偿两直边的张开。

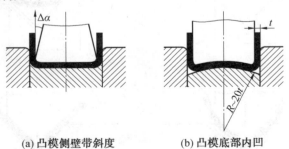

(a) 凸模侧壁带斜度   (b) 凸模底部内凹

图 3.38   弯曲 U 形件的回弹补偿措施

b. 拉弯法。板料弯曲的同时施以拉力,可以使得剖面上的压区转为拉区,应力 - 应变分布趋于均匀一致,从而可以显著减少回弹量。

因为纯弯时,板料在外载的作用下剖面的外区拉长、内区缩短。卸载以后,外区要缩短、内区要伸长。内外两区的回弹趋势都要使板料复直,所以回弹量大,如图3.39(a)所示。弯曲时加以拉力后,内外两区都被拉长,卸载以后都要缩短。内外两区的回弹趋势有互相抵消的作用,所以回弹量减少,如图3.39(b)所示。

对于大尺寸的型材零件与蒙皮零件,可以利用专用机床 —— 拉弯机与拉形机,进行拉弯。

在弯制一般冲压件(如U形件、Ω形件)时,减少凸凹模之间的间隙,或者利用压边装置,如图3.40所示,牵制毛料的自由流动,也可取得一定的拉弯效果。

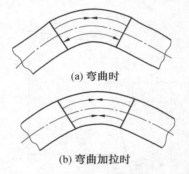

(a) 弯曲时

(b) 弯曲加拉时

图3.39　纯弯曲与加拉弯曲时内外两区的回弹趋势

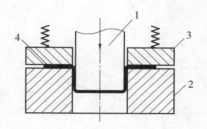

图3.40　带压边装置的弯曲模具
1— 凸模;2— 凹模;
3— 压边装置;4— 毛料

关于拉弯的原理将在3.3节中详细讨论。

c. 加压校正法。在有底凹模中限制弯曲时,当板料与模具贴合以后,以附加压力校正弯曲变形区,使压区沿着切向产生拉伸应变,卸载以后,拉压两区纤维的回弹趋势互相抵消,于是可以得到减少回弹量的效果。

3.3　拉弯与拉形

3.3.1　拉弯

拉弯的基本原理是在毛料弯曲的同时加以切向拉力,改变毛料剖面内的应力分布情况,使之趋于均匀一致,以达到减少回弹,提高零件成形准确度的目的。

弯曲时,毛料分为内外两区,内区受压,外区受拉。在这一基础上加以切向拉力,其结果,对于原来受拉的外区而言,无疑是要继续加载;对于原来受压的内区而言,由受压变为受拉,则要经历一个卸载和反向加载的过程。为了合理地反映这种加载情况下的应力 – 应变关系,显然不能忽略弹性变形的影响。因此,我们采用了图 3.41 所示的实际应力曲线,作为我们考察拉弯时应力 – 应变关系的依据。图 3.41 所示的实际应力曲线为折线形式,在弹性范围内应力与应变之间的关系为 $\sigma = E\delta$,在塑性范围内则为

$$\sigma = \sigma_{\mathrm{s}} + \left(\delta - \frac{\sigma_{\mathrm{s}}}{E}\right)D \tag{3.71}$$

下面,对拉弯时应力 – 应变的情况进行具体分析,如图 3.42 所示。

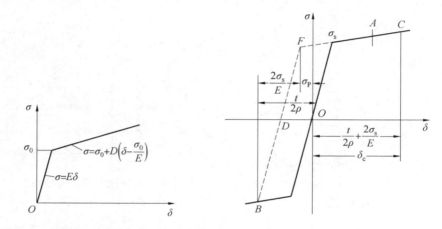

图 3.41　拉伸时应力 – 应变关系曲线　　图 3.42　拉弯时应力 – 应变曲线

假设先将毛料弯曲,使外边层纤维应力达到 A 点,内边层纤维应力达到 B 点。然后施加拉力,A 点继续加载,沿实际应力曲线移至 C 点,B 点则发生卸载,到 D 点时压应力完全消失,然后受拉,反向加载,由于反载软化现象,至 F 点受拉屈服,压区完全进入拉伸塑性变形。此后,继续增加拉力,内外两区的应力 – 应变关系沿着同一直线上升。

拉弯时,为了使整个毛料的剖面内应力尽量均匀一致,最内层纤维的应力至少应达到由压转为拉的屈服点,即 F 点。如果 B 点的应力以 σ_B 表示,F 点的应力以 σ_F 表示,则最小的必要拉伸量 δ_{P} 为

$$\delta_{\mathrm{P}} = \frac{\sigma_B}{E} + \frac{\sigma_{\mathrm{F}}}{E} = \frac{2\sigma_{\mathrm{s}}}{E} \tag{3.72}$$

δ_{P} 即为中性层的拉伸应变量。

如果弯曲时中性层的半径为 ρ,距离中性层 y 处由于弯曲产生的切向应变为 y/ρ,加上最小必要拉伸量 δ_{P} 后,此处的切向总应变 δ_y 为

$$\delta_y = \delta_B + \frac{y}{\rho} = \frac{2\sigma_s}{E} + \frac{y}{\rho} \tag{3.73}$$

代入式(3.71)即可求得距中性层 y 处的切向应力 σ_y 为

$$\sigma_y = \sigma_s + \left(\frac{\sigma_s}{E} + \frac{y}{\rho}\right) D \tag{3.74}$$

先弯后拉沿剖面切向应力与应变的分布如图 3.43 所示。

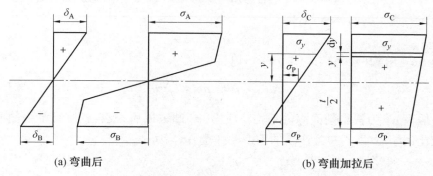

(a) 弯曲后　　　　　　　　　　　(b) 弯曲加拉后

图 3.43　先弯后拉沿剖面切向应力与应变的分布

如果拉弯毛料为板料,板料宽 B、厚 t,则弯加拉以后,外加弯矩 M 变为

$$M = \int_{-\frac{t}{2}}^{\frac{t}{2}} y\sigma_y B\mathrm{d}y = \int_{-\frac{t}{2}}^{\frac{t}{2}} B\left[\sigma_s + \left(\frac{\sigma_s}{E} + \frac{y}{p}\right)D\right]y\mathrm{d}y = \frac{D}{\rho} \cdot \frac{Bt^3}{12} = \frac{DJ}{\rho} \tag{3.75}$$

此弯矩卸去以后,产生的曲率回弹量 Δk 为

$$\Delta k = \frac{1}{\rho} - \frac{1}{\rho_0} = \frac{M}{EJ} = \frac{D}{\rho E} \tag{3.76}$$

回弹后的半径 ρ_0 为

$$\rho_0 = \frac{\rho}{1 - \dfrac{D}{E}} \tag{3.77}$$

与纯弯时曲率的回弹量对比,参见式(3.62),由于拉弯卸载中只有 D/E 的作用,所以拉弯的回弹量可以显著减少,且以材料的 $D \ll E$(例如 LY12M,$E = 70\,000$ MPa,$D \approx 186$ MPa,$E/D \approx 0.002\,7$),因而实际上,拉弯时曲率的回弹量是很小的。同时,从实际应力曲线还可看出,材料的硬化模数 D 并非定值,拉伸变形程度越大,D 的数值越小,所以在拉弯过程中加的拉力越大,越有利于减少零件曲率的回弹量。因此实际操作中常常以不拉断零件为原则,尽量增加拉力,而以下式作为控制拉力 P 的依据:

$$P = 0.9\sigma_b S \tag{3.78}$$

式中　σ_b——零件材料的强度极限,MPa;

S——零件的剖面面积,mm^2。

既然减小材料的应变强化模数有利于降低回弹,如果用加热拉弯,当变形温度高于再结晶温度时,应变强化效应被再结晶所消除,$D \to 0$,曲率回弹也就趋近于零了。

　　此外,从式(3.76)、式(3.77)还可看出,曲率半径越大,拉弯效果越好,所以在生产中拉弯主要用于成形曲度不大、外形准确度要求较高的零件。

　　拉弯时角度的回弹量 $\Delta \alpha$ 包括两部分:弯矩卸去以后所产生的回弹 $\Delta \alpha$ 和拉力卸去后产生的回弹 $\Delta \alpha_M$,即

$$\Delta \alpha = \Delta \alpha_M + \Delta \alpha_P \tag{3.79}$$

式中 $\Delta \alpha_M$ 由式(3.66)、式(3.76)可以推得为

$$\Delta \alpha_M = \Delta k \cdot \rho \alpha = \frac{D}{E} \alpha \tag{3.80}$$

　　假设 α_P 为板料剖面内的平均拉应力,σ_t 卸去以后,板料各层纤维绕曲率中心成比例缩短,所以拉力产生的角度回弹量 $\Delta \alpha_P$ 为

$$\Delta \alpha_P = \frac{\frac{\sigma_P}{E} \cdot \rho \alpha}{\rho} = \frac{\sigma_P}{E} \alpha \tag{3.81}$$

　　由式(3.74)可知,平均应力 σ_P 即为 $y = 0$ 处(中间层)的拉应力。所以

$$\sigma_P = \sigma_s \left(1 + \frac{D}{E} \right) \tag{3.82}$$

　　将 σ_P 代入 $\Delta \alpha_P = \frac{\sigma_P}{E} \alpha$ 中,即可求得

$$\Delta \alpha_P = \frac{\sigma_s}{E} \left(1 + \frac{D}{E} \right) \alpha \tag{3.83}$$

所以拉弯时角度的回弹量 $\Delta \alpha$ 为

$$\Delta \alpha = \Delta \alpha_M + \Delta \alpha_P = \frac{D}{E} \alpha + \frac{\sigma_s}{E} \left(1 + \frac{D}{E} \right) \alpha = \left[\frac{\sigma_s}{E} + \frac{D}{E} \left(1 + \frac{\sigma_s}{E} \right) \right] \alpha \tag{3.84}$$

　　与纯弯时角度的回弹量做以比较,参见式(3.65),可见拉弯时角度的回弹量与零件的相对弯曲半径 ρ/t 无关,而且数值比纯弯时也要显著减少。

　　以上分析是从先弯后拉的角度出发考虑的。如果将工艺过程改为先拉伸,然后在预加拉力的作用下进行弯曲,则所得效果将有显著不同。如图3.44(a)所示,假设先将毛料均匀拉伸至实际应力曲线上的 A 点,然后进行弯曲。

　　弯曲时外区受拉,内区受压。最外层纤维则因继续加载,由 A 点上升到 B 点,最内层纤维则因卸载而反向加载,由 A 点最后到达 F 点。这时毛料剖面内的应力分布由原来的图3.44(b)变为图3.44(c),仍有异号应力存在。应力分布显然不如先弯后拉均匀,所以卸载后的回弹量也比先弯后拉大。总之,先弯后拉,只要

很小的最小必要拉伸量 $\dfrac{2\sigma_s}{E}$（因为一般材料的 $\sigma_x \ll E$, $\dfrac{2\sigma_s}{E} < 1\% \sim 2\%$）就可取得应力分布均匀一致的效果。而先拉后弯,即令拉伸值很大,预拉效果也会因弯曲时压区的卸载作用很快消失,所以从减少回弹量来看,先拉后弯不如先弯后拉有利,但是事物总是一分为二的,先弯后拉,当毛料与模具完全贴紧后,由于模具对于毛料的摩擦作用,后加的拉力很难均匀传递到毛料的所有剖面,因此也会影响后加拉力的效果。所以生产实践中往往采用先拉后弯最后补拉的复合方案。即首先在平直状态拉伸毛料超过屈服点,拉伸量为 0.8% ~ 1%。然后弯曲。毛料完全贴合后,再加大拉力进行补拉,以便工件更好地保持弯曲中所获得的曲度。此外,弯曲前预先加一拉力,对于薄壁型材还可减少其内壁弯曲时受压失稳的可能性,便于工艺过程的顺利进行。

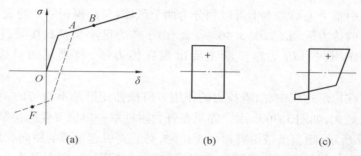

(a)　　　　　　(b)　　　　　　(c)

图 3.44　先拉后弯对应力 - 应变分布的影响

3.3.2　拉形

蒙皮拉形与型材拉弯相似,但是,由于蒙皮大多是双曲度的二维弯曲,变形情况要复杂得多。粗略分析如下。

拉形过程大致可以分为三个阶段,如图 3.45 所示:

（1）开始阶段,如图 3.45（a）所示,将毛料按凸模弯曲,并将毛料两端夹入机床钳口中,然后凸模向上移动,使毛料沿弧线 ab 与凸模脊背相接触,毛料被张紧。这时,材料只有弯曲变形。

（2）中间阶段,如图 3.45（b）所示,设想将毛料沿横切面方向划分为无数条带,随着凸模上升,ab 附近的条带即首先拉长并与凸模脊背贴合,凸模继续上升,与之相邻的条带就依次受到拉伸,与模具贴合,循序渐进,直到最边缘的条带也与模具贴合为止,于是整个毛料的内表面就取得了凸模表面的形状。

（3）终了阶段,如图 3.45（c）所示,毛料与模具表面完全贴合后,再将毛料继续做少量拉伸,使外边缘材料所受的拉应力超过屈服点,目的是减少回弹,提高工件的成形准确度。

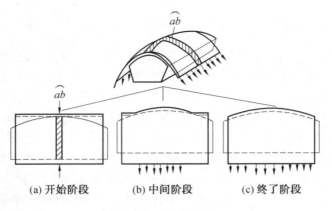

(a) 开始阶段 (b) 中间阶段 (c) 终了阶段

图 3.45   拉形过程

拉形中整个毛料基本上可以划分为两个区域：与凸模相贴合的成形区 I 以及悬空部分的传力区 II，如图 3.46 所示。由于传力区不与模具接触，没有模具表面的摩擦作用，所以，毛料拉断主要出现在传力区，特别是钳口边缘应力集中处。

材料在拉形过程中，沿着拉力的作用方向拉伸变形是不均匀的，脊背处的材料变形量最大，如图 3.46 所示。如果在脊背附近取一单位宽度的狭窄条带分析，如图 3.47 所示，则当条带沿着钳口受拉时，必然要引起条带的横向收缩。但是由于受到两侧材料的牵制与摩擦力的阻滞，横向收缩困难，应变基本为零，所以条带处于一种双向受拉的应力状态和拉 – 压的应变状态，当纵向曲度相当大时，应变状态可能为双向受拉厚向减薄，而沿着拉力作用方向（切向）的应变则为最大主应变。

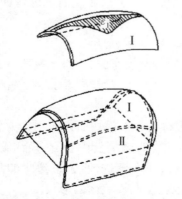

图 3.46   拉形中整个毛料划分区域

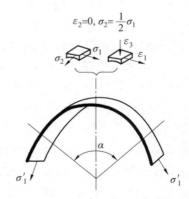

图 3.47   在脊背附近取一单位宽度的狭窄条带受力分析

如果脊背顶部的切向拉应力为 σ_1，则因模具表面摩擦力的作用，钳口附近的

拉应力 σ_1' 为

$$\sigma_1' = \sigma_1 e^{\mu\frac{\alpha}{2}} \tag{3.85}$$

式中　α——毛料在模具上的包角;

　　　μ——摩擦系数(一般取 0.16);

　　　e——自然对数的底,取 2.718。

如果脊背处的切向应变为 ε_1,钳口处为 ε_1',厚向应力近似为零,由图示的平面应变状态,可得

$$\sigma_1 = (1.155)^{n-1} \cdot K\varepsilon_1^n \tag{3.86}$$

$$\sigma_1' = (1.155)^{n+1} K\varepsilon_1'^n \tag{3.87}$$

式中　K、n——与材料性质有关的常数,由单向拉伸试验确定。

所以脊背顶部的拉应变 ε_1 与钳口处的拉应变 ε_1' 的关系为

$$\varepsilon_1' = \varepsilon_1 e^{\frac{\mu\alpha}{2\pi}} \tag{3.88}$$

为了方便起见,改为相对应变,则

$$\delta' \approx e^{\frac{\mu\alpha}{2\pi}}\delta \tag{3.89}$$

即为了使零件脊背处产生 δ 的应变量,钳口附近的拉应变应为 δ 的 $e^{\frac{\mu\alpha}{2\pi}}$ 倍,$e^{\frac{\mu\alpha}{2\pi}} > 1$,显然,如果 δ 的数值大于材料的延伸率,毛料的传力区就会发生拉断。

考虑到拉形时材料应变不均和钳门应力集中的影响,对于一般常用材料可将拉形时材料拉应变的极限值定为 $0.8\delta_f$(δ_f 为单向拉伸试验中材料破坏时的延伸率),则拉形顺利进行的条件为

$$\delta' \leqslant 0.8\delta_f \tag{3.90}$$

或

$$\delta \leqslant \frac{0.8\delta_f}{e^{\frac{\mu\alpha}{2\pi}}} \tag{3.91}$$

假设脊背处纤维的原长为 l_0,拉形后伸长了 Δl 变为 l_{max},生产中常以 l_{max} 和 l_0 的比值表示拉形变形程度的大小,即

$$K_l = \frac{l_{max}}{l_0} = \frac{l_0 + \Delta l}{l_0} = 1 + \frac{\Delta l}{l_0} = 1 + \delta \tag{3.92}$$

式中　K_l——拉形系数,K_l 的数值越大,表示拉形的变形程度越大;

　　　δ——脊背处材料的平均应变。

如果零件的边缘纤维长为 l_{min},此处材料的拉伸量最小。拉形时为了使此处的材料超过屈服点,只要使此处产生 1% 左右的拉应变就够了。因为此处毛料的原长也为 l_0,所以拉形后 $l_{min} = 1.01l_0$。这样,就可以把拉形系数 K_l 表示为零件的最大长度 l_{max} 与 l_{min} 的比值。

$$K_l = \frac{l_{\max}}{l_0} = 1.01 \frac{l_{\max}}{l_{\min}} \approx \frac{l_{\max}}{l_{\min}} \qquad (3.93)$$

$l_{\max}$ 与 $l_{\min}$ 取决于零件的形状特点。在凸双曲零件中,$l_{\max}$ 位于零件中间脊背处,$l_{\min}$ 位于零件的某一端部(图3.48(a));而在凹双曲零件中,$l_{\max}$ 则在零件的某一端头,$l_{\min}$ 则在中间凹陷处(图3.48(b)),$l_{\max}$ 与 $l_{\min}$ 的数值可以方便地从拉形模或表面标准样件上直接量取。

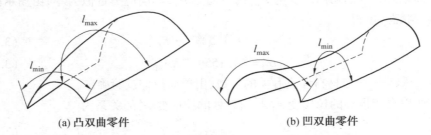

(a) 凸双曲零件　　　　　　　　　　　(b) 凹双曲零件

图 3.48　$l_{\max}$、$l_{\min}$ 与零件的形状特点之间的关系

当 $\delta = \dfrac{0.8\delta_f}{e^{\frac{\mu\alpha}{2\pi}}}$ 时,材料濒于拉断,所以极限拉形系数 $K_{\max}$ 为

$$K_{\max} = 1 + \frac{0.8\delta_f}{e^{\frac{\mu\alpha}{2\pi}}} \qquad (3.94)$$

$K_{\max}$ 的数值取决于材料的机械性能,拉形包角 α 的大小、摩擦系数 μ 的大小与钳口状况。材料的应变强化模数越高,延伸率越大,$K_{\max}$ 可越大;摩擦系数越小,包角越小,$K_{\max}$ 越大。此外,材料的相对厚度越大,变形越有利,极限拉形系数也越大。对于退火和新淬火状态下的铝合金LY12与LC4,$K_{\max}$ 可以参见表3.5所列数据。

表 3.5　$K_{\max}$ 与材料厚度之间的关系

板料厚度 /mm	1	2	3	4
$K_{\max}$	1.04 ~ 1.05	1.045 ~ 1.06	1.05 ~ 1.07	1.06 ~ 1.08

零件的拉形系数 K_l 如果超过了极限值 $K_{\max}$,则需增加过渡模,进行二次拉形。两次拉形凸模的几何参数可以参见表3.6所列。

表 3.6　两次拉形凸模的几何参数

材料	零件横向弯曲角度 $\alpha/(°)$	凸模角度		凸模半径(零件半径为 R)	
		第一套	第二套	第一套	第二套
LY12M	小于90°	0.8α	1.0α	$0.8R$	R
LC4M	小于90°	0.7α	0.9α	$0.8R$	R

拉形系数是制订拉形工艺规程的必要依据,但不是全部依据。因为除了必须考虑材料的成形可能性外,还必须考虑到零件的成形准确度和生产批量的大小。

例如,当 LY12 的蒙皮零件包角较大,R/t < 125 时,为了使拉形时拉力的传递更为有效,以提高零件的成形准确度,也宜采用两套凸模。

生产批量不大时,大多只用一套凸模而辅之以手工,或用同一套模具分两次拉成。

拉形后的零件,厚度必然减小。由于拉形时材料的拉伸变形分布不均,变薄量以各处不等。根据脊背附近所取条带的应力 – 应变状态分析,变薄率与零件的拉形系数有关。整个零件上的变薄率将在 0.5δ 与 δ' 之间变化,即在 $\frac{1}{2}(K_1 - 1)$ 与 $e^{\frac{\mu\alpha}{2\pi}}(K_1 - 1)$ 之间变化。

由于拉形时应力分布不均,拉形力的准确计算比较困难。为了确定拉形时所需的机床吨位以便选择设备,可从拉形力不能超过毛料的拉断力出发考虑,利用下列简单公式估算。

使毛料拉断的拉力 F 为

$$F = CBt\sigma_b \tag{3.95}$$

式中　　B、t——毛料的宽度和厚度,mm;

σ_b—— 材料的强度极限,MPa;

C—— 考虑到应力分布不均而乘入的修正系数,对于铝合金可取 $C = 1.02$。

如果毛料在模具上的包角为 α,则所需机床的吨位为

$$P = 2F\sin\frac{\alpha}{2} \tag{3.96}$$

以上讨论的是横向拉形时的情况,纵向拉形(拉伸拉形)情况基本相似。

3.4　拉　　深

3.4.1　拉深过程

一块平板毛料在凸模压力作用下通过凹模形成一个开口空心零件的压制过程称为拉深,拉深件的形状很多,圆筒形件是其中最简单最典型的代表。拉深时,一块圆形平板毛料逐步变成筒形零件的过程如图 3.49 所示。

在平板毛料上,沿着直径的方向画出一个局部的扇形区域 oab,凸模下降,强使毛料拉入凹模,扇形 oab 演变为以下三个部分:

(1) 筒底部分 — oef;

(2) 筒壁部分 — $cdef$;

(3) 突缘部分 — $a'b'cd$。

凸模继续下降,筒底基本不动,突缘部分的材料继续变为筒壁,于是筒壁逐渐加高,突缘逐渐缩小。由此可见,毛料的变形主要集中在凹模表面的突缘上,拉深过程就是使突缘逐渐收缩,转化为筒壁的过程,如果圆板毛料的直径为 D_0,拉深后筒形件的平均直径为 d,通常以筒形件直径与毛料直径的比值 $m(d/D_0)$ 表示拉深变形程度的大小。

m 称为拉深系数。显然,m 的数值越小,拉深时,板料的变形程度越大。

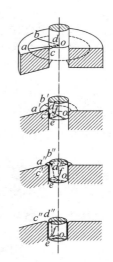

图 3.49 拉深过程中模具和毛料的运动过程的剖视

如果取同一种低碳钢板料,在同一套模具上用逐渐加大毛料直径的办法,改变拉深系数,进行拉深试验,试验结果如图 3.50 所示,当毛料直径很小、拉深系数很大时,毛料的变形程度很小,突缘能够顺利地转化为筒壁。但是当毛料直径加大,拉深系数减小到一定数值(例如 $m = 0.75$)以后,毛料突缘出现皱折,产生了废品。如果增加压边装置,压住毛料突缘,防止起皱现象以后,拉深过程又可以顺利进行。此时又可再进一步加大毛料直径,减少拉深系数。直到毛料直径加大、拉深系数减小到一定数值(例如 $m = 0.50$)时,才出现了筒壁拉断现象,拉深过程被迫中断。由此可见,突缘起皱和筒壁拉断乃是拉深过程顺利进行的两种主要障碍。

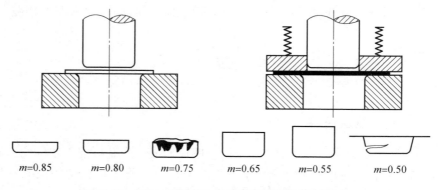

$m=0.85$ $m=0.80$ $m=0.75$ $m=0.65$ $m=0.55$ $m=0.50$

图 3.50 同一套模具上改变拉深系数的拉深试验

如果在上述试验中,同时测出在不同拉深系数下拉深力的变化,便可以得到图 3.51 所示的一系列曲线。分析这些曲线可以看到:拉深过程正常进行时,拉深力的变化规律基本一致:开始时逐渐增大,然后又逐渐减小,峰值的出现比较靠前。例外的情况有二:当 $m = 0.75$ 时,由于没有压边,突缘起皱,凸模强使带皱的材料拉入凸、凹模间隙之中,因此造成了拉深力的第二个峰值;当 $m = 0.05$ 时,拉深力没有达到最高点,筒壁就拉断了,拉深过程被迫中断。

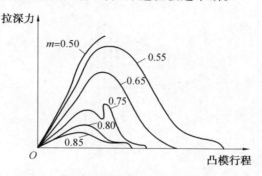

图 3.51　不同拉深系数下拉深力随凸模行程的变化曲线

　　根据以上初步分析,我们把几点主要结论归纳如下:

　　(1) 拉深时毛料的变形主要集中在突缘上。拉深过程就是使毛料突缘逐步收缩形成筒壁的过程。拉深时毛料变形程度的大小,可以用拉深系数 m 表示。

　　(2) 拉深力在拉深过程中的变化具有一定的规律性,开始时逐渐增加,然后逐渐减少,峰值的出现比较靠前。

　　(3) 拉深过程顺利进行的主要障碍有两点:突缘起皱和筒壁拉断。

　　为了对拉深过程取得规律性的了解,探索改进拉深过程的途径,有必要对拉深时毛料的主要变形区域 —— 突缘的应力 – 应变分布、变化以及筒壁传力区的受力情况进行系统的分析。

3.4.2　应力 – 应变分析

1. 突缘变形区的应力 – 应变分析

　　突缘变形区的材料处于切向受压、径向受拉的应力状态,突缘起皱与切向压应力有关,筒壁拉裂也主要取决于突缘所受的径向拉应力。因此,进一步分析突缘变形区拉、压应力的分布与变化规律很有必要。

　　(1) 突缘变形区的应变分布。

　　在分析突缘变形区的应力分布之前,先详细分析一下它的应变分布规律。

　　应变分布可以通过试验直接观察测量到。如果事先在平板毛料上画出一系列小的圆形格网测量小圆变形前后的尺寸变化和小圆处板料厚度的变化,即可求得某一拉深阶段,当毛料半径由 R_0 变为 R_t 时,小圆的径向、切向和厚向的三个主应变分量为 ε_1、ε_2、ε_3。如图 3.52 中的实线所示即为试验求得的上述几个主应变分量在突缘上的分布规律。由图示曲线可以看出:突缘变形区各处的应变并不相等,切向和径向主应变由外向内逐渐递增,厚度方向的增厚由外向内逐渐减少。切向主应变 ε_θ 大体上可以看作绝对值最大的主应变 $\varepsilon_{\max}$,因此突缘上某处切向应变的大小可以作为衡量该处材料变形程度的近似指标。

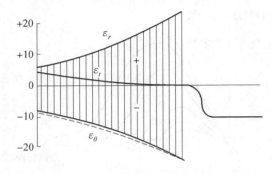

图 3.52   突缘变形区的应变分布

某一拉深阶段,当毛料半径由 R_0 变为 R_t 时,突缘上任一处的切向主应变 ε_θ 还可根据体积不变条件近似求得。

假定毛料半径由 R_0 变为 R_t 时,平板毛料上半径为 R' 的点转移到突缘上半径为 R 的地方,如图 3.53 所示。根据体积不变条件,忽略板厚的变化,圆环 $R' - R_0$ 的面积应与圆环 $R - R_t$ 的面积相等,即

$$\pi (R_0^2 - R'^2) = \pi (R_t^2 - R^2) \qquad (3.97)$$

由此可以求得

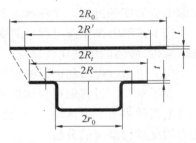

图 3.53   拉深阶段毛坯尺寸计算

$$R' = \sqrt{ R_0^2 - R_t^2 + R^2 } \qquad (3.98)$$

突缘上 R 处的切向应变为

$$\varepsilon_\theta = \ln \frac{2\pi R}{2\pi R'} = \ln \frac{R}{R'} = \ln \frac{R}{\sqrt{ R_0^2 - R_t^2 + R^2 }} \qquad (3.99)$$

当 $R = R_t$ 时,代入式(3.99)可以求得突缘边缘的切向应变 $(\varepsilon_\theta)_0$ 为

$$(\varepsilon_\theta)_0 = \ln \frac{r_0}{\sqrt{ R_0^2 - R_t^2 + R^2 }} \qquad (3.100)$$

图 3.52 中的虚线所示,即为按式(3.99)求得的 ε_θ 的分布规律。比较虚实两曲线可以看出,计算结果与试验结果十分相近。

（2）突缘变形区的应力分布。

和应变相反，应力是无法直接观察的，要想确定拉深时突缘变形区的应力分布，只有通过间接的理论推导。

拉深时突缘变形区处于切向受压、径向受拉的应力状态。板厚方向虽然受到压应力的作用（由压边圈产生），但是数值很小，可以忽略不计。因此共有两个未知数 σ_r、σ_θ，求解时需要两个方程式。一个方程可以用力学的基本关系 —— 平衡条件取得，称为微分平衡方程式。但是这一方程并不反映变形过程材料的内在特性。不论是钢件还是铝件，拉深变形程度大还是小，平衡方程总是一样的。因此第二个方程必须反映变形过程内部的特点 —— 揭示应力大小与变形程度、材料性质之间的关系，这个方程就是塑性方程。下面就来着手建立这两个方程式。

（3）微分平衡方程式。

假设某一拉深阶段，毛料边缘半径由 R_0 变为 R_t。沿着直径在突缘变形区切取张角为 φ 的一个小扇形区域。再在小扇形区域的 R 处切取宽为 dR 的扇形体，如图 3.54 所示。如果板厚为 t 处的切向应力为 σ_θ，径向应力为 σ_r，则微体四周的外力如图 3.54 所示。

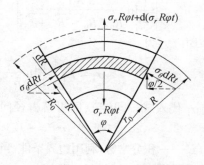

图 3.54 扇形体受力分析

因为微体处于平衡状态，其径向合力为零，即

$$[\sigma_r R\varphi t + d(\sigma_r R\varphi t)] - \sigma_r R\varphi t + 2\sigma_\theta dRt\sin\frac{\varphi}{2} = 0 \qquad (3.101)$$

当 φ 角很小时，$\sin\varphi/2 \approx \varphi/2$，忽略微体两边厚度的变化，取 $dt = 0$，式（3.101）可以简化为

$$d\sigma_r = -(\sigma_r + \sigma_\theta)\frac{dR}{R} \qquad (3.102)$$

式（3.102）即为微分平衡方程式。

（4）塑性方程式。

突缘变形区代数值最大的主应力为径向应力 σ_r，代数值最小的主应力为切向应力 σ_θ。将 β 值近似取为 1.1，塑性方程式为

$$\sigma_r + \sigma_\theta = 1.1\sigma_i \qquad (3.103)$$

将式（3.103）代入式（3.102）即可求得径向应力 σ_r：

$$\sigma_r = -1.1\int\sigma_i\frac{dR}{R} \qquad (3.104)$$

再将式(3.104)代入式(3.103),即可求得切向应力 σ_θ:

$$\sigma_\theta = 1.1\sigma_i - \sigma_r \qquad (3.105)$$

σ_i 可以根据实际应力曲线按最大主应变近似确定。结合式(3.99)可知

$$\sigma_i \approx K\varepsilon_\theta^n = K\left(\left|\ln\frac{R}{\sqrt{R_0^2 - R_t^2 + R^2}}\right|\right)^n$$

所以 σ_i 为 R 的幂函数,式(3.104)积分很困难。为了简化计算,将 σ_i 取为与 R 无关的常数 $\bar\sigma_i$,由突缘内外边沿的平均应变确定。根据式(3.99)和式(3.100),可得平均应变为

$$\bar\varepsilon_\theta = \left|\frac{1}{2}\left[(\varepsilon_\theta)_t + (\varepsilon_\theta)_0\right]\right| = \left|\frac{1}{2}\left(\ln\frac{R_t}{R_0} + \ln\frac{r_0}{\sqrt{R_0^2 - R_t^2 + r_0^2}}\right)\right| =$$

$$\left|\frac{1}{2}\ln\frac{R_t r_0}{R_0\sqrt{R_0^2 - R_t^2 + r_0^2}}\right| \qquad (3.106a)$$

所以平均应力为

$$\bar\sigma_i = K\left(\left|\frac{1}{2}\ln\frac{R_t r_0}{R_0\sqrt{R_0^2 - R_t^2 + r^2}}\right|\right)^n \qquad (3.106b)$$

将 $\bar\sigma_i$ 代入式(3.104),即可解得径向应力为

$$\sigma_r = -1.1\bar\sigma_i\ln R + C \qquad (3.107)$$

式中 C——积分常数,利用边界条件:当 $R = R_t$ 时,$\sigma_r = 0$,所以 $C = 1.1\bar\sigma_i\ln R_t$。

最后可得

$$\sigma_r = -1.1\bar\sigma_i\ln R + 1.1\bar\sigma_i\ln R_t = 1.1\bar\sigma_i\ln\frac{R_t}{R} \qquad (3.108)$$

代入式(3.105)可以求得切向应力为

$$\sigma_\theta = 1.1\bar\sigma_i\left(1 - \ln\frac{R_t}{R}\right) \qquad (3.109)$$

如果给定拉深系数 $m = r_0/R_0$,给定材料牌号(即材料拉伸实际应力曲线幂次式中的常数 K 和 n),给定拉深时刻(即突缘半径 R_t),以不同的 R 值代入式(3.108)和式(3.109)。便可得到突缘变形区拉、压应力的分布。图3.55所示即为 σ_r 和 σ_θ 的分布曲线。

分析一下图3.55所示曲线可以看出:突缘上径向拉应力 σ_r 和切向压应力 σ_θ 的分布是两条等距离的对数曲线,其间隔距离等于 $1.1\bar\sigma_i$。径向拉应力 σ_r 在凹模洞口($R = r_0$ 时)最大,其值为

$$\sigma_{r\max} = 1.1\bar\sigma_i\ln\frac{R_t}{r_0} = 1.1\bar\sigma_i\ln\frac{R_0 R_t}{r_0 R_0} = 1.1\bar\sigma_i\left(\ln\frac{R_t}{R_0} - \ln m\right) \qquad (3.110)$$

切向压应力 σ_θ 在突缘边缘($R = R_t$ 时)最大,其值为

$$\sigma_{\theta max} = 1.1\, \overline{\sigma}_i \qquad\qquad (3.111)$$

对于分析筒壁拉断与突缘起皱而言,研究最大径向拉应力 σ_{rmax} 与最大切向压应力 $\sigma_{\theta max}$ 在整个拉深过程中的变化规律有重要的实际意义。以下分别做以分析。

（5）整个拉深过程中 $\sigma_{\theta max}$ 与 σ_{rmax} 的变化规律。

图 3.56 所示的曲线,显示了按式（3.110）及式（3.111）求出的这种变化规律。

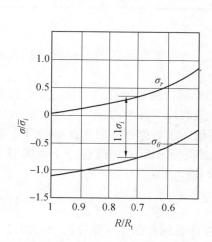

图 3.55　σ_r 和 σ_θ 的分布曲线

图 3.56　拉深过程中 $\sigma_{\theta max}$ 与 σ_{rmax} 的变化规律

随着拉深过程的不断进行,突缘变形区材料的变形程度与变形抵抗力逐渐增加,所以曲线 $\sigma_{\theta max} \sim R_t/R_0$ 也始终上升,其变化规律与材料实际应力曲线相似,在拉深的初始阶段 $\sigma_{\theta max}$ 的增加比较迅速,以后逐渐趋于平缓。

由式（3.110）可见,σ_{rmax} 的数值是 $\overline{\sigma}_i$ 与 $\ln R_t/r_0$ 的乘积,$\overline{\sigma}_i$ 表示材料的变形抵抗力,随着拉深过程的进行,其值逐渐加大。$\ln R_t/r_0$ 反映了突缘变形区的大小,随着拉深过程的进行,突缘变形区逐渐缩小,$\ln R_t/r_0$ 的数值也逐渐减小。由于以上两个相反因素互相消长的结果,凹模洞口的拉应力 σ_{rmax} 在某一拉深阶段达到了最大值 $(\sigma_r)_{max}^{max}$,然后又渐渐下降,如图 3.56 所示。同时,由于拉深初始阶段材料变形抵抗力的增长较快而突缘变形区的缩减较慢,以后,材料变形抵抗力增长较慢而突缘变形区的缩减逐渐加快,所以 $(\sigma_r)_{max}^{max}$ 一般均发生在拉深的起始阶段,即当 $R = 0.80R_0 \sim 0.90R_0$ 时。

由式（3.110）可知,$(\sigma_r)_{max}^{max}$ 的具体数值完全取决于板料的机械性能与拉深系数。给定一种材料和拉深系数即可算出相应的 $(\sigma_r)_{max}^{max}$,经过大量的计算结果,

可将确定$(\sigma_r)^{max}_{max}$的计算公式整理归纳成以下的形式:

$$(\sigma_r)^{max}_{max} = \left(\frac{a}{m} - b\right)\sigma_b \qquad (3.112)$$

式中　a、b——与材料性质有关的常数,其值见表3.7。

表3.7　材料常数 a、b 值的变化规律

颈缩点应变值 ε_j	0.10	0.15	0.20	0.25	0.30	0.35	0.40
a	0.72	0.79	0.87	0.94	1.01	1.06	1.12
b	0.58	0.69	0.79	0.90	1.01	1.11	1.18

2. 筒壁传力区的受力分析

凸模压力 p 通过筒壁传至突缘的内边沿,将突缘变形区的材料逐步拉入凹模,如图3.57所示。

显然,突缘材料的变形抵抗力(突缘在凹模洞口的径向拉应力 σ_{rmax})是拉深件筒壁所受拉力的主要组成部分,除此之外,还有以下几个力。

(1)压边 Q 在突缘表面所产生的摩擦阻力。设摩擦系数为 μ,则上下表面的摩擦阻力合计为 $2\mu Q$。筒壁传递拉力的面积为 πdt(d 为筒直径,t 为筒壁厚度),因此压边摩擦力在筒壁内部产生的单位拉应力 σ_m 为

$$\sigma_m = \frac{2\mu Q}{\pi dt} \qquad (3.113)$$

(2)当突缘材料绕过四模圆角时,还须在凹模圆角区克服摩擦阻力。假设用一皮带绕过圆柱,拖动一重力为 W 的重物,如图3.58所示。由于摩擦阻力的影响,另一端施加的拉力 T 必须大于 W。不难想象,包角 α 越大,且摩擦系数值越大,T 值也就越大。由简单的力学关系可以证明

$$T = We^{\mu\alpha} \qquad (3.114)$$

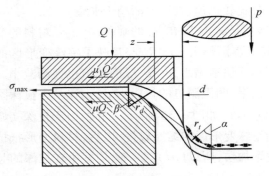

图3.57　筒壁传力区的受力分析

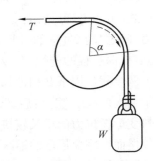

图3.58　拖动重物皮带绕过圆柱的受力分析

如果板料在凹模圆角处的包角为 α，考虑上述因素，筒壁为了拖动突缘，必须传递的单位拉应力显然不只是 $\sigma_{r\max} + \sigma_m$，而是

$$(\sigma_{r\max} + \sigma_m) e^{\mu\alpha} \qquad (3.115)$$

（3）突缘板料流经凹模圆角时所产生的弯曲抗力 σ_ω。σ_ω 可以近似确定为

$$\sigma_\omega = \frac{\sigma_b}{2\dfrac{r_d}{t} + 1} \qquad (3.116)$$

式中　r_d——凹模的圆角半径。此式的推导过程从略。

归纳以上各项，最后可以求得筒壁为了使拉深件流入凹模所需的单位拉应力为

$$p = (\sigma_{r\max} + \sigma_m) e^{\mu\alpha} + \sigma_\omega \qquad (3.117)$$

在拉深的某一初始阶段，突缘的径向拉应力达到了最大值，而包角 α 也趋近于 90°，这时 p 值最大。由于 $e^{\mu\frac{\pi}{2}} \approx 1 + \mu\frac{\pi}{2} \approx 1 + 1.6\mu$，根据式（3.117），筒壁所受的最大单位拉应力 $p_{\max}$ 可以写为

$$p_{\max} = \left[(\sigma_r)_{\max}^{\max} + \sigma_m \right](1 + 1.6\mu) + \sigma_\omega \qquad (3.118)$$

将式（3.112）、式（3.113）、式（3.116）所表示的 $(\sigma_r)_{\max}^{\max}$、σ_m、σ_ω 值代入式（3.118），可以求得最大单位拉应力 $p_{\max}$ 为

$$p_{\max} = \left[\left(\frac{a}{m} - b \right) \sigma_b + \frac{2\mu Q}{\pi dt} \right](1 + 1.6\mu) + \frac{t}{2r_d + t}\sigma_b \qquad (3.119)$$

理论与试验研究表明：在正常条件（合理的凹模圆角半径、模具间隙、压边力、润滑条件等）下拉深时，突缘变形区的最大拉应力 $(\sigma_r)_{\max}^{\max}$ 占最大单位拉应力 $p_{\max}$ 的 65% ~ 75%，因此

$$p_{\max} = \frac{1}{\eta} (\sigma_r)_{\max}^{\max} = \frac{1}{\eta}\left(\frac{a}{m} - b \right)\sigma_b \qquad (3.120)$$

式中　η——拉深效率，$\eta = 0.65 \sim 0.75$，其值与材料性质、板料厚度有关。材料的应变强化指数 n 越大、相对厚度越大，η 值也偏大；反之，η 偏小。

最大单位拉应力 $p_{\max}$ 求得后，最大拉深力 $F_{\max}$ 即可求得为

$$F_{\max} = \pi dt p_{\max} \qquad (3.121)$$

生产中，为了根据最大拉深力选择压床，$F_{\max}$ 可用以下公式近似估算：

$$F_{\max} = 5dt\sigma_b \ln\frac{1}{m} \qquad (3.122)$$

3.4.3　拉深起皱及防皱措施

如果在板条两端施以轴向压力 F，当压力 F 加到某一临界值 F_c 时，板条就会产生弯曲隆起现象，如图 3.59 所示。这种现象称为受压失稳。理论和试验研究

表明,板条抵抗受压失稳的能力与板条的相对厚度及材料的机械性能有关。

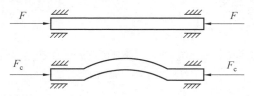

图 3.59　板条两端受轴向压力下的弯曲现象

板条越长,厚度越小,越易失稳。

材料的弹性模数 E、塑性模数 D 越大,抵抗失稳的能力也越大。

拉深时突缘起皱与板条的受压失稳相似。突缘是否发生起皱现象,不仅取决于突缘变形区切向压应力的大小,而且取决于突缘变形区抵抗失稳起皱的能力 —— 材料的机械性能与突缘变形区的相对厚度 $\dfrac{t}{D_t - d}$。

拉深过程中,导致突缘失稳起皱的切向压应力与突缘抵抗失稳起皱的能力都是变化的。

随着拉深过程的不断进行,切向压应力不断增加。同时,突缘变形区不断缩小,厚度增加,因而突缘变形区的相对厚度 $\dfrac{t}{D_t - d}$ 也不断增加。切向压应力的增加必将增强失稳起皱的趋势,相对厚度 $\dfrac{t}{D_t - d}$ 的增加却有利于提高抵抗失稳起皱的能力。此外,随着拉深过程变形程度的增加,材料的塑性模数 D 逐渐减小。D 的减小一方面降低了材料抵抗失稳起皱的能力,但另一方面却又减小了切向压应力增长的趋势,如图 3.56 所示。由于以上各个相反作用的因素互相消长,在拉深的全过程必有某一阶段突缘失稳起皱的趋势最为强烈。理论与试验研究表明:这一阶段要比 $(\sigma_r)^{\max}_{\max}$ 出现的阶段迟,发生在突缘宽度缩至一半左右,即 $R_1 - r_0 \approx 1/2(R_0 - r_0)$ 时,也就是大约发生在拉深过程的中间阶段,如图 3.56 所示。最易失稳起皱的时刻比发生的时刻晚,使我们有可能利用压边力的合理控制以提高拉深效率。

生产中用下列简单的公式作为判断拉深时突缘不会起皱的近似条件:

$$D_0 - d \leqslant 22t \tag{3.123}$$

将式(3.123)加以简单的换算后可得

$$\frac{t}{D_0} \times 100 \geqslant 4.5(1 - m) \tag{3.124}$$

从式(3.124)可以看出:利用此式作为判断突缘不会起皱的近似条件,虽然撇开了材料机械性能的影响,却反映了影响失稳起皱的两个重要因素(拉深系数与板料相对厚度）之间的关系。$\frac{t}{D_0}$ 越大，不起皱的极限拉深系数可越小。例如，当 $\frac{t}{D_0} = 1.2\%$ 时，不起皱的极限拉深系数 $m = 0.73$ ；$\frac{t}{D_0} = 1\%$ 时，$m = 0.78$ 。因此上述近似条件也可作为确定是否采取防皱措施的依据。

工艺上常将压边圈下突缘变形区的失稳起皱称为外皱，以区别于其他部位材料的失稳起皱 —— 内皱。拉深筒形件时一般只有外皱现象。

压边圈是生产中用得最为广泛而行之有效的防止外皱措施。

常用的压边装置不外乎以下两类。

（1）固定压边圈（或刚性压边圈）。

压边圈固定装于凹模表面，与凹模表面之间留有 $(1.15 \sim 1.2)t$ 的间隙，使拉深过程中增厚了的突缘便于向凹模洞口流动。

（2）弹性压边圈。

利用弹簧、橡皮或气压（液压）缸产生的弹性压边力压住毛料的突缘变形区。

图 3.60 所示为这种压边装置的一种典型结构形式。图中零件 10 ～ 14 为装于冲床台面下的橡皮垫（也可利用弹簧或作动筒）。

压边装置是否合理有效，关键在于压边力的大小是否恰当。压边力太小，不足以抵抗突缘失稳的趋势，结果仍然产生皱折；压边力太大，又会使突缘压得过紧，不利于材料的流动，徒然助长了筒壁拉裂的危险。由于在整个拉深过程中，突缘失稳起皱的趋势不同，合乎理想的压边力应当也是变化的。在拉深

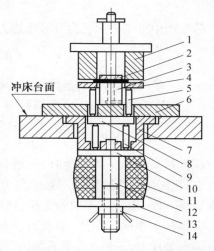

图 3.60　压边装置的一种典型结构形式

1— 凹模；2— 毛料；3— 凸模；4— 压边圈；5、9— 顶杆；6— 模座；7— 杯体；8、10、13— 传力板；11— 橡皮；12— 心杆；14— 调力螺帽

的开始阶段，失稳起皱的趋势渐增，压边力也应该逐渐加大，此后，失稳起皱的趋势减弱，压边力也相应递减。图 3.61 所示的试验曲线，为维持突缘不致失稳起皱，所需的最小压边力 $Q_{\min}$ 在拉深过程中的变化规律。生产实际中要想提供这样变化的压边力当然是困难的。弹性压边装置中，除了气压（液压）工作缸可以在拉深过程中使压边力基本保持不变外，弹簧及橡皮压力装置所提供的压边力，在整个拉深过程中反而都是不断增加的。三种压边装置的工作性能如图 3.62 所

示。虽然它们都不能提供合乎理想的压边力,但是比较起来,仍以工作缸为好。

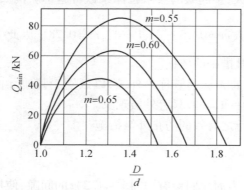

图 3.61　最小压边力试验曲线

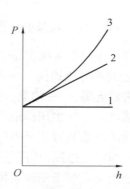

图 3.62　三种压边装置工作性能
1— 工作缸;2— 弹簧;3— 橡皮

实际生产中可用下式近似计算压边力 Q 的大小:

$$Q = \frac{\pi}{4}(D_0^2 - d^2)q \qquad (3.125)$$

式中　q——单位压边力,与拉深板料的机械性能、拉伸系数和相对厚度有关,可查冷压手册,也可近似取为

$$q = 8\frac{D_0}{t}\left(\ln\frac{1}{m}\right)^{n+1}\sigma_b \times 10^{-4}(\text{Pa}) \qquad (3.126)$$

拉深锥形及球形一类零件时,凹模洞口以内常常有相当一部分的板料处于悬空状态,无法用压边圈压住。悬空部分的材料也是拉深变形区的一个组成部分。和突缘一样,也是处于径向受拉、切向受压的应力状态,拉压应力的分布规律也与突缘基本相同。当然,沿着切线方向也同样存在失稳起皱的可能性。悬空部分的起皱现象,工艺上一般称为内皱。

内皱现象是否发生,同样也取决于该处切向压应力的大小与材料抵抗失稳起皱的能力 —— 悬空部分的宽度、材料的机械性能与相对厚度等因素。但是,其边界约束条件则与突缘变形区有所不同。内皱发生的临界条件,目前还只能根据经验判断。

板料的拉深过程是依靠径向拉应力与切向压应力的联合作用,两者绝对值之和为一定值(塑性条件),加大一方就可相应地减少另一方。悬空部分的材料,虽然无法通过压边的办法防止内皱,但如在拉深过程中增加径向拉应力,就可使切向压应力相应减小,从而达到防止内皱的目的。生产中增加径向拉应力的具体措施很多,例如增加压边力,增大毛料直径、甚至在凹模面上作出防皱埂,如图3.63 所示,或者采取反拉深,如图3.64 所示。

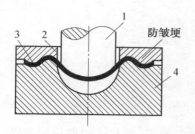

图 3.63　带防皱埂拉深
1— 凸模；2— 压边圈；
3— 毛料；4— 凹模

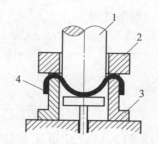

图 3.64　反拉深
1— 凸模；2— 压边圈；
3— 凹模；4— 毛料

利用增加径向拉应力的办法防止内皱，显然不如压边那样直接、有效，而且还会使板料的变薄加剧，甚至出现拉断现象，因而限制了这种办法的应用。对于悬空部分较大的深拉深件，可以采用多次拉深的办法，减少每一拉深工序中板料的悬空段，以防止内皱，逐步成形。

关于板料受压失稳问题的进一步讨论，可以参考第 5 章。

3.4.4　厚向异性对拉深过程受力的影响

1. 突缘变形区的应力分布

在轴对称变形情况下，一般假设板料在板面内各向同性，只有厚向异性。这时板面内的屈服应力 $\sigma_{s1} = \sigma_{s2} = \sigma_s$，厚向屈服应力 $\sigma_{s3} = \sigma_{t0}$，即

$$\sigma_s = \frac{1}{\sqrt{F + H}} = \frac{1}{\sqrt{G + H}} \tag{3.127}$$

$$\sigma_{t0} = \frac{1}{\sqrt{F + G}} \tag{3.128}$$

如果

$$\frac{H}{F} = \frac{H}{G} = r \tag{3.129}$$

$$\frac{\sigma_{t0}}{\sigma_s} = \sqrt{\frac{1 + r}{2}} \tag{3.130}$$

拉深过程中，三个主应力为：径向 σ_r、切向 σ_θ 与厚向 σ_t。应力主轴恰好与各向异性主轴重合，即 $\sigma_r = \sigma_1$，$\sigma_\theta = \sigma_2$，$\sigma_t = \sigma_3$，因而屈服条件可以写为

$$2f = F(\sigma_\theta - \sigma_t)^2 + G(\sigma_t - \sigma_r)^2 + H(\sigma_r - \sigma_\theta)^2 = 1 \tag{3.131}$$

分析厚向异性板料突缘变形区的应力分布和变化规律时，为了简化，忽略板厚的变化，即 $d\varepsilon_t = 0$。利用塑性流动法向性原则可得

$$\sigma_t = \frac{G\sigma_r + F\sigma_\theta}{G + F} \tag{3.132}$$

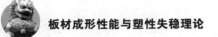

代入屈服条件得

$$\frac{FG + GH + HF}{F + G}(\sigma_r - \sigma_\theta)^2 = 1 \tag{3.133}$$

即

$$\sigma_r - \sigma_\theta = \frac{F + G}{\sqrt{FG + GH + HF}}\sigma_{t0} = \sqrt{\frac{2(1 + r)}{1 + 2r}}\sigma_s \tag{3.134}$$

假若在式(3.134)中事先考虑应力的拉压性质,并代入单向拉伸强化后的屈服应力 σ_i,则突缘变形区的塑性方程为

$$\sigma_r + \sigma_\theta = \sqrt{\frac{2(1 + r)}{1 + 2r}}\sigma_i \tag{3.135}$$

与平衡方程(3.102)联立求解后,可得

$$\sigma_r = \sqrt{\frac{2(1 + r)}{1 + 2r}}\overline{\sigma}_i \ln\frac{R_t}{R} \tag{3.136}$$

$$\sigma_\theta = \sqrt{\frac{2(1 + r)}{1 + 2r}}\overline{\sigma}_i\left(1 - \ln\frac{R_t}{R}\right) \tag{3.137}$$

式中

$$\overline{\sigma}_i \approx K\left(\frac{1 + r}{\sqrt{1 + 2r}}\left|\frac{1}{2}\ln\frac{R_t r_0}{R_0\sqrt{R_0^2 - R_t^2 + r_0^2}}\right|\right)^n$$

2. 筒壁传力区的承载能力

板料在拉深过程中,筒壁传力区的受力情况似乎与薄壁管的拉伸相仿,但是拉深件筒壁各处厚度变化不均匀,越接近底部,材料变薄越严重。此外,在筒壁直段与凸模圆角相切处,筒壁拉伸引起的切向收缩受刚性凸模的阻止,变形属平面应变性质。$\varepsilon_\theta = 0$,$\varepsilon_r = -\varepsilon_i$。假设板厚方向的应力口 $\sigma_t = 0$,由 $d\varepsilon_\theta = 0$,得

$$\sigma_\theta = \frac{r}{1 + r}\sigma_r \tag{3.138}$$

由

$$\sigma_r^2 - \frac{2r}{1 + r}\sigma_r\sigma_\theta + \sigma_\theta^2 = \sigma_i^2 \tag{3.139}$$

可得

$$\sigma_r = \frac{1 + r}{\sqrt{1 + 2r}}\sigma_i \tag{3.140}$$

由

$$\varepsilon_i = \frac{1 + r}{\sqrt{1 + 2r}}\sqrt{\varepsilon_r^2 + \frac{\sqrt{1 + 2r}}{1 + r}\varepsilon_r\varepsilon_\theta + \varepsilon_\theta^2} \tag{3.141}$$

当 $\varepsilon_\theta = 0$ 时, $\varepsilon_r = -\varepsilon_i$,可得

$$\varepsilon_r = \frac{\sqrt{1+2r}}{1+r}\varepsilon_i \tag{3.142}$$

$$\varepsilon_t = -\frac{\sqrt{1+2r}}{1+r}\varepsilon_i \tag{3.143}$$

拉深过后的壁厚

$$t = t_0 e^{\varepsilon_t} = t_0 \exp\left(-\frac{\sqrt{1+2r}}{1+r}\varepsilon_i\right) \tag{3.144}$$

筒壁受力

$$F = \sigma_r \cdot 2\pi Rt = \frac{1+r}{\sqrt{1+2r}}\sigma_i \cdot 2\pi R \cdot t_0 \exp\left(-\frac{\sqrt{1+2r}}{1+r}\varepsilon_i\right) \tag{3.145}$$

承载能力达到极限值 F^* 时, $\mathrm{d}F = 0$,微分式(3.145),得

$$\frac{\mathrm{d}\sigma_i}{\mathrm{d}\varepsilon_i} = \frac{\sigma_i}{\dfrac{1+r}{\sqrt{1+2r}}} \tag{3.146}$$

由单向拉伸实际应力曲线 $\sigma_i = K\varepsilon_i^n$ 可得

$$\frac{\mathrm{d}\sigma_i}{\mathrm{d}\varepsilon_i} = \frac{\sigma_i}{\dfrac{\varepsilon_i}{n}} \tag{3.147}$$

令式(3.146)与式(3.147)两式相等,可得 $F = F^*$ 时的应变强度

$$\varepsilon_i = \frac{1+r}{\sqrt{1+2r}}n \tag{3.148}$$

代入式(3.145),可得筒壁的承载能力为

$$F^* = \frac{1+r}{\sqrt{1+2r}} \cdot K \cdot \varepsilon_i^n \cdot 2\pi Rt_0 e^n = \frac{1+r}{\sqrt{1+2r}}K\left(\frac{1+r}{\sqrt{1+2r}}n\right)^n \cdot 2\pi Rt_0 e^{-n} =$$

$$K\left(\frac{1+r}{\sqrt{1+2r}}\right)^{n+1}\left(\frac{n}{e}\right)^n 2\pi Rt_0 \tag{3.148}$$

单向拉伸时细颈点应力 $\sigma_j = \sigma_b e^{\varepsilon_j} = \sigma_b e^n$,而 $K = \dfrac{\sigma_j}{\varepsilon_j^n} = \sigma_b\left(\dfrac{e}{n}\right)^n$ 。

代入式(3.148)可得

$$F^* = \left(\frac{1+r}{\sqrt{1+2r}}\right)^{n+1} \cdot \sigma_b \cdot 2\pi Rt_0 \tag{3.149}$$

3.4.5　其他形状零件的拉深

1. 带突缘筒形件的拉深

带突缘筒形件的拉深,可以看作筒形件拉深的一个中间过程,拉深系数仍用

筒形件直径和毛料直径的比值 $m = d/D$ 表示。筒形件拉深时,最大拉深力一般发生在拉深的起始阶段,因而除了浅盘形零件以外,带突缘筒形件的极限拉深系数也与筒形件相仿。对于不能一次成形的宽突缘件,需要采用多次拉深。一次以后的拉深工序是将筒形部分逐次压成小直径的圆筒,即依靠零件筒形部分的材料转移来增大突缘的宽度,如图 3.65 所示。以后各次拉深工序的凸模行程(拉深深度)应当保证第一道工序已经得到的突缘不被拉动。为此,在保证突缘尺寸的前提下,需要在第一道工序中拉入较多的材料(比零件最后拉深所需的材料多 3% ～ 10%)。以后每一道工序,其拉深面积减小 1.5% ～ 3%。这样保证了在以后拉深工序中压出要求的突缘,避免底部拉裂的危险。零件成形后,需增加校形工序,将突缘压平。宽突缘拉深件工序安排的实例如图 3.66 所示。

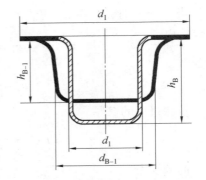

图 3.65 　窄突缘拉深件工序安排

2.阶梯形零件的拉深

阶梯形零件拉深的变形性质和筒形件基本相同。由于阶梯形零件的多样性和复杂性,不能用统一的方法来确定拉深次数和工艺程序。

决定零件需要一道工序或几道工序才能压出来,一般可用以下的近似方法:以阶梯的最小直径和毛料直径的比值算出阶梯

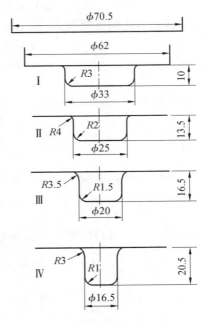

图 3.66 　宽突缘拉深件工序安排

零件的拉深系数,再从筒形件的极限拉深系数表中根据毛料的相对厚度 t/D 来决定拉深次数。

多次拉深的阶梯形零件,如果任意两相邻直径的比值 $\dfrac{d_n}{d_{n-1}}$ 都大于相应的圆筒件的极限拉深系数,则拉深顺序为由大阶梯到小阶梯依次进行;如果某相邻直径的比值 $\dfrac{d_n}{d_{n-1}}$ 小于相应筒形件的极限拉深系数时,则由直径 d_{n-1} 到 d_n 按宽突缘件的拉深办法,分 n 次压成,并增加校形工序。

如图 3.67 所示的阶梯形零件,由于 d_2/d_1 小于相应的筒形件的极限拉深系数,工序安排应先压出 d_2 部分,最后再压 d_1 部分。

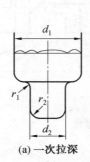

(a) 一次拉深

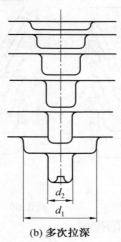

(b) 多次拉深

图 3.67   阶梯形拉深件工序安排

3. 半球形、抛物线形和锥形零件的拉深

拉深半球形、抛物线形和锥形零件时,常用如图 3.63 和图 3.64 所示的防皱埂或反拉深等增加径向拉应力的方法来防止内皱。

毛料的相对厚度对这类零件成形的难易程度有决定性影响。例如半球形零件的拉深系数,在任何直径下都是常数,即 $m = 0.71$。当 $t/D \times 100 > 3$ 时,由于稳定性提高,甚至可以不用压边圈一次压成。

对浅的抛物线形和锥形零件,一般与半球形零件相似,能用带防皱埂的模具一次顺利压出。

对深的抛物线形和锥形零件,需要多道工序压制。图 3.68 和图 3.69 所示分别为用多工序方法成形这两类零件的典型例子。

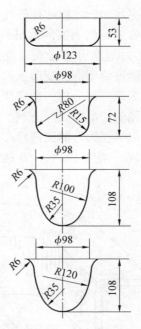

图 3.68   多工序拉深

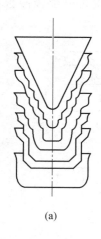
(a)

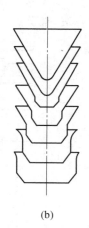
(b)

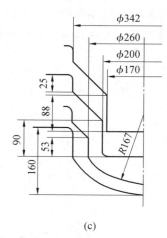
(c)

图 3.69　多工序拉深复杂零件

4. 盒形件的拉深

拉深盒形零件,如图 3.70 所示,与工件圆角部分相对应的毛料,具有拉深变形的性质,即材料切向收缩、径向延伸;而与工件直壁部分相应的毛料突缘,理论上只有单纯的弯曲变形,不存在切向收缩。然而实际上材料是一个整体,变形时的应力、应变分布必须是连续的,拉深变形区

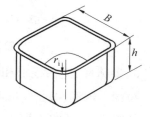

图 3.70　拉深盒形零件

只能逐渐过渡到弯曲变形区。直壁部分的毛料必然要参与一部分拉深变形,减弱圆角区的一部分应力和应变,如图 3.71 所示。因此,圆角部分的拉深条件要比同样直径的筒形件更加有利。如果计算角部的拉深系数 $m_j = r_j/R_0$,则其极限值将低于以半径为 r_j 的圆筒件。试验表明 m_j 的极限值随 r_j 与盒形件边长 B 的比值而变化,在一定范围内,r_j/B 越小,m_j 的极限值越小,如图 3.72 所示。

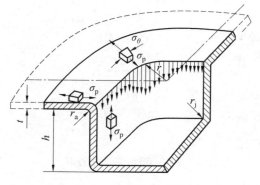

图 3.71　拉深盒形零件圆角区域受力分析

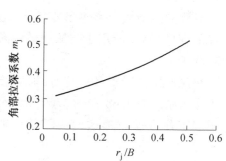

图 3.72　拉深圆角部位的拉伸系数

盒形件展开毛料的方法如下：

浅盒形件的四个圆角 r_i 的毛料半径 R_0，按圆筒件求得，剩下的四个直壁按弯曲件展开。这样得出的毛料轮廓如图 3.73 中的虚线所示，外形是不连续的，需要进一步加以修正。最简单的修正方法是以 R_0 为半径，通过台阶 ab 的中点作弧，与直壁的毛料展开线相切。直壁和圆角部分的两段 R_0 圆弧，以公切线相连。这样经过局部调整后的毛料，总面积并没有变化，即在修正时减去的面积 f_1，略等于增加的面积 f_2。

对于高度较大的方盒，直壁和圆角部分的毛料轮廓线有很大的差距，如图 3.74 所示，这时如图所示在更大范围内调整面积，调整的结果应满足 $f_1 + f_3 \approx f_2$。最后的毛料轮廓可以取为两组圆弧 R_a 和 R_b 构成的长圆形。R_a 和 R_b 的具体计算方法可查各种冷压手册。

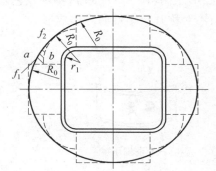

图 3.73　浅盒形件的毛料轮廓　　　　图 3.74　深盒形件的毛料轮廓

盒形件拉深时，角部的开裂，除了产生在与凸模圆角相切的危险剖面区外，也可能出现在凹模圆角区，如图 3.75 所示。这是因为拉深力通过凸模传递时，零件筒壁的均载作用强，如图 3.76 所示。如果材料经过很小的凹模圆角，会因弯曲和校直产生过度的变薄，凸模圆角部位就不再是承载的最薄弱环节了。

 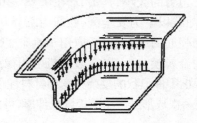

图 3.75　盒形件拉深时角部的开裂　　图 3.76　盒形件拉深时零件筒壁受力分析

3.5 胀 形

胀形是利用模具使板料拉伸变薄,局部表面积增大以获得零件的加工方法。常用的有起伏成形,圆柱形(或管形)毛坯的胀形及平板毛坯的拉张成形等。

胀形可采用不同的方法来实现,如刚模胀形、橡皮胀形和液压胀形等。

3.5.1 起伏成形／局部成形

起伏成形是一种使材料发生拉伸,形成局部的凹进或凸起,借以改变毛坯形状的方法。起伏成形主要用于:加强筋和凸形压制(图 3.77(a));零件及艺术装饰品的浮雕形压制(凸凹形,图 3.77(b));不对称开口零件的冷压成形。

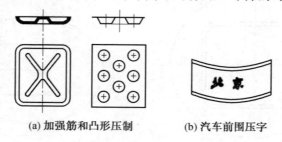

(a) 加强筋和凸形压制   (b) 汽车前围压字

图 3.77　起伏成形的例子

在宽突缘拉深中,当零件的突缘宽度大于某一数值后,突缘部分不再产生明显的塑性流动,毛坯的外缘尺寸在成形前后保持不变。零件的成形将主要靠凸模下方及附近材料的拉薄,极限成形高度与毛坯直径不再有关,这一阶段就是起伏成形阶段。它与宽突缘拉深的分界点取决于材料的应变强化率,模具几何参数和压边力的大小,其 d/D_0 在 0.38 ~ 0.35 之间(图 3.78)。图中,曲线以上为破裂区,曲线以下为安全区,曲线为临界状态。

加强筋的压制,广泛应用于汽车、飞机、车辆、仪表和无线电等工业中。压制多数用金属模,也可以在液压机上用橡皮或液体压力成形。

根据零件形状的复杂程度和材料性质,起伏成形可以由一次或几次工序完成。材料在一次成形工序中的极限延伸率,可以概略地根据变形区的尺寸来检查,即

$$(L_1 - L)/L \leqslant (0.7 ~ 0.75)\delta \tag{3.150}$$

式中　L_1——起伏成形后沿截面的材料长度,mm;

　　　L——起伏成形前材料原长,mm;

　　　δ——材料的延伸率。

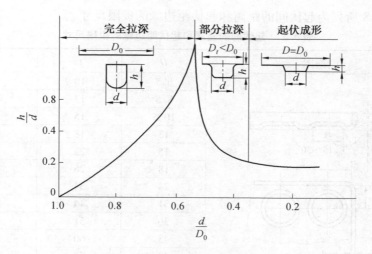

图 3.78　拉深与起伏成形的分界

如果计算结果不符合这个条件,则应增加工序,如图 3.79 所示。

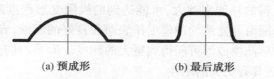

(a) 预成形　　　　(b) 最后成形

图 3.79　两道工序完成的凸形

图 3.80 所示为冲制加强筋时材料的延伸率曲线。曲线 1 是延伸率的计算值,划斜线部分是实际延伸率,由于靠近加强筋处的材料也承受拉伸,故其值略低。

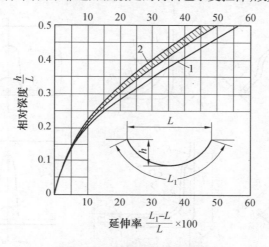

图 3.80　冲制加强筋的延伸率

表 3.8 所列为起伏间的距离和起伏距边缘的极限尺寸。

表 3.8　起伏间的距离和起伏距边缘的极限尺寸　　　　　　　　mm

简图	D	L	l
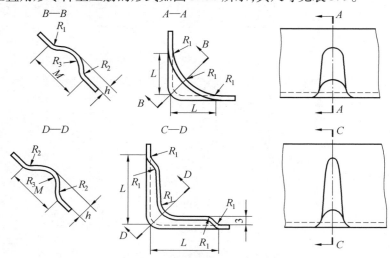	6.5	10	6
	8.5	13	7.5
	10.5	15	9
	13	18	11
	15	22	13
	18	26	16
	24	34	20
	31	44	26
	36	51	30
	43	60	35
	48	68	40
	55	78	45

一般来说,材料的延伸率越大,可能达到的极限变形程度越大。另外,材料较大的硬化指数,圆滑而光洁的冲模工作表面和良好的润滑,皆有利于极限变形程度的提高,用球形凸模成形可能得到更大的深度。但是,具有棱角过渡的圆锥形凸起相对于平底具有更大的刚性。

如凸筋与边缘的距离小于 $3t \sim 5t$ 时,在成形中由于边缘的收缩,需考虑增加切边余量。

在直角形零件上压筋的形式如图 3.81 所示,其尺寸见表 3.9。

图 3.81　直角形零件压筋的形式

表 3.9　直角形零件压筋的尺寸　　　　　　　　　　　　　mm

L	筋的类型	R_1	R_2	R_3	h	M	筋的间隔
13	I	6	9	5	3	18	64
19	II	8	16	7	5	29	76
32	III	9	22	8	7	38	89

压制加强筋所需的力近似地按下式计算:

$$F = Lt\sigma_b K \tag{3.151}$$

式中　F——压制加强筋时所需的力,N;

　　　L——加强筋长度,mm;

　　　σ_b——材料的抗拉强度,MPa;

　　　K——系数,与筋的宽度及深度有关,为 $0.7 \sim 1$;

　　　t——料厚,mm。

在曲柄压机上用薄料($t < 1.5$ mm)对小零件(面积 $< 2\,000$ mm^2)做起伏成形时,其压力可用以下经验公式计算:

$$F = AKt^2 \tag{3.152}$$

式中　A——起伏成形的面积,mm^2;

　　　K——系数,对于钢为 $200 \sim 300$ N/mm^4,黄铜为 $150 \sim 200$ N/mm^4;

　　　t——料厚,mm。

3.5.2　液压胀形

材料变形时的应力 - 应变状态如图 3.82 所示,与微体在毛料上的部位有关。

胀形的变形量用胀形系数 K_z 表示:

$$K_z = \frac{D_{max}}{D_0} \tag{3.153}$$

式中　D_{max}——零件最大变形处变形后
　　　　　　　的直径;

　　　D_0——该处的原始直径。

如果胀形时零件最大变形处的切向应变为 δ_θ,则 δ_θ 与胀形系数 K_z 之间的关系为

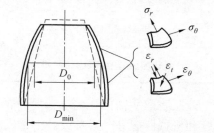

图 3.82　液压胀形过程中材料变形时的
　　　　　应力 - 应变状态

$$\delta_\theta = \frac{D_{max} - D_0}{D_0} = K_z - 1 \tag{3.154}$$

或

$$K_z = 1 + \delta_\theta \tag{3.155}$$

胀形后的零件壁厚变化可按塑性变形体积不变原理计算,对于凸形零件,由于最大变形区的材料沿圆周方向延伸时较难取得母线方向材料的补给,因此根据塑性变形体积不变条件

$$\pi D_0 \cdot t_0 = \pi D_{max} \cdot t_{min}$$

可得

$$t_{min} = t_0 \cdot \frac{D_0}{D_{max}} = \frac{t_0}{K_z} \tag{3.156}$$

式中 t_0——毛料的原始厚度;

t_{min}——胀形以后,最大变薄处材料的厚度。

对于凹形零件,因为最大变形区位于零件的端头,材料的切向延伸可以同时得到轴向和厚向的收缩来补偿,与翻边相似,其最小壁厚为

$$t_{min} = t_0 \sqrt{\frac{D_0}{D_{max}}} = \frac{t_0}{\sqrt{K_z}} \tag{3.157}$$

材料的极限胀形系数 K_{max} 取决于胀形时材料的最大许可变形量。胀形时材料的变形条件和应力 – 应变状态与单向拉伸不完全相同,不能简单套用单向拉伸试验的数据,最好由专门的工艺试验确定。液压胀形时材料在圆周方向的最大许可变形量 δ_{max} 见表 3.10。

表 3.10   液压胀形时材料在圆周方向的最大许可变形量 δ_{max}

材料	毛料厚度 /mm	δ_{max}
高塑性铝合金,纯铝(如 LF21M 等)	0.5	25
	1.0	28
	1.5	32
	2.0	32
低碳钢(如 10、20 号钢)	0.5	20
	1.0	24
耐热不锈钢(如 1Cr18Ni9Ti)	0.5	26 ~ 32
	1.0	28 ~ 34

液压胀形所需的压力 p 与零件的曲度、材料的厚度和机械性能等因素有关。由于成形后的零件一般为双曲度薄壳,所以压力 p 的数值不仅取决于圆周方向的曲度和拉应力 σ_θ,还受母线方向曲度和拉应力的影响。但是零件母线方向的曲度一般较小,实用中为了简化计算常常略而不计。因此,如果在变形量最大的 D_{max} 处取一单位宽度的环状条带分析,如图 3.83 所示,由半环的平衡条件出发,可以推

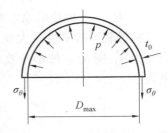

图 3.83   液压胀形受力分析

得液压压力为

$$p = \frac{2t_0}{D_{max}}\sigma_\theta$$

几种材料在不同变形程度 δ_θ 下的 σ_θ 值,见表 3.11。一般而言可按单向拉伸 $\sigma - \delta$ 实际应力曲线确定。

表 3.11　几种材料在不同变形程度 δ_θ 下的 σ_θ 值

$\delta_\theta/\%$	σ_θ/MPa		
	LF21M	20 号钢	1Cr18Ni9Ti
4	132.3	470.4	637
6	139.2	529.2	705.6
8	146	588	784
10	150.9	637	862.4
12	155.8	676.2	933
14	160.7	752.5	999.6
16	165.6	764.4	1 078
18	170.5	803.6	1 151.5
20	172.5	842.8	1 225
22	179.3	862.4	1 303.4

液压胀形时,对毛坯筒壁施加轴向压力,胀形处就容易得到材料补充,因而能提高一次成形的极限胀形系数。例如用橡皮代替液压对铝管进行胀形试验,简单胀形所得的极限胀形系数为 1.2 ~ 1.25,而对毛坯同时轴向加压的极限胀形系数可达 1.6 ~ 1.7。图 3.84 所示为用变薄拉深毛坯利用轴向加压的液压胀形方法制成的工艺品零件。用上述方法制造自行车管接头的原理图如图 3.85 所示。

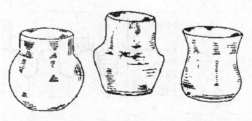

图 3.84　变薄拉深毛坯利用轴向加压的液压胀形方法制成的工艺品零件

波纹管的制造过程如图 3.86 所示。成形过程分两阶段进行。第一阶段,如图 3.86(a) 所示,将毛坯在夹料夹簧 2 中夹紧,套上分离式半模圈 4,并用梳状板保持一定距离。然后通入液压,毛坯进行胀形,此时半模圈的间距并不改变。半

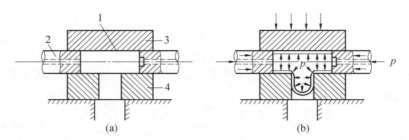

图 3.85　自行车管接头的成形原理图

1— 管坯;2— 轴头;3— 上模;4— 下模

模圈间距先按下列原则选择,即取毛坯长度 L_0 和波纹的展开长度相等,然后在成形试验时加以适当修正。第二阶段,移动夹头向固定夹头移动,使半模圈相互靠近,如图 3.86(b) 所示,此时毛坯内液压保持不变。胀形液压按下列半经验公式确定:

$$p = 2\sigma_b \cdot t\left(\frac{1}{R} + \frac{1}{d}\right) \tag{3.158}$$

式中　　p—— 液压,MPa;

　　　　σ_b—— 材料的强度极限,MPa;

　　　　t—— 材料厚度,mm;

　　　　R—— 波纹的圆角半径,mm;

　　　　d—— 毛坯直径,mm。

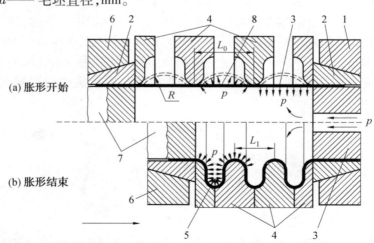

图 3.86　波纹管的制造过程原理图

1— 固定夹头;2— 夹料夹簧;3— 带油孔的夹料心轴;4— 分离式半模圈;
5— 波纹管零件;6— 移动夹头;7— 无油孔的夹料心轴;8— 波纹管毛坯

3.5.3　刚性分瓣凸模的机械胀形

这种胀形方法和液压胀形的最大区别在于刚性凸模和毛料间有较大的摩擦力,使得材料的应力－应变分布不均,因此降低了胀形系数的极限值。

摩擦力对于应力－应变分布不均的影响,除了摩擦系数的大小外,主要取决于毛料与模具接触包角 α 的大小,也就是说取决于凸模的分瓣数量。如果凸模的瓣数为 N,则 $\alpha = \dfrac{2\pi}{N}$。而毛料在分瓣间隙处,如图 3.87 中的 ac 点所示的切向应力 σ_θ 必将大于分瓣块中间 b 点所示的应力 σ'_θ,即

$$\sigma_\theta = \sigma'_\theta e^{\mu\frac{\alpha}{2}} - \sigma'_\theta e^{\mu\frac{\pi}{2}}$$

所以

$$\frac{\sigma_\theta}{\sigma'_\theta} = e^{\frac{\mu\pi}{N}}$$

将上式按不同的摩擦系数做出曲线,如图 3.88 所示。由图中曲线可见,随着分瓣数量增多,应力的分布逐渐趋于均匀。但当 N 超过 8 ~ 12 瓣以后,曲线的斜率显著减小,再增多分瓣数,并不显著改变 $\dfrac{\sigma_\theta}{\sigma'_\theta}$ 的比值。因此生产实际中最多采用 8 ~ 12 块。胀形中材料变形程度较小和准确度要求较低的零件,模具的分瓣数可较少,以便减少分瓣模的制造和安装工作。反之,则应增多分瓣数量,以免成形后的零件上带有明显的直线段和棱角,模瓣的边缘应作成 $r = 1.5$ ~ 2 的圆角。

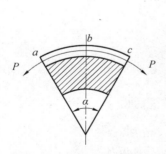

图 3.87　刚性分瓣凸模受力分析

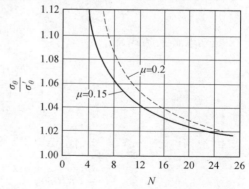

图 3.88　不同摩擦系数下 $\dfrac{\sigma_\theta}{\sigma'_\theta}$ 随分瓣数量变化的曲线

机械胀形时的材料平均极限延伸率如下:

1Cr18Ni9Ti,20 号钢,LF21M	18% ~ 20%
LF2	10% ~ 12%
30CrMnSi	6% ~ 8%

据此可以确定极限胀形系数 K_{max}。

机械胀形所需的压力可按以下方法确定(图3.89)。

为了简化计算,假定胀形后的零件为筒形,直径为 D,高度为 H。如果总的压力用 P 表示,则作用于每一模瓣上的力有:压力 P/N,锥形中轴(半锥角为 β)对于模瓣的反作用力 Q,毛料对于每一模瓣的箍紧力 $pHD\alpha/2$(p 为毛料与模瓣间的单位压力,$HD\alpha/2$ 为毛料与模瓣的接触面积),摩擦力 $\mu \dfrac{P}{N}$ 与 μQ。

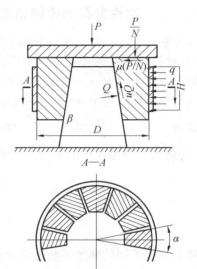

图3.89 机械胀形所需的压力确定方法示意图

根据一个模瓣的平衡条件,可以列出下列平衡方程式。

在垂直方向:

$$-\frac{P}{N} + Q\sin\beta + \mu Q\cos\beta = 0$$

在水平方向:

$$-\mu\frac{P}{N} + Q\cos\beta - \mu Q\sin\beta - pH\frac{D}{2}\alpha = 0$$

联立求解上两式,得

$$P = \frac{NpH\dfrac{D}{2}\alpha}{\dfrac{1-\mu\tan\beta}{\mu+\tan\beta} - \mu} \tag{3.159}$$

因为 $p = \dfrac{2t_0\sigma_0}{D}$,$N = \dfrac{2\pi}{\alpha}$,代入式(3.159)整理后得

$$P = 2\pi H t_0\sigma_\theta \cdot \frac{\mu+\tan\beta}{1-\mu^2-2\mu\tan\beta} \tag{3.160}$$

对于近似计算,还可以取 $\sigma_\theta = \sigma_b$(σ_b 为材料的强度极限),这时

$$P = 2\pi H t_0\sigma_b \cdot \frac{\mu+\tan\beta}{1-\mu^2-2\mu\tan\beta} \tag{3.161}$$

μ 的数值一般为 $0.15 \sim 0.20$,中轴锥角一般为 $8°$、$10°$ 或者 $12°$、$15°$。

3.6 翻 边

1. 基本概念

在板料上预先打好孔,将孔径扩大,并使孔的周边附近发生弯曲的压制过程,称为翻边,如图 3.90 所示。

翻边时,材料的变形区域基本上限制在凹模圆角以内,凸模底部为材料的主要变形区,因为孔的边缘材料变形程度最大,所以通常均以板料的原始孔径 d_0 与翻边完成后的孔径 D 之比值 $K_f\left(\dfrac{d_0}{D}\right)$ 表示翻边变形程度的大小。

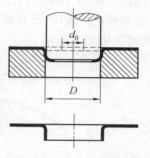

图 3.90 翻边工序原理图

K_f 称为翻边系数。K_f 的数值越小,翻边时板料的变形程度越大。

2. 应力 – 应变分析

圆孔翻边时,平底变形区处于双向受拉的应力状态,如图 3.91 所示。这里,有两个未知应力,即径向拉应力 σ_r 与切向拉应力 σ_θ,$\sigma_\theta > \sigma_r$。

为求解上述两个未知应力,需要两个独立的方程式。仿照拉深突缘变形区应力分析的方法,两个独立的方程式,一个为微分平衡方程式(方程建立的推导从略),即

$$R\frac{d\sigma_r}{dR} + \sigma_r - \sigma_\theta = 0$$

(3.162)

另一个是塑性方程式,按式 $\sigma_1 - \sigma_2 = \beta\sigma_s$,取 $\sigma_1 = \sigma_\theta,\sigma_3 = \sigma_r = 0,\beta = 1.1$,则

$$\sigma_\theta = 1.1\sigma_s \quad (3.163)$$

联立求解式 (3.162) 与式 (3.163),即可求得当翻边孔的半径

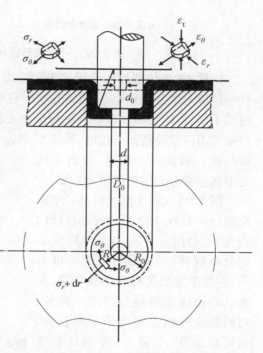

图 3.91 圆孔翻边时平底变形区的应力状态

扩大为 r 时,变形区任意 R 处的径向拉应力 σ_r 与切向拉应力 σ_θ 为

$$\sigma_r = 1.1\sigma_s\left(1 - \frac{r}{R}\right) \qquad (3.164)$$

$$\sigma_\theta = 1.1\sigma_s \qquad (3.165)$$

图 3.92(a) 所示为按式(3.164)与式(3.165)求得的平底变形区 σ_θ 与 σ_r 的变化规律。式(3.164)与式(3.165)是理想塑性体(σ_s =常数)的计算结果,如果考虑应变强化的效应,计算结果虽略有出入,但是 σ_θ 与 σ_r 总的变化趋势基本一致,如图 3.92(b) 所示。

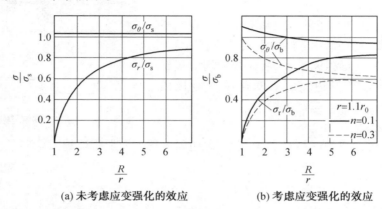

(a) 未考虑应变强化的效应　　(b) 考虑应变强化的效应

图 3.92　平底变形区 $\boldsymbol{\sigma_\theta}$ 与 $\boldsymbol{\sigma_r}$ 的变化曲线

同样,如果仿照拉深突缘变形区应力分析的办法也可进而推得翻边过程中径向拉应力的变化规律等,但这在实际应用中并无必要,因为翻边与拉深的性质迥然不同,影响拉深过程顺利进行的主要障碍,一是突缘变形区失稳起皱,一是筒壁传力区危险断面的拉断;而造成翻边过程中断的主要原因是翻边时孔的边缘拉断。因此对于翻边,分析平底变形区应变分布的情况更为重要。

图 3.93 所示为翻边时某一变形瞬间($r = 1.1r_0$ 时)平底变形区径向应变 ε_r、切向应变 ε_θ 与厚向应变 ε_t 的分布规律。由图中曲线可以看出,在整个变形区材料都要变薄,而在孔的边缘变薄最为严重。此处,材料的应变状态相当于单向拉伸,切向拉应变 ε_θ 最大,厚向压应变 $\varepsilon_t = -\frac{1}{2}\varepsilon_\theta$。其次,在一部分区域

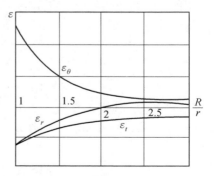

图 3.93　平底变形区径向应变 $\boldsymbol{\varepsilon_r}$、切向应变 $\boldsymbol{\varepsilon_\theta}$ 与厚向应变 $\boldsymbol{\varepsilon_t}$ 的分布规律

内,径向应变为压应变 ε_r,因此变形区的宽度将略有收缩。翻边终了以后,零件的高度将略有缩短。

3. 极限翻边系数

切向拉应变 ε_θ 在孔的边缘数值最大,而在翻边终了时增加到最大值。为了研究翻边的极限变形程度,有必要对翻边终了时,孔的边缘切向拉应变 ε_θ 的大小做以分析。

假设板料上的原始孔径为 d_0,翻边终了以后的平均孔径为 D,翻边系数 $K_f = \dfrac{d_0}{D}$,板料的原始厚度为 t_0,翻边以后的厚度为 t,如图 3.94 所示,翻边终了,孔的内、外边缘,切向应变的数值实际上是不相等的。

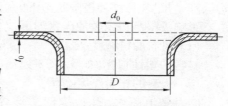

图 3.94　翻边后材料的形状尺寸变化

在孔的内边缘切向拉应变 ε_θ 为

$$\varepsilon_\theta = \ln\frac{D-t}{d_0} \approx \ln\frac{D-t_0}{d_0} \tag{3.166}$$

在孔的外边缘切向拉应变 ε_θ' 为

$$\varepsilon_\theta' = \ln\frac{D+t}{d_0} \approx \ln\frac{D+t_0}{d_0} \tag{3.167}$$

边缘的平均切向拉应变 $\bar\varepsilon_\theta$ 为

$$\bar\varepsilon_\theta = \frac{1}{2}(\varepsilon_\theta + \varepsilon_\theta') = \frac{1}{2}\left(\ln\frac{D-t_0}{d_0} + \ln\frac{D+t_0}{d_0}\right) = \ln\frac{\sqrt{D^2-t_0^2}}{d_0} \tag{3.168}$$

翻边终了时厚度方向的应变 ε_t 为

$$\varepsilon_t = \ln\frac{t}{t_0} \tag{3.169}$$

因为 $\varepsilon_t = -\dfrac{1}{2}\bar\varepsilon_\theta$,所以

$$\ln\frac{t}{t_0} = -\frac{1}{2}\ln\frac{\sqrt{D^2-t_0^2}}{d_0} = \ln\sqrt[4]{\frac{d_0^2}{D^2-t_0^2}} \tag{3.170}$$

即

$$\frac{t}{t_0} = \sqrt[4]{\frac{d_0^2}{D^2-t_0^2}}$$

以 $K = d_0/D$ 的关系代入上式得

$$\frac{t}{t_0} = \sqrt[4]{\frac{K_f^2}{1-\left(\dfrac{t_0}{D}\right)^2}} \tag{3.171}$$

所以翻边终了,孔边缘的厚度 t 为

$$t = \sqrt[4]{\frac{K_f^2}{1 - \left(\frac{t_0}{D}\right)^2}} \times t_0 \qquad (3.172)$$

当 t_0/D 很小时,可得

$$t \approx \sqrt{K_f}\, t_0 \qquad (3.173)$$

由此可见,翻边系数越小,板料边缘拉薄越严重。当翻边系数减小到使孔的边缘濒于拉裂时,这种极限状态下的翻边系数称为极限翻边系数,以 $K_{\min}$ 表示。

影响极限翻边系数的因素如下:

(1) 材料的机械性能。

材料的塑性指标(如 δ_{10} 等)越高,$K_{\min}$ 的数值越小。

(2) 板料的相对厚度 t_0/D。

t_0/D 数值越大,孔边缘的变形程度越不均匀,平均变薄量越小,参见式 (3.172)。变形程度小的内边缘分散了变形程度大的外边缘的负担,所以极限翻边系数的数值可以降低。

(3) 孔的边缘状况。

孔边缘如有毛刺以及冷作硬化效应,均不利于孔边缘的拉伸变形,易出现裂纹,使 $K_{\min}$ 的数值增加。例如,冲孔时 $K_{\min}$ 的数值较之钻孔要增加 10% 左右。

(4) 凸模形状及凸模的相对圆角半径 r_t/t。

凸模形状对翻边过程和翻边力有很大影响。球形、锥形、抛物变球线形的凸模,翻边时可以易于进入毛料孔中而将孔边圆滑胀开,变形条件较平底凸模优越,因此可以得到较小的翻边系数。例如球状凸模所取得的翻边系数要比平底凸模减小 10% ～ 20%。平底凸模中相对圆角半径 r_t/t 越大,极限翻边系数可越小。图 3.95 所示是凸模工作部分具有各种外形时,其作用力曲线和翻边过程的情形。

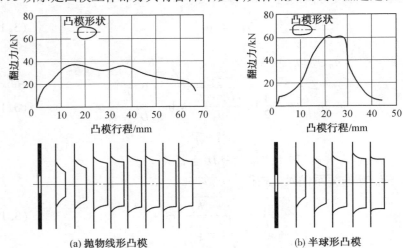

(a) 抛物线形凸模   (b) 半球形凸模

图 3.95   翻边作用力曲线和翻边过程

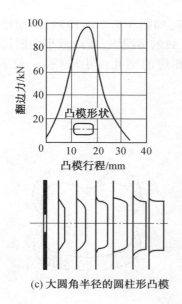
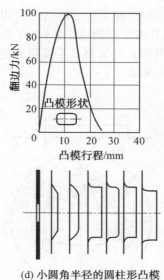

续图 3.95

（5）凸、凹模的间隙。

加大凸、凹模的间隙，也能提高翻边的极限变形程度。例如将间隙增至 $z = (8 \sim 10)t$，翻边高度会有很大的增加，如图 3.96（a）所示。这是因为应用大间隙的翻边模，变形区牵涉了更多的材料，应变分散效应增强，边沿的应力下降，进一步增加了零件的变形潜力，因而可以减少极限翻边系数，如图 3.96（c）所示。

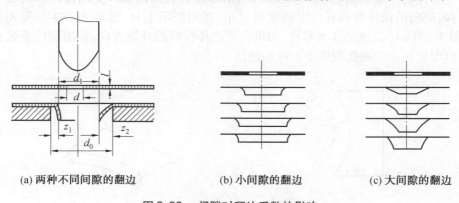

图 3.96　间隙对翻边系数的影响

（6）周向的应变分散效应。

如图 3.97（a）所示的内孔翻边，其轮廓形状分为八个区段。从变形性质来看，a 为简单的弯曲，b 为拉深，即使同属翻边变形的 c、d 和 e 区，变形程度也不尽相同。由于整个变形区材料的连续性，各区之间材料的流动有补充、牵制的作用，周围的小变形区可以分散最大变形区的应力和应变。c、d 区因与 a、b、e 区相邻接,周边的拉伸变形可得到一定程度的缓解,如图 3.97(b) 所示,因而计算这种不规则孔的极限翻边系数时,在翻边高度一致的情况下,应以最小内凹边半径段为准,例如 c 或 d 区,其极限翻边系数比相应的圆孔可小一些,一般 $K'_{fmin} = (0.85 \sim 0.9) K_{fmin}$。

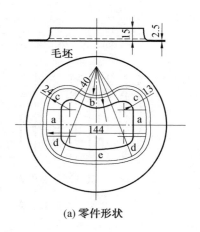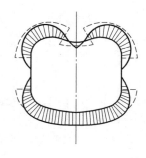

(a) 零件形状　　　　　　　　　　(b) 周向应变分布情况

图 3.97　翻边时周向的应变分散情况

—— 理论上各区的周向应变分布;
– – – – 实际上因应变分散效应各区应变连续分布

零件的外缘翻边(图 3.98(a)),边沿不像圆孔翻边那样受刚性凸模的强制外抻,周向的拉伸变形有一定程度的减小,如用图示毛料,壁部会产生缺角现象(图 3.98(b))。成形这类零件,如果合理选择板料的纤维方向,极限翻边系数也可以取比相应的圆孔翻边小一些的数值。

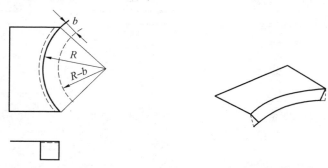

(a) 零件的外缘翻边　　　　　　　(b) 壁部缺角现象

图 3.98　零件的外缘翻边和壁部缺角现象

表 3.12 列出了几种材料在不同相对厚度下的极限翻边系数 K_{min},毛料上的孔为镗或钻制的。

表 3.12 　 翻边时周向的应变分散情况

$\dfrac{t_0}{d}$/%	2	3	5	8	10
LY12M,30CrMnSi	0.76	0.70	0.68	0.65	0.65
1Cr18Ni9Ti,10 号钢	0.60	0.55	0.50	0.45	0.43

当零件翻边高度较大,翻边系数小于材料的极限翻边系数时,不能一次成形。此时可分为几道工序逐次将边翻出,而在工序间插以退火工序。第一次以后的极限翻边系数 K'_{fmin} 可以取为 $K'_{fmin} = (1.15 \sim 1.20)K_{fmin}$。

但因零件变薄太大,生产中很少采用,对于这类零件,可以采用拉深去底的方法,也可采用先拉深,再冲孔翻边的复合成形方法。

图 3.99 所示为用这类方法制造零件的例子。图 3.99 中所示第一道工序是空心矩形件的拉深,第二道工序为冲内孔,第三道工序是外缘的拉深和内缘的翻边。

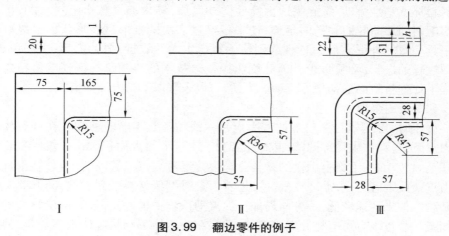

图 3.99 　 翻边零件的例子

3.7 　 其他冲压成形方法

3.7.1 　 普通旋压

旋压是一种历史悠久的半机械化手工操作,可以完成旋转体零件的拉深、翻边、收口、胀形等不同成形工序。旋压的最大优点是机动性好,能用最简单的设备和模具制造出形状复杂的零件,大大缩短了生产准备周期。缺点是手工操作中劳动强度大,工人技术水平要求高,零件质量不稳定。旋压的各种操作中,以拉深变形最为复杂,而旋压拉深中材料的变形情况又有其特殊性,不同于普通拉深过程,着重予以介绍。

1. 旋压拉深过程的特点

旋压拉深的过程如图 3.100 所示,大致如下:将平板毛料 1 通过机床顶尖 4 和顶块 3 夹紧在模具 2 上,机床主轴带动模具和毛料一同旋转,手工操作旋压棒 5 加压于毛料反复赶辗,于是由点及线,由线及面,使毛料包覆于模具而成形。

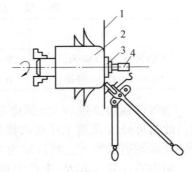

为了使平板毛料变为空心的筒形零件,必须使毛料切向收缩、径向延伸。与普通拉深不同,旋压过程中旋压棒与毛料之间基本上是点接触。平板毛料在旋压棒的集中力作用下,可能同时产生两种效应:一是与旋压棒直接接触的材料产生局部凹陷而发生塑性流动;二是大片材料沿着旋压力的方向倒伏。前一种现象为旋压成形所必需的,因为只有

图 3.100　旋压拉深的过程示意图

1— 平板毛料;2— 模具;3— 顶块;

4— 机床顶尖;5— 旋压棒

使材料局部塑性流动,螺旋式地由筒底向外发展,渐次遍及整个毛料,才有可能引起毛料的切向收缩和径向延伸,使平板经过多次的锥形过渡形状而最终取得与模具一致的外形。后一种现象则使毛料产生大片皱折,振动摇晃,失去稳定,妨碍过程的进行,必须防止。因此旋压操作最基本的要领是在保证毛料稳定的前提下促进材料的局部塑性流动。为此,可以采取以下三方面的措施:

（1）采用合理的转速。

旋压时,旋压棒在毛料上的着力点每一瞬间都是不断转移的。在旋压棒的着力点下,材料产生局部凹陷,同时在着力点附近毛料大面积倒伏。机床带着模具和毛料转动时,毛料上倒伏的材料总是由接近着力点而远离着力点,又由远离着力点而接近着力点,循环往复。接近着力点时倒伏材料受到加载,离开时又受到卸载。如果转速较低,一方面局部塑性流动积累很少,另一方面倒伏材料的上述加载卸载过程有可能充分完成,于是毛料在旋压棒下翻腾起伏板不稳定,使得旋压工作难以进行。转速增加到一定值后,倒伏过程来不及完成,毛料可以保持稳定,为旋压棒赶辗材料成形提供了必要条件。旋压的合理转速一般在 200 ～ 600 r/min 范围内,与毛料、模具的直径,毛料的机械性能等因素有关。转速太高,则旋压棒对材料的辗压频率增加,容易使材料过度辗薄。

（2）采用合理的过渡形状。

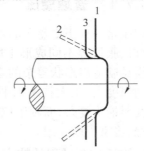

旋压操作应先从毛料的内缘开始。由于内缘材料稳定性最高,可以在旋压棒的赶辗下局部延伸变薄,靠向模具的底部圆角,得出图 3.101 所示的过渡形状 1。此后,再轻赶毛料的外缘,使毛料变为浅锥形,得出过渡形状 2。锥形件的抗压稳定性已较平板有所提高,因此在

图 3.101　旋压过程过渡形状

旋压的第一阶段如果毛料不起皱,则在以后的操作过程中起皱的倾向将逐渐减小。以后的操作步骤和前述相同,即先赶辗锥形件的内缘,使这部分材料贴模(过渡形状3),然后再轻赶外缘,使外缘始终保持刚性较大的圆锥形。这样多次反复赶辗,直到零件完全贴模为止。

(3)合理加力。

旋压棒的加力由工人凭经验控制,不能加力太大。尤其是在毛料外缘加力时更应注意,否则容易起皱。同时旋压棒的赶辗点必须不断转移,使材料均匀延伸。

2. 旋压拉深成形极限

旋压拉深的成形极限与拉深相似,取决于以下几种因素:

(1)起皱。

当毛料直径太大,旋压模的直径太小时,毛料的悬空部分过宽,旋压中容易起皱,必须分两次或多次旋压。

(2)硬化。

经过多次反复赶辗,毛料严重冷作硬化,容易从边缘形成脆性破裂,必须及时中间退火。

(3)变薄。

旋压的变薄量大大超过拉深,有时可以达到30% ~ 50%。如果对零件的厚度要求严格时,为了减少变薄,需要增加旋压次数。

(4)脱底。

旋压件的筒壁底部并不像拉深时那样受到很大的拉力,因此在正常操作条件下很少出现底部拉裂现象。在操作不当的情况下则有可能脱底,例如:成形初期,在毛料内缘赶辗过多,用力过猛,以致底部圆角处的材料过分变薄和冷作硬化,使底部拉脱;在底部圆角尚未贴模前就赶辗外缘,以致底部材料悬空,在旋压过程中受到反复弯曲和扭转载荷,使底部脱落;此外凸模圆角太小、底部面积相对太小等,也是造成脱底的原因。

旋压拉深中一次成形可能性取决于很多因素,但是一般而言要大大超过普通拉深。生产中有时按零件的高度与直径的比值 h/d 来确定旋压次数,对于铝合金零件,大体数值见表3.13。

表 3.13　铝合金旋压零件大体数值

h/d	1.0 以下	1 ~ 1.5	1.5 ~ 2.5	2.5 ~ 3.5	3.5 ~ 4.5
零件形状	旋压次数				
筒形件	1	1 ~ 2	2 ~ 3	3 ~ 4	4 ~ 5
锥形件	1	1	1 ~ 2	2 ~ 3	3 ~ 4
抛物形件	1	1	1 ~ 2	3	4

以上数据只能作为制订工艺规程时的参考,不能作为最后依据。

3.7.2　旋薄／强力旋压

旋薄又称变薄旋压、强力旋压,是在普通旋压的基础上发展起来的一种工艺方法。

1. 变形特点

旋薄的基本过程如图 3.102 所示。将毛料压紧在模具上,使其随同模具一起旋转。旋轮通过机械或液压传动强力挤压毛料(单位压力可达 2 450 ~ 3 430 MPa),使毛料厚度产生预定的变薄,形成工件的筒壁。因此,旋薄必须在大功率、大刚度的专用机床上进行。

试验证明,旋薄过程中,毛料外径始终保持不变,毛料中任意点的径向位置变形前后同样也保持不变,因此材料没有切向收缩。如果在毛料上取出两个相邻线段 ab、cd 来分析(图 3.102),变形前 ab 与 cd 的距离为 dR,$ab = cd = d_0$(d_0 为材料的原始厚度),变形以后,ab 变为筒壁上的 $a'b'$、cd 变为 $c'd'$,因为不发生径向位置的变化,$a'b'$ 与 $c'd'$ 之间的距离仍为 dR,而 $a'b'$ 与 $c'd'$ 的长度仍然是 $a'b' = c'd' = d_0$(体积不变条件),变形表现为由矩形 $abcd$ 变为平行四边形 $a'b'c'd'$ 即 ab 相对于 cd 平行错动,只有角度的变化。所以,旋薄时毛料的成形,完全是依靠材料的剪切变形。

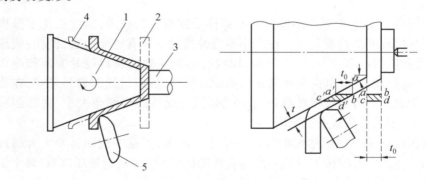

图 3.102　旋薄的基本过程示意图
1— 模具;2— 毛料;3— 零件;4— 旋轮

假设模具的半锥角为 α,旋薄后材料的厚度变为 t,不难看出旋薄前后材料厚度之间存在以下关系:

$$t = t_0 \sin \alpha \tag{3.174}$$

这一关系,称为旋薄壁厚变化的正弦律。在制订旋薄工艺过程与调试机床中,都必须很好地遵循这个规律,而材料在旋薄中的剪切变形量 γ 为

$$\gamma = \cot \alpha \tag{3.175}$$

2. 变形力

旋薄时,材料基本上处于纯切应力－应变状态。旋薄时力的大小,可以根据变形功的原理近似确定。

如果旋薄时材料所受的切应力为 τ ,剪切变形量为 γ ,则单位体积材料的塑性变形功为

$$u = \int_0^\gamma \tau \mathrm{d}\gamma \approx \tau\gamma \tag{3.176}$$

或

$$u = \int_0^{\varepsilon_i} \sigma_i \mathrm{d}\varepsilon_i \approx \sigma_i \varepsilon_i \tag{3.177}$$

当旋薄时的半锥角为 α 时, $\gamma = \cot\alpha$,根据塑性方程式,且纯剪时 $\tau = \dfrac{\sigma_1 - \sigma_3}{2}$,所以 $\tau = \dfrac{\sigma_i}{\sqrt{3}}$ 。

由"变形能量不变条件"可得

$$\varepsilon_i = \frac{1}{\sqrt{3}}\gamma = \frac{1}{\sqrt{3}}\cot\alpha$$

而

$$\sigma_i = K\varepsilon_i^n = K\left(\frac{1}{\sqrt{3}}\cot\alpha\right)^n \tag{3.178}$$

因此,可得单位变形功为

$$u \approx K\left(\frac{1}{\sqrt{3}}\cot\alpha\right)^{n+1} \tag{3.179}$$

式中 K 、n —— 常数,由材料的单向拉伸试验确定。

如果旋薄零件的平均半径为 R ,主轴每分钟的转速为 N ,每转旋薄滚轮沿零件母线方向的送进量为 f ,则因旋薄后材料的厚度 $t = t_0\sin\alpha$,所以材料每分钟的变形体积 V 为

$$V = 2\pi RNft_0\sin\alpha \tag{3.180}$$

每分钟的变形功 W 为

$$W = \mu V = 2\pi RNft_0\sin\alpha \cdot K\left(\frac{1}{\sqrt{3}}\cot\alpha\right)^{n+1} \tag{3.181}$$

旋薄滚轮对于毛料的作用力 F 有三个分量:切向力 $F_{切}$ 、轴向力 $F_{轴}$ 和径向力 $F_{径}$,材料的变形功主要是由切向力 $F_{切}$ 提供的,因此

$$2\pi RNF_{切} = 2\pi RNft_0\sin\alpha \cdot K\left(\frac{1}{\sqrt{3}}\cot\alpha\right)^{n+1} \tag{3.182}$$

所以切向力 $F_{切}$ 为

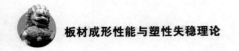
$$F_{切} = f t_0 K \left(\frac{1}{\sqrt{3}} \cot \alpha \right)^{n+1} \sin \alpha \qquad (3.183)$$

如果旋薄滚轮和毛料接触面上的平均压力为 p，接触面在切向、径向和轴向的投影面积分别为 $A_{切}$、$A_{径}$、$A_{轴}$，则三个方向的分力为

$$F_{切} = p A_{切} \qquad (3.184)$$

$$F_{径} = p A_{径} \qquad (3.185)$$

$$F_{轴} = p A_{轴} \qquad (3.186)$$

如切向分力已知，则径向和轴向分力 $F_{径}$、$F_{轴}$ 可以表示为

$$F_{径} = F_{切} \frac{A_{径}}{A_{切}} \qquad (3.187)$$

$$F_{轴} = F_{切} \frac{A_{轴}}{A_{切}} \qquad (3.188)$$

$A_{切}$、$A_{径}$ 与 $A_{轴}$ 可用几何作图的方法确定，一般 $A_{径} = (6 \sim 11) A_{切}$，$A_{轴} = (10 \sim 16) A_{切}$，所以

$$F_{径} = (6 \sim 11) F_{切} \qquad (3.189)$$

$$F_{轴} = (10 \sim 16) F_{切} \qquad (3.190)$$

由此可见，旋薄时轴向力 $F_{轴}$、径向力 $F_{径}$ 超过切向力 $F_{切}$ 很多。这和车削完全不同。车削时切削力三个分量的比例关系一般为 $F_{轴}:F_{径}:F_{切} = 0.25:0.4:1$。因此旋薄机床必须具有很大的刚度并能产生足够的径向与轴向力。

以上计算方法比较简单，例如：将变形方式看作纯剪，忽略了材料的局部弯曲应变；采用了在室温下低速拉伸试验求得的实际应力曲线，$\sigma_i = K \varepsilon_i^n$ 表示材料变形抵抗力与变形程度之间的关系，而在实际旋薄过程中变形速度与温度均要高得多，也难免引起一定的误差。此外，根据试验结果，$F_{切}$ 还受零件直径、旋轮直径和圆角、转速等因素的影响，而要将所有这些因素都考虑进去，在理论上是比较困难的，事实上如果将上述力的计算结果乘以修正系数 1.2，在实用上已相当可靠。

3. 成形极限

锥形件的旋薄成形极限大多受到壁部材料拉断的限制。

图 3.103 所示为旋薄的变形过程和壁部的受力情况。突缘材料在旋轮的推动下从 ed 面开始发生变形，到 ab 面处变形结束。从变形完毕的壁部取出一个三角形体素 abc，考察体素各面所受的外力，ab 面上作用有变形区材料所产生的正应力 σ_n 和切应力 τ_n，bc 面上作用有模具的反压力和摩擦力，ac 面上是壁部的拉应力 σ_1。

从 abc 三角形处于静力平衡状态的条件来看，平行和垂直于心模表面的合力必须为零，于是可得

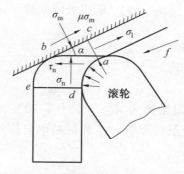

图 3.103   旋薄变形过程和壁部的受力情况

$$\sigma_1(\overline{ac}) - \tau_n(\overline{ab})\cos\alpha + \sigma_n(\overline{ab})\sin\alpha + \mu\sigma_m(\overline{bc}) = 0 \qquad (3.191)$$

及

$$\sigma_n(\overline{ab})\cos\alpha + \tau_n(\overline{ab})\sin\alpha - \sigma_m(\overline{bc}) = 0 \qquad (3.192)$$

由于 $\overline{ac} = \overline{ab}\sin\alpha$，而在成形极限时 α 角很小，$\overline{ab} \approx \overline{bc}$，将上两式合并之后

$$\sigma_1 = \tau_n(\cot\alpha - \mu) - \sigma_n(1 + \mu\cot\alpha) \qquad (3.193)$$

当 σ_1 达到材料的抗拉强度后，壁部将被拉断。与此对应的 α 角就是极限锥角。

由式（3.193）可知，极限锥角还与材料的变形抵抗力 τ_n、正压力 σ_n 和摩擦系数 μ 有关。τ_n 越小，σ_n 越大，越有利于提高成形极限。τ 和材料抗拉强度的比值与材料的塑性变形能力有关，塑性低的材料，在旋薄中可能沿剪移面 ab、cd 产生破裂。

σ_n 的大小受滚轮和模具之间的间隙调整的影响。当间隙调整太大时，旋出的零件壁厚大于正弦律所要求的厚度 $t = t_0\sin\alpha$，这时筒壁额外所需的材料只能从突缘补给，于是突缘受到径向拉伸，甚至使 σ_n 改变符号，加重了筒壁的拉力负担，不利于成形；相反，当间隙调整偏小时，旋出的零件壁厚小于 $t = t_0\sin\alpha$，将一部分壁厚多余材料挤入突缘，增大了 σ_n 的数值。因此，间隙适当地调小，有利于提高成形极限，加大摩擦系数，在理论上可以减小壁部所受的拉应力，提高成形极限。然而实际上无法利用这一因素，因为为了保证零件的内壁质量，模具表面必须加工光滑，并且还要涂抹润滑剂。

生产实际中常以厚度变薄率表示旋薄的变形程度：

$$\varphi_t = \frac{t_0 - t}{t_0} \qquad (3.194)$$

变薄率和半锥角之间的关系为

$$\varphi_t = 1 - \sin\alpha \qquad (3.195)$$

当 $t = t_{\min}$ 时, $\varphi_t = \varphi_{\max}$, $\alpha = \alpha_{\min}$,所以极限变薄率 $\varphi_{\max}$ 为

$$\varphi_{\max} = \frac{t_0 - t_{\min}}{t_0} \tag{3.196}$$

$\alpha_{\min}$ 与 $\varphi_{\max}$ 之间的关系为

$$\varphi_{\max} = 1 - \sin \alpha_{\min} \tag{3.197}$$

一般塑性材料的极限半锥角 $\alpha_{\min} = 15° \sim 20°$,相应的极限变薄率 $\varphi_{\max} = 75\%$。根据试验结果,极限变薄率 $\varphi_{\max}$ 和材料单向拉伸试验的剖面收缩率之间有以下近似关系:

$$\varphi_{t\max} = \frac{\varphi_p}{0.17 + \varphi_p} \tag{3.198}$$

筒形件的旋薄不能使用平板毛料,只能用较厚的筒形毛坯。材料的变形性质相当于辗压。一次旋薄的变薄率控制在 25% 左右。材料经过多次旋薄,不须中间退火的累计变薄率为 60% ~ 75%。

表 3.14 所列为旋薄时不须中间退火的各种金属的最大总变薄率。

表 3.14　旋薄时不须中间退火的各种金属的最大总变薄率

材料	圆锥形	半球形	圆筒形
合金钢	50 ~ 75	35 ~ 50	60 ~ 75
不锈钢	60 ~ 75	45 ~ 50	65 ~ 75
铝合金	50 ~ 75	35 ~ 50	60 ~ 75
钛合金[①]	30 ~ 75	—	30 ~ 75

注 ①:加热旋薄。

4. 旋薄的工艺参数

影响零件旋薄质量的因素很多,例如送进量、转速、旋轮的直径与圆角半径、旋轮的安装角、旋轮与模具间隙的调整等。

滚轮与模具的间隙调整,最好符合正弦律的规定。如果间隙偏大,旋出的零件不贴模,母线不直,壁厚不均,突缘在旋压过程中向前翻倒甚至起皱;间隙偏小,零件内壁贴模好,而壁厚的均匀度和母线直线度较差,零件的内应力大;只有当间隙正常时,零件的质量好。调整间隙时,必须将机床、旋轮系统受载时的弹性变形考虑进去。

送进量一般在 $0.25 \sim 0.75$ mm/r 范围内。用低速送进,可以降低旋薄力,提高零件表面光度,但贴模性不及高速送进的好。

滚轮的圆角半径不能小于毛料原始厚度,过小的圆角半径,会导致表面不光、掉屑、起皮,甚至出现裂纹。过大的圆角半径则会造成毛料突缘翻倒、失稳、产生皱折,建议用 $(1.5 \sim 3)t$,转速一般在 $200 \sim 600$ r/min 范围内。从初步试验

看,适当加大转速有利于降低变形力和提高成形质量。对较硬的材料取较小的值,对软材料取较大值。

一般来说,为了提高零件的表面光度,可以采用圆角半径较大的旋轮,采用较小的送进量和较小的一次变薄率。而要提高零件的贴模准确度,则可采用圆角半径较小的旋轮,采用较大的送进量和中等或较大的变薄率,如果要提高壁厚的准确度,则应采用中等或较小的变薄率。

5. 旋薄工艺过程和毛坯设计

用低碳钢和不锈钢旋薄锥形件和球形件时允许的变薄率分别为70% ~75%和50% 。但是在实际生产中,对小角度的锥形件变薄率也仅选用50% ,分两道工序,在不同锥角的模具上成形,工序间进行退火。

应用两道工序成形如图 3.104 所示的锥形件时,毛坯厚度和中间工序的半锥角可参看图示尺寸。

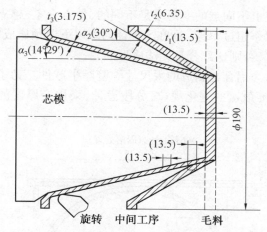

图 3.104　两道工序成形锥形件时毛坯厚度和中间工序的半锥角尺寸

锥角小于 35° 或壁部变薄率较大的锥形件,也常用预成形的毛坯,预成形一般用模具冲压或旋压。

如图 3.105 所示为用软钢材料制造深锥形件的工艺流程。用气割切出 $\phi762$ 的毛坯,中间钻 $\phi90$ 的孔,周边磨掉毛刺和熔渣;在 2 000 t 压力机上压成锥角 120° 的锥形半成品;然后在 70 kW 旋薄机床上分两道工序旋薄。总变薄率为 $\frac{20 - 6.7}{20} = 0.665$。

用旋薄制造等厚度的半球形、椭圆形和抛物线形零件时,由于各点都需遵守正弦律,毛坯形状要复杂得多。若球形件上径向线与水平基准线的夹角为 α,则零件上各点离中心线的距离为 $r = R\cos\alpha$,相应位置的毛坯厚度 $t_0 = \frac{1}{\sin\alpha}t$。

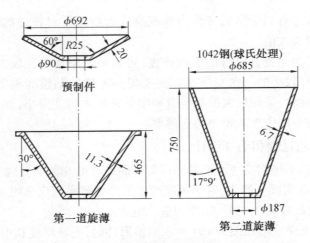

图 3.105　软钢材料制造深锥形件的工艺流程

　　旋薄时在毛坯上不同点的变薄率是不同的,顶点为零,越靠近边缘变薄率越大。为了不使变薄率超过 50% ,即在 30° 径向线以下要预压成筒形,使其变为近似于筒形件的旋薄,否则这部分是无法成形的。

　　图 3.106 所示为铝合金制造的大尺寸等壁厚半球件。为了保证厚度变化的正弦律,必须根据锥角 α 的变化规律,分段设计,采用变厚度的毛坯并增加过渡工序。

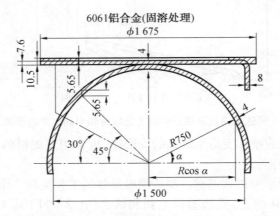

图 3.106　铝合金制造的大尺寸等壁厚半球件

　　对等厚度的抛物线零件,毛坯厚度计算如下:

$$t_0 = t\sqrt{\frac{x}{c} + 1} \qquad (3.199)$$

式中　　c——抛物线焦距,抛物线方程为 $y^2 = 4cx$;

　　　　x——抛物线零件的 x 轴坐标值;

y—— 抛物线零件的 y 轴坐标值。

图 3.107 所示为口沿直径 1 000 mm,高 1 000 mm,厚度大于 20 mm 的抛物线形零件,焦距为 250 mm,图中仅给出 $(x/c = 0.1;0.5;1.0;2.0;3.0;4.0)$ 6 个点,实际计算时应取更多的点。同样,毛坯的边缘部分也需预旋。

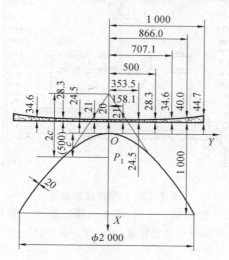

图 3.107　抛物线形零件

3.7.3　爆炸成形

图 3.108 所示为爆炸成形的示意图。毛坯固定在压边圈 4 和凹模 8 之间。在距毛坯一定的距离上放置炸药包 2 和电雷管 1。炸药一般采用梯恩梯(TNT),药包必须密实、均匀,炸药量及其分布要根据零件形状尺寸的不同而定。

爆炸装置一般放在一特制的水筒内,以水作为成形的介质,可以产生较高的传压效率,同时水的阻尼作用可以减小振动和噪声,保护毛坯表面不受损伤。爆炸时,炸药以 2 000 ~ 8 000 m/s 的传爆速度在极短的时间内完成爆炸过程。位于爆炸中心周围的水介质,在高温高压气体骤然作用下,向四周急速扩散形成压力极高的冲击波。当冲击波与毛坯接触时,由于冲击压力大大超过毛坯材料的塑性变形抗力,从而产生塑性变形,并以一定的速度紧贴在凹模内腔表面,完成成形过程。零件的成形过程极短,一般仅 1 ms 左右。由于毛坯材料是高速贴模,应考虑凹模型腔内的空气排放问题。否则材料贴模不良,甚至会由于气体的高度压缩而烧伤轻金属零件表面。因此需要在成形前将型腔中空气抽出,保持一定的真空度,但变形量很小的校形或无底模具的自由成形等情况则可以采用自然排气形式。

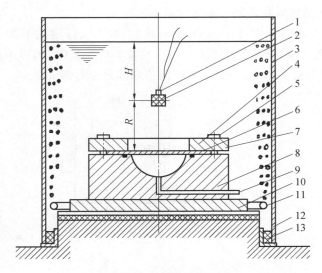

图 3.108　爆炸成形装置

1— 电雷管;2— 炸药包;3— 水筒;4— 压边圈;5— 螺钉;6— 密封;
7— 毛坯;8— 凹模;9— 真空管道;10— 缓冲装置;11— 压缩空气管路;
12— 垫环;13— 密封

为了防止筒底部的基座受到爆炸冲击力而损坏,在模具与筒底之间应装有缓冲装置 10。为了减小对筒壁部分的冲击作用,可采用压缩空气管路 11 产生气幕来保护。

由于爆炸成形的模具较简单,不需要冲压设备,对于批量小的大型板壳类零件的成形,具有显著的优点,对于塑性低的高强度合金材料的特殊零件是一种理想的成形方法。目前该工艺在航空、造船、化工设备制造等领域的复杂形状或大尺寸小批量零件生产中起到了重要作用。

爆炸成形可以对板料进行剪切、冲孔、拉深、翻边、胀形、弯曲、扩口、缩口、压花等工艺,也可以进行爆炸焊接、表面强化、构件装配、粉末压制等。

3.7.4　电液／电水成形

电水成形有两种形式:电极间放电成形和电爆成形。电水成形的工作原理如图 3.109 所示。利用升压变压器 1 将交流电电压升高至 20 ~ 40 kV,经整流器 2 变为高压直流电,并向电容器 4 进行充电。当充电电压达到一定值时辅助间隙 5 被击穿,高电压瞬时间加到两放电电极 9 上,产生高压放电,在放电回路中形成非常强大的冲击电流(可达 3 000 A),结果在电极周围的介质中形成冲击波,使毛坯在瞬时间完成塑性变形,最后贴紧在模具型腔上。

电水成形可以对板料或管坯进行拉深、胀形、校形、冲孔等工序。

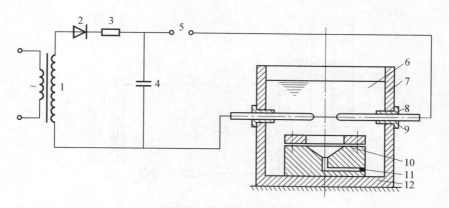

图 3.109　电水成形装置

1— 升压变压器;2— 整流器;3— 充电电阻;4— 电容器;5— 辅助间隙;
6— 水;7— 水箱;8— 绝缘圈;9— 电极;10— 毛坯;11— 抽气孔;12— 凹模

　　与爆炸成形相比,电水成形的能量调整和控制较简单,成形过程稳定,操作方便,容易实现机械化和自动化,生产效率高。其不足之处是加工能力受到设备能量的限制,并且不能如爆炸成形那样灵活地改变炸药形状以适合各种不同零件的成形要求,所以仅用于加工直径为 400 mm 以下的简单形状零件。

　　如果将两电极间用细金属丝连接起来,在电容器放电时,强大的脉冲电流会使得金属丝迅速熔化并蒸发成高压气体,这样在介质中形成冲击波而使得毛坯成形,就是电爆成形。电爆成形的成形效果要比电极间放电成形好。电极间所连接的金属丝必须是良好的导电体,生产中常采用钢丝、铜丝及铝丝等。

3.7.5　电磁成形

　　电磁成形工作原理如图 3.110 所示。由升压变压器 1 和整流器 2 组成的高压直流电源向电容器充电。当放电回路中开关 5 闭合时,电容器所储存的电荷在放电回路中形成很强的脉冲电流。由于放电回路中的阻抗很小,在成形线圈 6 中的脉冲电流在极短的时间内(10 ~ 20 ms) 迅速地增长和衰减,并在其周围的空间中形成了一个强大的变化磁场。毛坯 7 放置在成形线圈内部,在这强大的变化磁场作用下,毛坯内部产生了感应电流。毛坯内部感应电流所形成的磁场和成形线圈所形成的磁场相互作用,使毛坯在磁力的作用下产生塑性变形,并以很大的运动速度贴紧模具。图示成形线圈放置在毛坯外,使管子缩颈成形(图中模具未画出)。如成形线圈放置在毛坯内部,则可以完成胀形。假如采用平面螺旋线圈,也可以完成平板毛坯的拉深成形,如图 3.111 的所示。

　　电磁成形的加工能力取决于充电电压和电容器容量,电磁成形时常用的充电电压为 5 ~ 10 kV,充电能量为 5 ~ 20 kJ。

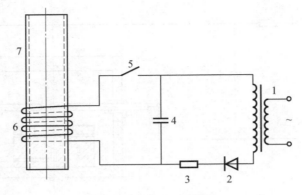

图 3.110　电磁成形原理

1— 升压变压器;2— 整流器;3— 限流电阻;4— 电容器;5— 开关;6— 成形线圈;7— 毛坯

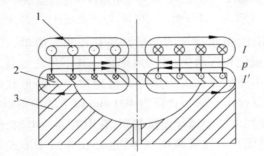

图 3.111　电磁拉深成形原理

1— 成形线圈;2— 平板毛坯;3— 凹模

电磁成形不但能提高材料的塑性和成形零件的尺寸精度,而且模具结构简单,生产率高,设备调整方便,可以对能量进行准确的控制,成形过程稳定,容易实现机械化和自动化,并可和普通的加工设备组成生产流水线。由于电磁成形是通过磁场作用力进行的,所以加工时没有机械摩擦,工件可以在电磁成形前预先进行电镀、喷漆等工序。

电磁成形加工的材料,应具有良好的导电性,如铝、铜、低碳钢、不锈钢等,对于导电性差或不导电材料,可以在工件表面涂敷一层导电性能好的材料或放置由薄铝板制成的驱动片来带动毛坯成形。

电磁成形的加工能力受到设备的限制,只能用来加工厚度不大的小型零件。由于加工成本较高,电磁成形法主要用于普通冲压方法不易加工的零件。

3.7.6　激光冲击成形

激光冲击成形与爆炸成形、电水成形一样,利用强大的冲击波,使板料产生塑性变形、贴模,而获得各种所需形状及尺寸的零件。在成形中,材料瞬间受到高压的冲击波,形成高速高压的变形条件,使得用传统成形方法难以成形的材料的塑性得到较大的提高。成形后的零件材料表层存在加工硬化,可以提高零件的抗疲劳性能。图 3.112 所示为激光冲击成形原理。毛坯在激光冲击成形前必须进行所谓的"表面黑化处理",即在其表面涂上一层黑色涂覆层。毛坯用压边圈压紧在凹模上,凹模型腔内通过抽气孔抽成真空。毛坯涂覆层上覆盖一层称之为透明层的材料,一般采用水做透明层。激光通过透明层,激光束能量被涂覆层初步吸收,涂覆层蒸发,蒸发了的涂覆层材料继续吸收激光束的剩余能量,从而迅速形成高压气体。高压气体受到透明层的限制而产生了强大的冲击波。冲击波作用在毛坯材料表面,使之产生塑性变形,最后贴紧凹模型腔。

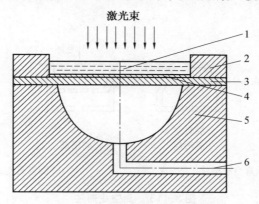

图 3.112　　激光冲击成形原理

1— 透明层;2— 压边圈;3— 涂覆层;4— 毛坯;5— 凹模;6— 抽气孔

3.7.7　超塑性成形

金属材料在某些特定的条件下,呈现出异常好的延伸性,这种现象称为超塑性。超塑性材料的延伸率可超过 100% 而不产生缩颈和断裂。而一般黑色金属材料在室温条件下的延伸率只有 30% ～ 40% ,有色金属材料如铝、铜及其合金也只能达到 50% ～ 60% 。超塑性成形就是利用金属材料的超塑性,对板料进行加工以获得各种所需形状零件的一种成形工艺。

由于超塑性成形可充分利用金属材料塑性高,变形抗力小的特点,因此可以成形各种复杂形状零件,成形后零件基本上没有残余应力。

（1）超塑性成形的条件。

对材料进行超塑性成形,首先应找到该材料的超塑性成形条件,并在工艺上严格控制这些条件。金属超塑性条件有几种类型,目前应用最广的是微细晶粒超塑性(又称恒温超塑性)。微细晶粒超塑性成形的条件是:

① 温度:超塑性材料的成形温度一般在 0.5 ～ 1.7 T_m（T_m 为以热力学温度表

示的熔化温度)。

②稳定而细小的晶粒:超塑性材料一般要求晶粒直径为 $0.5 \sim 5~\mu m$,不大于 $10~\mu m$。

③成形压力:一般为十分之几兆帕至几兆帕。

此外,应变硬化指数、晶粒形状、材料内应力对成形也有一定的影响。

(2)超塑性成形的方法。

超塑性成形方法有:真空成形法、吹塑成形法、对模成形法。

①真空成形法。真空成形法是在模具的成形型腔中抽真空,使处于超塑性状态下的毛坯成形,其具体方法可分凸模真空成形法和凹模真空成形法(图3.113)。

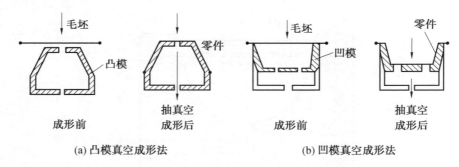

(a) 凸模真空成形法　　　　　(b) 凹模真空成形法

图 3.113　真空成形法

②吹塑成形法。吹塑成形法原理如图3.114所示,其在模具型腔中吹入压缩空气使超塑性材料紧贴在模具型腔内壁,该方法可分为凸模吹塑成形和凹模吹塑成形两种。

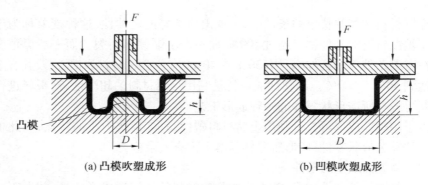

(a) 凸模吹塑成形　　　　　(b) 凹模吹塑成形

图 3.114　吹塑成形法

③对模成形法。对模成形法成形的零件精度较高,但由于模具结构特殊,加工困难,在生产中应用得较少。

第 4 章

板材冲压成形性能及成形极限

本 章主要介绍板材冲压成形性能的基本内涵及分类,详细介绍板料冲压成形的直接和间接试验方法,厘清通过试验获得的材料性能参数与冲压成形性能之间的关系,最后重点介绍板材冲压成形极限理论及其应用。

4.1　板材冲压成形性能及分类

4.1.1　基本内涵

金属板材的成形性能是指板材对冲压成形工艺的适应能力。不同的冲压工序,板料的应力状态、变形特点及变形区和传力区之间的关系将各不相同。所以对板料的冲压性能的要求也都不相同。板材成形性能的好坏会直接影响冲压工艺过程、生产率、产品质量和生产成本。板料的冲压成形性能好,对冲压成形方法的适应性就强,就可以采用简便工艺、高生产率设备,生产出优质低成本的冲压零件。

研究板料的冲压成形性能有助于分析生产中出现的与板材性能有关的质量问题,找出产生原因和解决办法,从而根据冲压件的形状特点及其成形工艺对板材冲压性能的要求,合理选择板料的牌号和种类。

4.1.2　分类

对冲压成形件来说,不产生破裂是基本前提,同时对它的表面质量和形状尺寸精度也有一定要求,故板料冲压成形性应包括抗破裂性、贴模性和形状冻结性能等几个方面。

所谓冲压成形性就是板材可成形能力的总称,或者称为广义的冲压成形性能。广义成形性能中的抗破裂性能,可视为狭义的冲压成形性能。板料在成形过程中,一是由于起皱、塌陷和鼓包等缺陷而不能与模具完全贴合;二是因为回弹,造成零件脱模后较大的形状和尺寸误差。通常将板材冲压成形中取得与模具形状一致的能力,称为贴模性;而把零件脱模后保持其既得形状和尺寸的能力,称为形状冻结性。

通常把材料开始出现破裂时的极限变形程度作为板料冲压成形性能的判定尺度。目前对抗破裂性的研究已取得了不少成果。根据把冲压成形基本工序依其变形区应力 – 应变的特点分为伸长类(拉伸类)与压缩类两个基本类别的理论,可以把这种冲压成形的分类与冲压成形性能的分类建立如表4.1所示的对应关系。

板料冲压成形的试验方法有多种,概括起来分为直接试验和间接试验两类。直接试验中板材的应力和变形情况与真实冲压基本相同,所得的结果也比较准确;而间接试验时板材的受力情况与变形特点却与实际冲压时有一定的差别。所以,所得的结果也只能间接地反映板材的冲压性能,有时还要借助于一定的分析方法才能做到。

常用的方法为:直接试验中的模拟试验和间接试验中的拉伸试验。

表 4.1　冲压成形性能的分类

冲压成形类别	成形性能类别	提高极限变形程度的措施
伸长类冲压成形(翻边、胀形等)	伸长类成形性能(翻边性能、胀形性能等)	(1) 提高材料的塑性 (2) 减小变形不均匀程度 (3) 消除变形区局部硬化层和应力集中
压缩类冲压成形(拉深、缩口等)	压缩类成形性能(拉深性能、缩口性能等)	(1) 降低变形区的变形抗力、摩擦力 (2) 防止变形区的压缩失稳(起皱) (3) 提高传力区的承载能力
复合类冲压成形(弯曲、曲面零件拉深成形等)	复合类成形性能(弯曲性能等)	根据所述成形类别的主次,分别采取相应措施

4.2　直接试验

4.2.1　板材单向拉伸试验

单向拉伸试验所给出的强度、塑性、刚度等方面的机械性能指标可用于评估板料的冲压性能。拉伸试验是评价板材的基本力学性能及成形性能的主要试验方法。由于简单可行,所以是目前普遍采用的一种方法。单向拉伸试验的主要优点在于试验时应力状态非常稳定,试验已经标准化;此外,试验容易完成,并且试验费用较低。在拉伸试验中,一种塑性材料的试件出现局部颈缩之后,应力状态就不再是均匀的拉应力状态。这种情况的出现,在一定程度上限制了拉伸试验在材料性能测试方面的应用。

试验所用试样的形状和尺寸,根据 GB/T 228.1—2010《金属材料　拉伸试验　第 1 部分:室温试验方法》,可分带头的和不带头的两种,带头的如图 4.1 所示。短、长比例两种试样的尺寸见表 4.2。试样夹持部分长度 h 根据试验机确定,标距内最大宽度与最小宽度之差不大于 0.06 mm。

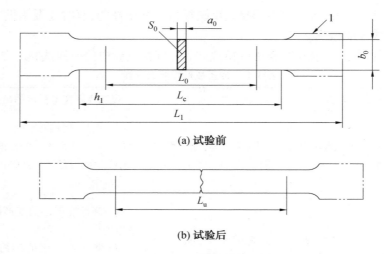

(a) 试验前

(b) 试验后

图 4.1　拉伸试样

a_0— 板试样原始厚度或管壁原始厚度;b_0— 板试样平行长度的原始宽度;L_0— 原始标距;
L_c— 平行长度;L_t— 试样总长度;L_u— 断后标距;S_0— 平行长度的原始横截面积;1— 夹持头部

表 4.2　单向拉伸试样尺寸

（a）矩形横截面比例试样

b_0/mm	r/mm	$k = 5.65$			$k = 11.3$	
		L_0/mm	L_c/mm	试样编号	L_0/mm	L_c/mm
10				P1		
12.5	$\geqslant 20$	$5.65\sqrt{S_0}$	$\geqslant L_0 + b_0/2$ 仲裁试验: $L_0 + 2b_0$	P2	$11.3\sqrt{S_0}$	$\geqslant L_0 + b_0/2$ 仲裁试验: $L_0 + 2b_0$
15		$\geqslant 15$		P3	$\geqslant 15$	
20				P4		

注 1:优先采用比例系数 $k = 5.65$ 的比例试样。如比例标距小于 15 mm,建议采用表（b）
　　的非比例试样。

注 2:如需要,厚度小于 0.5 mm 的试样在其平行长度上可带小凸耳以便装夹引伸计。上
　　下两凸耳宽度中心线间的距离为原始标距。

（b）矩形横截面非比例试样

b_0/mm	r/mm	L_0/mm	L_c/mm	
			带头	不带头
12.5		50	75	87.5
20	$\geqslant 20$	80	120	140
25		50[a]	100[a]	120[a]

注 a:宽度 25 mm 的试样,其 L_c/b_0 和 L_c/b_0 与宽度 12.5 mm 和 20 mm 的试样相比非常低。这类
　　试样得到的性能,尤其是断后伸长率(绝对值和分散范围),与其他两种类型试样不同。

（c）试样宽度公差　　　　　　　　　　　　mm

试样的名义宽度	尺寸公差[a]	形状公差[b]
12.5	±0.05	0.06
20	±0.10	0.12
25	±0.10	0.12

注a:如果试样的宽度公差满足表(c),原始横截面积可以用名义值,而不必通过实际测量再计算。

注b:试样整个平行长度 L_e 范围,宽度测量值的最大最小之差。

将在板料三个不同方位上截取的试件,置于带自动记录装置的材料试验机上进行拉伸,如图4.2所示,试验条件按 GB/T 228.1—2010《金属材料　拉伸试验　第1部分:室温试验方法》规定进行。

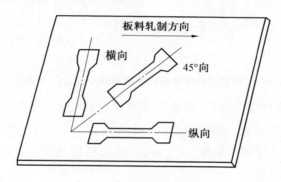

图4.2　试样截取方位

1.工程应力－应变曲线

室温下的静力拉伸试验一般是在万能材料试验机上进行的。通过记录仪可以记录下外载荷 F 与试件绝对伸长 Δl 的关系曲线,如图4.3所示。图的纵坐标表示载荷 F,横坐标表示标距的伸长 Δl。若将拉伸曲线的纵坐标 F 除以试样的原始截面积 A_0,即得到条件应力(亦称名义应力):

$$\sigma_0 = \frac{F}{A_0} \tag{4.1}$$

若将拉伸位移载荷曲线的横坐标 Δl 除以试件原始标距长 l_0,即得到相对伸长:

$$\delta = \frac{\Delta l}{l_0} \tag{4.2}$$

根据式(4.1)和式(4.2)即可由拉伸位移－载荷曲线做出条件应力－应变

曲线。这是由于A_0与l_0都为定值,只要所取比例适当,则条件应力－应变曲线和原来的拉伸位移载荷曲线图完全一致,所以图4.3既是拉伸图,又是条件应力－应变曲线,只是坐标不同而已。

根据图4.3所示曲线,可以将试件从开始加载到断裂的过程分四个阶段来分析。

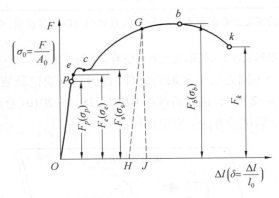

图4.3　低碳钢拉伸位移载荷曲线图或条件应力－应变曲线

第一阶段为弹性变形阶段,即从曲线的O点到e点。图中的p点称为比例极限点,是直线部分的顶点。弹性极限点e已偏离了直线,但e、p这两点是非常靠近的,当材料的应力小于弹性极限(σ_e)时,可认为材料处于完全弹性状态,但超过σ_e就有塑性变形产生。

第二阶段为屈服阶段,即曲线ec段。金属材料拉伸试验时,从弹性变形过渡到塑性变形的性质来看,基本上可分为两类。一类如图4.3所示具有明显的屈服点,即它们由弹性变形向塑性变形的过渡是跳跃式进行的,因此曲线的第二阶段呈现一种齿状,称为屈服平台。σ_s称为屈服极限,应力达到这一点就意味着大塑性变形的开始。另一类是没有明显屈服点的金属,它们由弹性变形向塑性变形的过渡是渐进的,其典型的条件应力－应变曲线如图4.4所示,曲线的第二阶段仍保持光滑连续性,而一般将卸载后试件保留0.2%的残余变形时的应力称为这类材料的屈服点($\sigma_{0.2}$)。

第三阶段,曲线的cb段。塑性变形在试件整个标距内均匀分布,随着应变的增加,应力也增加,沿着曲线cb达到最高点b,这时的应力称为强度极限σ_b,这时载荷达到最大值F_b。

第四阶段出现在b点以后,此时试件出现局部收缩现象——缩颈,这时变形集中在缩颈部分,出现了单向拉伸的塑性失稳现象。继续拉伸,缩颈部分的断面逐渐缩小,致使载荷减小,曲线下降,直到拉断点 k 为止。

由此可见,在试件拉伸的全过程中,变形沿试件标距长度的分布是不均匀的,在缩颈部位 Δl 最大,而随着离缩颈(断裂)点渐远慢慢趋向均匀伸长,这种不均匀分布的情况如图 4.5 所示。

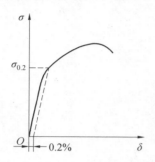
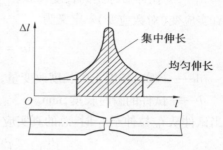

图 4.4　没有明显屈服点的塑性材料　图 4.5　试件的绝对伸长量沿试件长度的分布
的条件应力 - 应变曲线

除了以相对伸长来表示变形外,还可以用试件相对断面收缩率 $\varphi = \dfrac{(A_0 - A)}{A_0}$ 来表示应变,同样因 A_0 为定值,$\sigma_0 - \varphi$ 曲线的形式与 $F - \Delta l$ 曲线是一致的。

在拉伸过程中,除了试件轴向伸长以外,还伴随着试件横断面的收缩,因此 $\sigma_0 = F/A_0$ 并不能反映试件在各变形瞬间的真实应力,同样相对伸长 $\delta = \Delta l/l_0$ 亦没有考虑 l_0 的变化。所以,以上曲线为条件应力 - 应变曲线(或名义应力 - 应变曲线)。通常可用条件应力 - 应变曲线得到的屈服极限、强度极限、最大伸长率和最大断面收缩率等数值来近似地判断材料的塑性变形性能。

2. 拉伸时的真实应力 - 应变曲线

条件应力 - 应变曲线不能反映真实的应力与应变之间的关系。为了分析板料冲压成形等塑性加工问题,提高求解和模拟的准确性,必须采用一种能够反映真实应力与实际应变关系的曲线。

真实应力是以各加载瞬间的载荷 F 与该瞬间试件的横断面积 A 之比来表示的,即拉伸试验值与冲压成形性能有密切关系的几项主要性能参数如下:

$$\sigma = \frac{F}{A} \tag{4.3}$$

用真实应力表示的应力 - 应变曲线,随表示应变的三种不同方式,也有三种形式。即真实应力和相对伸长组成的曲线、真实应力和相对断面收缩率组成的曲线以及真实应力和真实应变(对数应变)组成的曲线。

由式(4.2)可知,相对伸长

$$\delta = \frac{\Delta l}{l_0} = \frac{l_1 - l_0}{l_0}$$ (4.4)

式中　　l_0—— 试件原始标距长度,mm;

　　　　l_1—— 拉伸后标距的长度,mm。

真实应变(对数应变)ε 定义为

$$d\varepsilon = \frac{dl}{l}$$ (4.5)

式中　　dl—— 瞬时长度上的长度改变量,mm;

　　　　l—— 试件的瞬时长度,mm。

当试件从 l_0 拉伸至 l_1 时,总的真实应变

$$\varepsilon = \int_{l_0}^{l_1} d\varepsilon = \int_{l_0}^{l_1} \frac{dl}{l} = \ln \frac{l_1}{l_0}$$ (4.6)

真实应变与相对应变之间有下述换算关系,即

$$\varepsilon = \ln \frac{l_1}{l_0} = \ln\left(\frac{l_0 + \Delta l}{l_0}\right) = \ln(1 + \delta)$$ (4.7)

将式(4.7)右边展开可得

$$\varepsilon = \delta - \frac{\delta^2}{2} + \frac{\delta^3}{3} - \cdots\cdots$$ (4.8)

由此可知,真实应变总是小于相对应变。这是因为相对应变(相对伸长)没有考虑实际拉伸过程中基准长度不断变化的情况,而认为基长 l_0 是固定的,这就不能正确反映变形过程中的实际情况,例如将一个标距长度为 100 mm 的试件,在试验机上一次连续拉伸至 130 mm,这样 $l_0 = 100$ mm,$l_1 = 130$ mm,代入式(4.4)计算其相对伸长 $\delta = (130 - 100)/100 = 0.3$。如果是采取两次拉伸,第一次先拉伸至 115 mm,第二次再从 115 mm 拉伸至 130 mm,我们分别计算这两次拉伸的相对伸长,第一次拉伸时,试件原始长度为 100 mm,拉伸后试件长度为 115 mm,由式(4.4)算得其 $\delta_1 = 0.15$;而第二次拉伸时试件的原始长度是 115 mm,拉伸后试件长度为 130 mm,此时按式(4.4)计算所得的相对伸长 $\delta_2 = (130 - 115)/115 = 0.13$。这样两次拉伸的总相对伸长 $\delta = \delta_1 + \delta_2 = 0.28$,它与一次连续拉伸至 130 mm 时相对伸长不等。它们的变形结果都是拉伸至 130 mm,为什么计算结果会不同呢?这就是相对伸长(应变)没有考虑原始基准长度变化的原因所致。而真实应变(对数应变)是按试件的瞬时长度和瞬时长度上的长度改变量来考虑的,就克服了以上问题,具有可加性,即当连续分阶段变形时,总的应变就是各阶段应变之和。例如试样长度由 l_0 拉至 l_1,再拉至 l_2,则真实应变为

$$\varepsilon_{02} = \ln \frac{l_2}{l_0} = \ln \frac{l_1}{l_0} + \ln \frac{l_2}{l_1} = \varepsilon_{01} + \varepsilon_{12} \qquad (4.9)$$

只有在小变形时,例如 $\varepsilon < 0.1$ 时可以认为 $\delta \approx \varepsilon$,因为这时两者的差别小于 5% 。在出现缩颈前,试件处于均匀拉伸变形状态,由塑性变形时变形体体积不变条件,可以得出三种应变表示方法之间的数值换算关系。

由式(4.4) 有

$$\delta = \frac{l}{l_0} - 1 \qquad (4.10)$$

故

$$\frac{l}{l_0} = 1 + \delta \qquad (4.11)$$

由相对断面收缩率 $\varphi = \dfrac{(A_0 - A)}{A_0}$ 并考虑式(4.11) 得

$$\varphi = \frac{(A_0 - A)}{A_0} = 1 - \frac{A}{A_0} = 1 - \frac{l_0}{l} = 1 - \frac{1}{1 + \delta} = \frac{\delta}{1 + \delta} \qquad (4.12)$$

或

$$\delta = \frac{\varphi}{1 - \varphi} \qquad (4.13)$$

由式(4.7) 可得

$$\delta = e^{\varepsilon} - 1 \qquad (4.14)$$

下面讨论如何绘制真实应力 – 应变曲线。首先根据真实应力的定义,推导出在均匀拉伸阶段真实应力 σ 与条件应力 σ_0 的关系:

$$\sigma = \frac{F}{A} = \frac{F}{A_0}(1 + \varepsilon) = \sigma_0(1 + \varepsilon) \qquad (4.15)$$

在失稳点 b,有 $\sigma_b = \sigma_0(1 + \varepsilon_b)$,所以在 b 点之前,可根据条件应力 – 应变曲线逐点做出真实应力 – 应变曲线,如图 4.4 所示。在 b 点以后由于出现缩颈,不再是均匀变形,上述换算公式不再成立。为了求得 b 点以后的真实应变,必须记录下每一瞬间细颈处的断面积 A,才能求得其真实应力,然后再根据关系式 $\varepsilon = \ln \dfrac{A_0}{A}$ 求出该瞬间的真实应变。这样就可逐点画出曲线的 $b'k'$ 段。但是,测量断面的瞬时值较困难,所以一般根据 b'、k' 两点处的数据近似做出该两点间的曲线。k' 点可根据试件断裂后的断口面积和试件断裂时的载荷来确定。但是缩颈部位已不再是单向拉伸应力状态,而是处于不均匀的三向拉应力状态,如图 4.6 所示,此时产生了"形状硬化",使应力升高。为此,必须加以修正。

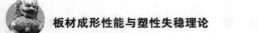

齐别尔(Siebel)等人提出用下式对曲线的 $b'k'$ 段进行修正,即

$$\sigma_k = \frac{\sigma'_k}{1 + \dfrac{d}{8\rho}} \qquad (4.16)$$

式中　σ_k——去除形状硬化后的真实应力,MPa;

$\qquad\quad$ σ'_k——包含形状硬化在内的真实应力,MPa;

$\qquad\quad$ d——缩颈处直径,mm;

$\qquad\quad$ ρ——缩颈处试件外形的曲率半径,mm。

曲线 $b'k'$ 修正后成为 $b'k''$,于是 $Ocb'\,k''$ 即为所求的真实应力 – 应变曲线。

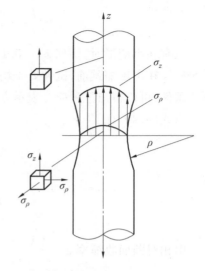

图 4.6　缩颈处的应力分布

如图 4.7 所示,和条件应力 – 应变曲线不同,真实应力 – 应变曲线在塑性失稳点 b' 处没有极大值,b' 点后曲线仍是上升的。这说明材料抗塑性变形的能力随应变的增加而增加,也就是不断地产生硬化,所以真实应力 – 应变曲线也称为硬化曲线。

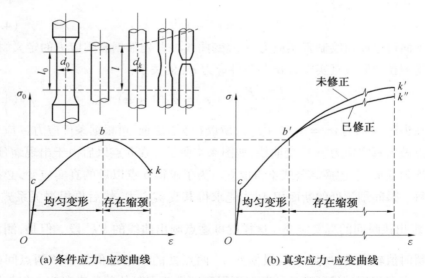

(a) 条件应力–应变曲线　　　　　(b) 真实应力–应变曲线

图 4.7　条件应力 – 应变曲线与真实应力 – 应变曲线

真实应力－应变曲线除了可用拉伸试验测定,也可用压缩试验测定。根据定义,用真实应变(对数应变)表示的拉伸真实应力－应变曲线和压缩真实应力－应变曲线在理论上是完全重合的,只是应力有拉、压之分,两者可以互相替代。但试验方法各有特点,因我们以后要讨论的覆盖件所用金属板料的有关性能主要是通过拉伸试验来测定,所以,关于压缩试验曲线这里不再叙述,许多金属塑性成形书籍中都有详尽的论述。

3. 单向拉伸材料特性值

由单向拉伸试验所能获得的材料特性值如图 4.8 所示。

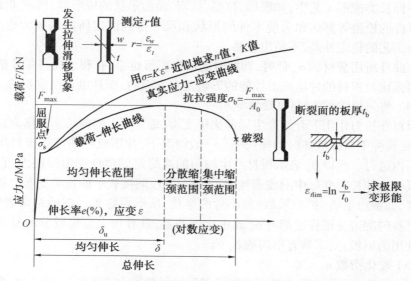

图 4.8　单向拉伸试验所得到的材料特性值示意图

(1) 屈服强度 $\sigma_s(\sigma_{0.2})$。

屈服极限越高,则变形抗力越大,因而冲压时板料所经受的应力也越大。

对伸长为主的变形,如胀形、拉弯等,当 σ_s 低时,为了消除工件的松弛等缺陷和为使工件的尺寸得到固定(指卸载过程中尺寸的变化小)所必需的拉力也小。这时由于成形所必需的拉力与板料破坏时的拉断力之差较大,故成形工艺的稳定性高,不易出废品,弯曲件所用板料的 σ_s 低时,卸载后回弹小,有利于提高弯曲件的准确度。

(2) 抗拉强度 σ_b。

抗拉强度又称强度极限,是金属由均匀塑性形变向局部集中塑性变形过渡的临界值,也是金属在静拉伸条件下的最大承载能力。抗拉强度即表征材料最大均匀塑性变形的抗力,拉伸试样在承受最大拉应力之前,变形是均匀一致的,但超出之后,金属开始出现缩颈现象,即产生集中变形;对于没有(或很小)均匀

板材成形性能与塑性失稳理论

塑性变形的脆性材料,它反映了材料的断裂抗力。

（3）屈强比 σ_s/σ_b。

较小的屈强比几乎对所有的冲压成形都是有利的。

屈强比小,对压缩类成形工艺有利。拉深时,如果板材的屈服点 σ_s 低,材料起皱的趋势小,防止起皱所必需的压边力和摩擦损失也会降低,对提高极限变形程度有利。

例如,低碳钢的 $\sigma_s/\sigma_b \approx 0.57$ 时,极限拉深系数 $m = 0.48 \sim 0.5$;65Mn 的 $\sigma_s/\sigma_b \approx 0.61$ 时,极限拉深系数则为 $m = 0.68 \sim 0.7$。

在伸长类成形工艺中,如胀形、拉型、拉弯、曲面形状的成形等,当 σ_s 低时,为消除零件的松弛等弊病和为使零件的形状和尺寸得到固定所需的拉力也小,所以成形工艺的稳定性高,不易出废品。

弯曲件所用板材的 σ_s 低时,卸载时的回弹变形也小,有利于提高零件精度。可见屈强比对板材的冲压成形性能的影响是多方面的,而且也是很重要的。

（4）均匀延伸率 δ_u 与总延伸率 δ。

板材在拉力作用下开始产生局部集中变形(缩颈时)的伸长率 δ 称为总伸长率,是在拉伸中试样破坏时的伸长率。一般情况下,冲压成形性都在板材均匀变形范围内进行。所以 δ_u 表示板材产生均匀的或稳定的塑性变形的能力,它直接决定板材在伸长类变形中的成形性能。可以用 δ_u 间接表示伸长类变形的极限变形程度,如翻边系数、扩口系数、最小弯曲半径、胀形系数等。试验结果表明,大多数材料的翻边变形程度都与 δ_u 成正比例关系,具有很大胀形成分的复杂曲面拉深件用的钢板,要求具有很高的 δ_u 值。

（5）硬化指数 n。

硬化指数 n 也称 n 值,它表示在塑性变形中材料硬化的强度。n 值大时,在伸长类变形过程中可以使变形均匀化,具有扩展变形区,减少毛坯的局部变薄和增大极限变形参数等作用。n 值是评定板材成形性能的重要指标,可用幂次式近似表示为 $\sigma = K\varepsilon^n$。式中指数 n 为应变强化指数,它在数量上就等于单向拉伸时材料刚要出现颈缩时的实际应变。表 4.3 给出了几种常用金属板材的 n 值及 σ 值。

（6）厚向异性系数 r 值。

r 值是评价板材拉深成形性能的一个重要材料参数。r 值反映了板材在板平面方向和板厚方向由于各向异性而引起应变能力不一致的情况,它反映了板材在板平面内承受拉力或压力时抵抗变薄或变厚的能力,是板材拉伸试验中宽度应变 ε_b 与厚度应变 ε_t 之比,即

$$r = \frac{\varepsilon_b}{\varepsilon_t} = \frac{\ln\dfrac{b}{b_0}}{\ln\dfrac{t}{t_0}} \tag{4.17}$$

式中　b_0、b 与 t_0、t——变形前后试样的宽度与厚度。

表 4.3　部分板材的 n 值和 σ 值

材料	n 值	σ/MPa	材料	n 值	σ/MPa
08F	0.185	708.76	T2	0.455	538.37
08Al(2F)	0.252	553.47	H62	0.513	773.38
08Al(HF)	0.247	521.27	H68	0.435	759.12
08Al(Z)	0.233	507.73	QSn6.5 - 0.1	0.492	864.49
08Al(P)	0.25	613.13	Q235	0.236	630.27
10	0.215	583.84	SPCC(日本)	0.212	569.76
20	0.166	709.06	SOCD(日本)	0.249	497.63
LF2	0.164	165.64	1Cr18Ni9Ti	0.347	1 093.61
2Al2M	0.192	366.29	1035M	0.286	112.43

当 $r=1$ 时,板宽与板厚间属各向同性;而 $r \neq 1$ 时,则为各向异性;$r > 1$,说明该板材的宽度方向比厚度方向更易变形。即 r 值大时,能使筒形件的拉深极限变形程度增大。用软钢、不锈钢、铝、黄铜等所做的试验也证明了拉深比与 r 值之间的关系(表 4.4)。

表 4.4　部分板材的 r 值和 Δr 值

材料	r_0	r_{45}	r_{90}	$\bar{r}$	Δr
沸腾钢	1.23	0.91	1.58	1.16	0.51
脱碳沸腾钢	1.88	1.63	2.52	1.92	0.57
钛镇静钢	1.85	1.92	2.61	2.08	0.31
铝镇静钢	1.68	1.19	1.90	1.49	0.60
钛	4.00	5.49	7.05	5.51	—
铜 O[①] 材	0.90	0.94	0.77	0.89	- 0.10
铜 $\frac{1}{2}$H[②] 材	0.76	0.87	0.90	0.85	- 0.04
铝 O 材	0.62	1.58	0.52	1.08	- 1.01
铝 $\frac{1}{2}$H 材	0.41	1.12	0.81	0.87	- 0.51
不锈钢	1.02	1.19	0.98	1.10	- 0.19
黄铜 2 种 O 材	0.94	1.12	1.01	1.05	- 0.14
黄铜 3 种 $\frac{1}{4}$H 材	0.94	1.00	1.00	0.99	- 0.03

注:①O 意思是软质,铜 O 材指软质铜材;

　　②H 意思是硬质,铜 $\frac{1}{2}$H 材指半硬质的铜材。

由于板材轧制时具有方向性,所以板材平面内各方向上的 r 值是不同的。因此,采用 r 值应取各个方向上的平均值,即

$$\bar{r} = \frac{r_0 + 2r_{45} + r_{90}}{4} \tag{4.18}$$

式中　r_0、r_{90}、r_{45}——板材纵向(轧制方向)、横向和 45° 方向上的厚向异性系数(图 4.2)。

(7) 板平面各向异性系数 Δr。

板材平面内的力学性能与方向有关,称为板平面方向性。圆筒形件拉伸时,板平面方向性明显地表现在零件口部形成突耳现象。板平面方向性越大,突耳的高度也越大,这时需增大切边余量,增加了材料的消耗。

板平面方向性大时,在拉深、翻边、胀形等冲压过程中,能够引起毛坯变形的不均匀分布。其结果不但可能因为局部变形程度的加大而使总体的极限变形程度减小,还可能形成冲压件的不等壁厚,降低冲压件的质量。

在板平面内不同方向上力学性能的各项指标中,板厚方向性系数对冲压成形性能的影响较明显,所以在生产中都用 Δr 表示板平面方向性的大小,Δr 是板材平面内不同方向上板厚方向性系数 r 的平均差别,其值为

$$\Delta r = \frac{r_0 - 2r_{45} + r_{90}}{2} \tag{4.19}$$

$\Delta r = 0$ 时,不产生突耳;

$\Delta r > 0$ 时,在 0°、90° 方向产生凸耳;

$\Delta r < 0$ 时,在 45° 方向产生凸耳。

由于板平面方向性对冲压变形和冲压件质量均为不利,所以生产中应尽量设法降低 Δr 值,表 4.4 给出了常用板材的 r 及 Δr 值。

(8) $x(x_{\sigma_b})$ 值。

x 值为双向等拉与单向拉伸的抗拉强度之比,即

$$x = \frac{双向等拉伸抗拉强度}{单向拉伸抗拉强度} \tag{4.20}$$

设双向等拉伸状态下的抗拉强度为 $[\sigma_b]_{\alpha=1}$,单向拉伸状态下的抗拉强度为 $[\sigma_b]_{\alpha=0}$,平面应变状态下的抗拉强度为 $[\sigma_b]_{\alpha=0.5}$,α 为应力比值,即 $\alpha = \dfrac{\sigma_y}{\sigma_x}$,式 (4.20) 可写为

$$x = \frac{[\sigma_b]_{\alpha=1}}{[\sigma_b]_{\alpha=0}} \tag{4.21}$$

x 值可用图 4.9 所示的方法求出。x 值与拉深深度的关系如图 4.10 所示。由图可知,x 值能很好地反映各种板材的拉深性能。

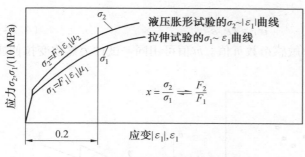

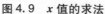

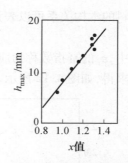

图4.9　x值的求法　　　　图4.10　x值与拉深深度
　　　　　　　　　　　　　　　　　　　　的关系

用式（4.21）求x值实际比较困难，所以用x_{σ_b}代替x值，即

$$x_{\sigma_\mathrm{b}} = \frac{平面应变下抗拉强度}{单向拉伸抗拉强度} \frac{[\sigma_\mathrm{b}]_{\alpha=0.5}}{[\sigma_\mathrm{b}]_{\alpha=0}} \tag{4.22}$$

求x_{σ_b}的具体方法是：用常规拉伸试样进行拉伸试验，求出单向拉伸时的抗拉强度$[\sigma_\mathrm{b}]_{\alpha=0}$，再用带圆弧切口试样进行拉伸试验求出平面应变下的抗拉强度$[\sigma_\mathrm{b}]_{\alpha=0.5}$。然后取二者比值，即可得到$x_{\sigma_\mathrm{b}}$值。

$x(x_{\sigma_\mathrm{b}})$值是与材料力学性能有关的参数。x值表达式中$[\sigma_\mathrm{b}]_{\alpha=1}$对应的应力状态（双等拉）与圆筒形拉深件的凸模圆角处毛坯的应力状态相似，而x_{σ_b}表达式中$[\sigma_\mathrm{b}]_{\alpha=0.5}$对应的应力状态（平面应变）与圆角形拉深件侧壁部分的应力状态相似。因此，x_{σ_b}值大的材料，表明拉深变形时毛坯侧壁传力区具有更高的强度，即有更高的承载能力。另外，对x_{σ_b}高的材料，当应力从单向拉伸转为双向拉伸时，表现出更强的性质。所以圆筒形拉深件侧壁所经历的变形，可以使材料得到强化。因此，x_{σ_b}高的材料拉深极限也高。

（9）Φ值称为材料宽度颈缩率，可用下式求得：

$$\Phi = \frac{b_0 - b}{b_0} \tag{4.23}$$

式中　　b_0——拉伸试样原始宽度；

　　　　b——试样拉断后，断裂处的最小宽度。

宽度颈缩率Φ与r值之间的关系如图4.11所示。

（10）应变速率敏感性指数m。

m值原为超塑性成形材料的一个重要性能参数。经研究表明，即使在非超塑性状态下，甚至很小的m值，也将影响胀形成形极限。m值的增大，使成形极限水平提高。一般认为，m值对提高伸长类变形的成形极限的贡献主要在拉伸失稳以后，使过缩颈后伸长率得到了提高。

试验表明：材料塑性变形抵抗力不仅与变形程度ε_i而且与应变率$\dot{\varepsilon}_i$有关。

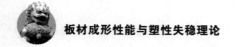

材料的本构关系可以表为

$$\sigma_i = c\varepsilon_i^n \dot{\varepsilon}_i^m \qquad (4.24)$$

式中,$\dot{\varepsilon}_i$ 的幂指数称为应变率敏感指数 m 值。m 值可用同一试件突然改变拉伸速度求得,如图 4.12 所示。

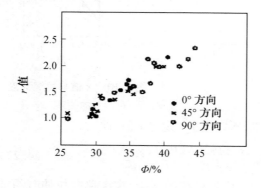

图 4.11　宽度颈缩率 Φ 与 r 值的关系　　图 4.12　应变速率突变法测 m 值

由图示曲线可见:

$$\sigma_1 = c\varepsilon^n \dot{\varepsilon}_1^m, \quad \sigma_2 = c\varepsilon^n \dot{\varepsilon}_2^m \qquad (4.25)$$

$$\frac{\sigma_2}{\sigma_1} = \left(\frac{\dot{\varepsilon}_2}{\dot{\varepsilon}_1}\right)^m$$

所以

$$m = \frac{\ln\left(\dfrac{\sigma_2}{\sigma_1}\right)}{\ln\left(\dfrac{\dot{\varepsilon}_2}{\dot{\varepsilon}_1}\right)} \qquad (4.26)$$

如果 $\Delta\sigma = \sigma_2 - \sigma_1$ 相差不大,则 $\ln(\sigma_2/\sigma_1) \approx \Delta\sigma/\sigma$,因此

$$m = (\Delta\sigma/\sigma)/\ln(\dot{\varepsilon}_2/\dot{\varepsilon}_1)$$

正的 m 值有增大材料变形抵抗力的作用。一般材料在室温下的 m 值都很小(小于0.05),因此对变形抵抗力的影响不大,可以忽略不计。例如某材料的 m 值为 0.043,应变率增大 10 倍,变形抵抗力大约只增加 10%。

但值得注意的是:在板料成形中,m 值对应变均化的重要作用。特别是在拉伸失稳以后,其作用更明显。

从金属物理角度看来,应变率增加,要求加速克服位错移动时的短程阻力(来自杂质原子、晶格摩擦、位错林等),结果使变形抵抗力增加。虽然这种强化并不储存于金属内部,但对应变均化的影响却比 n 值更为显著,因为它是通过应变所需的时间而不是通过应变本身起作用的。单向拉伸加载失稳以后,由于变形区的应变率分布不均,变形抵抗力各处不等,变形薄弱环节不断转移,变形在亚稳定状态下得以持续发展,形成分散性颈缩,直至产生集中性沟槽而拉断。图 4.13 所示为不同 m 值材料的拉伸假象应力曲线,图 4.13 中曲线表明了加载失稳 (箭头所示位置) 以后, m 值的大小对继续变形的作用。例如,低碳钢 $m = 0.012$, 而其 $n = 0.23$,这样小的 m 值却在延伸中维持了大约 40% 的总变形量。

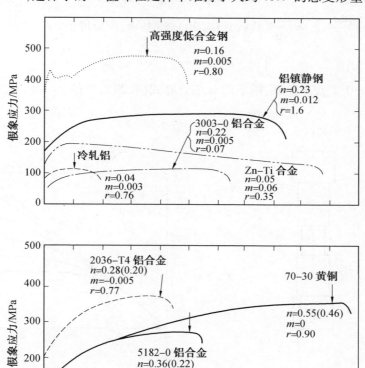

图 4.13　不同 m 值材料的拉伸假象应力曲线

我们还可用 M - K 理论,从宏观力学的角度,对 m 值在应变均化中的作用做以讨论。

假定单向拉伸试件原始不均度为 f_0,薄弱环节的原始剖面面积为 A_{b0},其余剖面面积为 A_{a0}, $f_0 = A_{b0}/A_{a0}$,如图 4.14 所示。

如果材料的本构关系为

$$\sigma_r = c\varepsilon_i^n \dot{\varepsilon}_i^m \qquad (4.27)$$

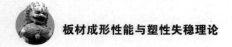

对于 a 区：$A_a = A_{a0}e^{-\varepsilon_a}$，$\sigma_i = \sigma_a$，$\varepsilon_i = \varepsilon_a$，$\dot{\varepsilon}_i = \dot{\varepsilon}_a$

对于 b 区：$A_b = A_{b0}e^{-\varepsilon_b}$，$\sigma_i = \sigma_b$，$\varepsilon_i = \varepsilon_b$，$\dot{\varepsilon}_i = \dot{\varepsilon}_b$

将以上关系代入平衡条件 $A_a\sigma_a = A_b\sigma_b$，得

$$A_{a0}e^{-\varepsilon_a}\varepsilon_a^n\dot{\varepsilon}_a^m = A_{b0}e^{-\varepsilon_b}\varepsilon_b^n\dot{\varepsilon}_b^m \qquad (4.28)$$

因 $\dot{\varepsilon}_a = \dfrac{d\varepsilon_a}{dt}$，$\dot{\varepsilon}_b = \dfrac{d\varepsilon_b}{dt}$，代入式(4.28)，消去 dt，积分可得

$$\int_0^{\varepsilon_a}e^{\frac{-\varepsilon_a}{m}}\varepsilon_a^{\frac{n}{m}}d\varepsilon_a = f_0^{\frac{1}{m}}\int_0^{\varepsilon_b}e^{\frac{-\varepsilon_b}{m}}\varepsilon_b^{\frac{n}{m}}d\varepsilon_b \qquad (4.29)$$

取 $n = 0.2$，$f_0 = 0.98$，用不同 m 值计算式(4.29)，可得 $\varepsilon_a - \varepsilon_b$ 的关系，如图 4.15 所示。

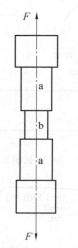

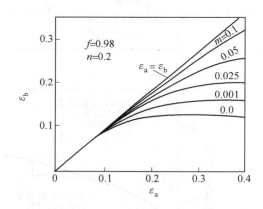

图 4.14　具有原始不均度的拉伸　　图 4.15　不同 m 值下 $\varepsilon_a - \varepsilon_b$ 的关系

　　　　　试件示意图

由图中曲线可见，m 值对沟槽内、外应变均化的作用是十分明显的：m 值越大，ε_b 越近于 ε_a。

一般而言，m 值取决于金属的晶粒大小，变形温度与应变率。当晶粒均匀细小(直径小于 3 μm)，变形温度 $T = 0.4T_M$(T 为绝对温度，T_M 为熔点绝对温度)，应变率在 10^{-2}/s 以下时 m 值可达 0.5 以上。这种条件下，稳定的变形可达 1 000% ~2 000%，称为超塑性。

4. 双向等拉试验

取得双向等拉状态($m = \rho = l$)的试验方法有两种：液压胀形与平底凸模局部成形。前者为曲面内拉伸(Curve stretching，Stretching out of plane)，后者为平面内拉伸(Stretching in plane)。分别介绍如下。

（1）液压胀形试验。

液压胀形时,变形区各点应力－应变状态不同,从顶点的双向等拉状态变为凹模边沿的近似平面应变状态（ρ 从 1 变为 0）。因此变形区存在明显的应变梯度。

液压胀形试验的作用:测定板料在双向等拉下的应力－应变关系和评估板料的成形性能。

① 应力－应变关系的测试。利用液压胀形测定板料双向等拉时实际应力曲线 $\sigma_i = f(\varepsilon_i)$ 的原理,这里就试验方法与试验结果进行讲述。

胀形顶点的应力、应变强度 σ_i、ε_i 分别为

$$\sigma_i = \frac{pR}{2t} \tag{4.30}$$

$$\varepsilon_i = 2\varepsilon_\theta = 2\ln\frac{r}{r_\theta} \tag{4.31}$$

试验时利用压力传感器、曲率计、引伸计连续测出液压压力 p、拱曲位移 h、标距 r 的变化,通过微机进行数据处理即可直接取得 $\sigma_i = f(\varepsilon_i)$ 曲线,这种自动测试系统如图 4.16 所示。

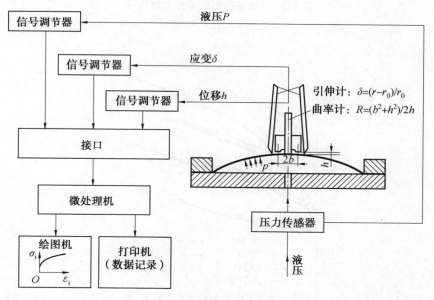

图 4.16 液压胀形流动应力曲线自动测试系统

北京航空航天大学研制的 BHB－80 液压胀形试验机具有以上功能。利用 BHB－80 液压胀形试验机测试所得的试验结果如图 4.17 与图 4.18 所示。

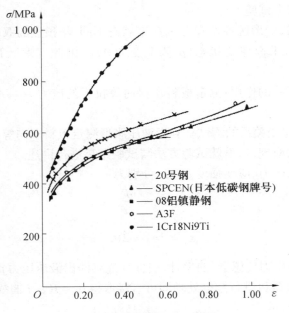

图 4.17　液压胀形流动应力曲线　Ⅰ

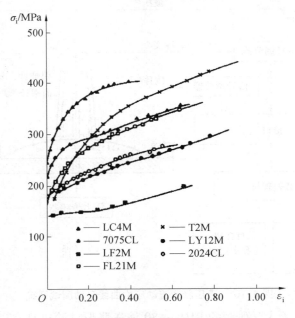

图 4.18　液压胀形流动应力曲线　Ⅱ

②　成形性能评估。胀形过程中,板料变形区由"扁"变"尖",在载荷失稳附近为一球形。变形区的几何参数包括曲率半径 R、胀形高度 H 和表面面积 S。究

竟在什么变形时刻,以什么作为指标来评估板料在以拉为主的变形方式下的成形性能,从来就是学者们研究的对象。试验表明,上述三个参数都与模具几何尺寸有关,即使取相对值也难完全排除尺寸效应的影响。因此都不适于用作评估指标。此外,试验还表明:变形时加载失稳($d_p = 0$)与变形失稳之间并无明显的对应关系,有不少材料在胀形过程中甚至没有载荷最大值 p_{max} 或明显的 p_{max} 点,变形失稳中分散性失稳表现也不明显。试件破裂以后,颈缩(沟槽)区很窄。因此,可以用破裂后裂口附近(沟槽之外)的厚度应变 ε_{tf} 作为评估板料成形性能的指标。表 4.5 所列为 12 种板料的试验数据 ε_{tf} 和成形性能的排列顺序。

表 4.5　12 种板料的试验数据 ε_{tf} 和成形性能

序号	1	2	3	4	5	6	7	8	9	10	11	12
材料	T2M	1Cr18 Ni9Ti	SPCEN	0.8Al	2024 CL	LF21M	7075M	20*	LY12M	A3F	LF2M	LC4M
ε_{tf}	0.985	0.945	0.930	0.900	0.885	0.875	0.740	0.710	0.665	0.625	0.515	0.405

（2）平底凸模局部成形试验（图 4.19）。

将试件 2 与带孔传动垫板 3 压紧于凹模 4 与压边圈 5 之间,凸模 1 压入,传动垫板孔扩大,垫板与试件底部相对运动,利用垫板与试件之间的摩擦,使试件底部得到很大的变形,出现沟槽乃至裂纹,这样可以避免试件在凸模圆角危险断面处裂开。

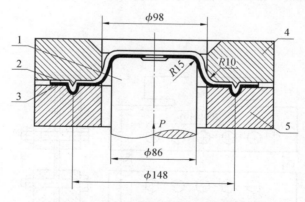

图 4.19　平底凸模局部成形试验模具装置
1— 凸模；2— 试件；3— 带孔传动垫板；4— 凹模；5— 压边圈

平底凸模局部成形不同宽度的板料,可以取得从双向等拉($\rho = m = l$)到各种以拉为主的变形方式下的平面内拉伸,可以避免液压胀形的曲面弯曲效应和应变梯度的影响,加载历史(应变路径)可以保持线性,试验数据比较稳定。但是利用这种试验方法只能取得应变的极限值,不能确定材料的应力 – 应变关系。

5. 平面应变拉伸试验

板料成形时,传力区的抗拉强度对于评估其成形性能有重要作用。传力区大多处于平面应变状态,如果材料符合希尔厚向异性板屈服准则,其抗拉强度可以推得为

$$\sigma_{max} = \frac{1+r}{\sqrt{1+2r}} \sigma_j \qquad (4.32)$$

但是,对于符合或不完全符合希尔准则的材料,仍按此式估算难免产生误差。由于平面应变拉伸是介于单向拉伸和双向等拉之间,所以日本吉田清太等入建议利用 X 值作为评定板料成形性能的指标,并取代 r 值:

$$X = \frac{(\sigma_i)_{m=1}}{(\sigma_i)_{m=0}} \qquad (4.33)$$

即同一变形程度下,双向等拉与单拉变形抵抗力的比值。如果材料的应力 – 应变关系符合幂次式 $\sigma_i = K\varepsilon_i^n \varepsilon_\theta$,试验表明不同材料的 X 值与 K 值较之与 n 值、r 值有更好的相关性。模拟试验还表明,除碳钢外,大部分材料(包括铝及其合金、不锈钢、钛等)的拉深性能 K 值较之与 r 值具有更好的相关性。平面拉应变试验,不必考虑材料的屈服性质,可以直接与板料成形时的传力区抗拉强度建立关系,更有利于用作评估板料成形性能的指标。

图 4.20 所示为平面拉应变试验所用的夹具。试件尺寸取为 200 mm × 120 mm 与 140 mm × 120 mm,拉伸变形区宽约 20 mm,试验夹具装于万能材料试验机上。

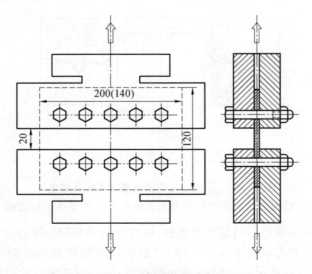

图 4.20　平面拉应变试验夹具装置

宽板拉伸时,板边沿为自由边,宽向没有材料的牵制,$\varepsilon_{mi} < 0$,处于单向拉伸应力状态。中心点受材料的牵制最大,$\varepsilon_{mi} \to 0$,基本上处于平面应变状态,此处即为破裂的始点。而从边沿到中心,随着牵制作用的加强,应力状态由单向拉伸逐渐趋于平面应变,应变比值 ρ 在小于零和等于零之间变化。这种变化规律因试件宽度不同而异。

图 4.21 所示为不同宽度试件 ρ 值的变化规律。由图可见:试件宽度为140 mm 时,中心点开始趋于平面应变。试件越宽处于平面应变状态的区间越大(曲线的平段越宽),而且各种宽度的试件,其 ρ 值的变化梯度基本相同。假定应力的分布规律与应变的分布规律基本一致,则平面应变时的抗拉强度(假象应力)$(\sigma_b)_{\rho=0}$ 可按下式近似确定:

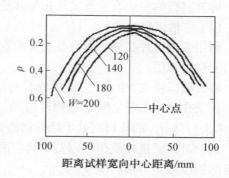

图 4.21   不同宽度试件 ρ 值的变化规律

$$(\sigma_b)_{\rho=0} = 1.1 \frac{\Delta P_{max}}{\Delta A} \tag{4.34}$$

式中 ΔP_{max}——200 mm 宽试件与 140 mm 宽试件最大载荷之差值;

ΔA—— 两试件面积的差值;

1.1—— 考虑试件非纯粹平面应变所增加的修正系数。

平面应变拉伸的另一个重要数据为试件中心点(或附近)破裂前的变形程度 $(\varepsilon_{ma})_f$ 可以用作评估板料延性的指标。此数据可用网格法试验确定。

6. 纯剪试验

纯剪试验的目的如下:

(1)确定在此特殊应力状态下材料的应力 – 应变关系 $\sigma_i = f(\varepsilon_i)$,以便与其他试验方法(不同应力状态下)取得的结果进行比较,推动塑性理论的发展。

(2)测定材料破裂前的有效应变 $(\varepsilon_i)_f$ 作为评估材料的延性指标。因为利用单拉、双向等拉直接测量破裂前的板厚应变作为评估板料延性的指标比较困难而且不易量准,对于薄板,误差尤大,如量取板面的极限应变 $(\varepsilon_i)_f$ 作为评估指标,又不易排除沟槽的影响。

(3)确定希尔厚向异性板新屈服准则中的材料参数 m 值。

原则上说,只要知道某一特殊应力状态下材料屈服时的板面两主应力,就可确定 m 值。液压胀形试验中,开始屈服阶段,板料拱曲很小,曲率半径很大,难以

准确测定屈服应力。纯剪中,屈服应力较易确定,$\sigma_1 = -\sigma_2 = \tau_s$,所以

$$m = \frac{\ln\left[\dfrac{2(1+r)}{1+2r}\right]}{\ln\left(\dfrac{2\tau_s}{\sigma_s}\right)} \qquad (4.35)$$

纯剪试验的方法有带槽试件拉伸和板面内扭转。

(1)带槽试件拉伸。

利用带槽试件拉伸可以取得板面内变形区的纯剪变形。图 4.22 所示为试件剪切变形示意图。

将带槽试件左、中、右三板条分开夹持在拉伸夹具中,拉伸时夹具可以保证中间板条在两侧板条之间平行相对错动。由于两侧的转动受到夹具约束,变形区(未夹持部分)的板料就处于纯剪状态,保证了较大范围内的稳定变形。

试验时记录拉伸载荷 P 以及中间与两侧板条之间的相对位移量 Δ,即可求得相应的切应力 τ 与切应变 γ。

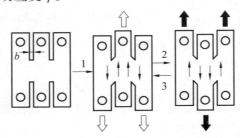

图 4.22　带槽试件拉伸剪切变形示意图

$$\tau = \frac{P}{2A}, \quad \gamma = \tan\frac{\Delta}{b} \qquad (4.36)$$

式中　　A——承剪面积,等于剪切区长度 l 与板厚 t 的乘积,$A = lt$;

　　　　b——剪切区宽度(图 4.22)。

纯剪时的应力强度 σ_i 与应变强度 ε_i 为

$$\sigma_i = \sqrt{3}\,\tau, \quad \varepsilon_i = \frac{1}{\sqrt{3}}\gamma \qquad (4.37)$$

经过换算即可求得一般性实际应力曲线。

拉伸过程中,拉力 P 始终上升,没有加载失稳,直至试件破裂(有的材料因角部应力集中而撕裂),而破裂前的有效应变 $(\varepsilon_i)_f$ 为

$$\frac{1}{\sqrt{3}}\gamma_f = \frac{1}{\sqrt{3}}\tan\frac{\Delta_{max}}{b} \qquad (4.38)$$

利用纯剪还易于试验板料的反载软化性质(图 4.22)。

（2）板面内扭转试验（Marciniak 扭转试验）。

将试件的内、外边沿牢牢夹紧在一专用夹具中，使平板变形区为一环板，夹具使试件内、外边缘相对转动，于是，试件变形区在板面内受扭，处于纯剪状态，如图 4.23 所示。

设扭转前试件上有一径向线 $\overline{OAC}$，如图 4.24 所示，扭转后某一瞬间 $\overline{AC}$ 变为 $\overparen{AC}$。B 为 $\overparen{AC}$ 上的任意点，半径为 r，如果此时之扭矩为 M，则 B 点的切应力 τ 为

$$\tau = \frac{M}{2\pi r^2 t} \qquad (4.39)$$

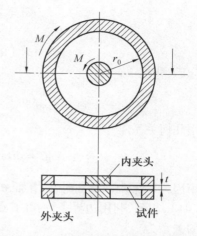

图 4.23　板面内扭转试验原理示意图

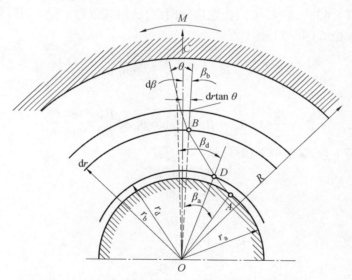

图 4.24　板面内扭转试验试样受力分析图

而 B 点之剪切变形 γ 为

$$\gamma = \tan\theta \qquad (4.40)$$

式中　θ——径向线 $\overline{OB}$ 与 $\overparen{AC}$ 上 B 点切线的夹角。

确定变形过程中的 $\tau - \gamma$ 值，即可求得材料的一般性实际应力曲线。

假定材料切应力与切应变之关系符合幂次式

$$\tau = C(\tan\theta)^n \qquad (4.41)$$

则因

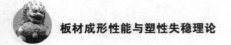

$$M = 2\pi r^2 t\tau = \text{常数} \tag{4.42}$$

或

$$r^2 (\tan \theta)^n = \text{常数} \tag{4.43}$$

微分后,化简

$$\frac{\mathrm{d}r}{r}\tan \theta + \frac{n}{2}\mathrm{d}(\tan \theta) = 0 \tag{4.44}$$

利用几何关系

$$- r\mathrm{d}\beta = \mathrm{d}r\tan \theta, \quad \mathrm{d}\beta = -\frac{\mathrm{d}r}{r}\tan \theta \tag{4.45}$$

式中因为 r 沿 $\overset{\frown}{AC}$ 增加时,β 增加,θ 反而减小,故加一负号。将式(4.45)代入式(4.44),积分,利用边界条件:在 C 点,$\theta = 0$,$\tan \theta = 0$,$\beta = 0$,可以求得 β 角与切应变的关系为

$$\beta = \frac{n}{2\tan \theta} \tag{4.46}$$

通过式(4.43)、式(4.46),任意选择两点,已知其位置半径 r 与转角 β 后,即可确定 n 值,由式(4.43)有

$$r_\mathrm{b}^2 (\tan \theta_\mathrm{b})^n = r_\mathrm{d}^2 (\tan \theta_\mathrm{d})^n, \text{或} \frac{\tan \theta_\mathrm{d}}{\tan \theta_\mathrm{b}} = \left(\frac{r_\mathrm{b}}{r_\mathrm{d}}\right)^{\frac{2}{n}} \tag{4.47}$$

由式(4.46)有

$$\beta_\mathrm{d} = \frac{n}{2}\tan \theta_\mathrm{d}, \quad \beta_\mathrm{b} = \frac{n}{2}\tan \theta_\mathrm{b}, \text{或} \frac{\beta_\mathrm{d}}{\beta_\mathrm{b}} = \frac{\tan \theta_\mathrm{d}}{\tan \theta_\mathrm{b}} \tag{4.48}$$

式(4.47)与式(4.48)相等,故

$$\frac{\beta_\mathrm{d}}{\beta_\mathrm{b}} = \left(\frac{r_\mathrm{b}}{r_\mathrm{d}}\right)^{\frac{2}{n}} \tag{4.49}$$

$$n = \frac{2\ln \frac{r_\mathrm{b}}{r_\mathrm{d}}}{\ln \frac{\beta_\mathrm{d}}{\beta_\mathrm{b}}} \tag{4.50}$$

试件的内边沿切应变最大,假定此处之半径为 r_a,则由式(4.47)用 r_a 取代 r_d,利用式(4.46),可得此处的切应变 $\tan \theta_\mathrm{a}$ 为

$$\tan \theta_\mathrm{a} = \tan \theta_\mathrm{b} \left(\frac{r_\mathrm{b}}{r_\mathrm{a}}\right)^{\frac{2}{n}} = \frac{2}{n}\beta_\mathrm{b} \left(\frac{r_\mathrm{b}}{r_\mathrm{a}}\right)^{\frac{2}{n}} \tag{4.51}$$

r_a 处切应变最大,此处最先破裂,所以破裂时的切应变 $(\tan \theta)_\mathrm{f}$ 为

$$(\tan \theta)_\mathrm{f} = \frac{2}{n}\beta_\mathrm{bf} \left(\frac{r_\mathrm{b}}{r_\mathrm{a}}\right)^{\frac{2}{n}} \tag{4.52}$$

式中　β_bf——r_a 处破裂时,B 处的 β 值(圆心角转角)。

相应的应变强度 $(\varepsilon_i)_f$ 为

$$(\varepsilon_i)_f = \frac{1}{\sqrt{3}}(\tan\theta_f) = \frac{2}{\sqrt{3}\,n}\beta_{bf}\left(\frac{r_b}{r_a}\right)^{\frac{2}{3}} \tag{4.53}$$

平面内扭转专用夹具,用液压夹紧试件,并装有圆心转角测量盘与扭矩测量装置。

7. 方板对角拉伸试验

近年来,吉田清太(Yoshida) 提出的,用以评估板料在非均匀拉伸下抗皱能力的试验(Yoshida Buckling Test,YBT) 得到了广泛的重视。

对角拉伸试件中部因受压失稳而皱曲,可用应力流线的挠曲定性地解释,如图 4.25(a) 所示。试验时,将 100 mm × 100 mm 的方板试件沿对角方向施加拉力,夹持宽度为 40 mm,如图 4.25(b) 所示。拉伸过程中,记录载荷、拉伸量与拱曲高度,如图 4.26 所示。试件拉伸变形,通常以中部标距 75 mm 内的拉应变 λ_{75} 准。以加载 – 拱曲曲线(图 4.26(a))和临界点 B 时的应变 $(\lambda_{75})_{cr}$ 与 $\lambda_{75}=1\%$ 时中心跨度 $b=25$ mm 内的拱曲高度 h 值(图 4.26(b))作为抗皱性的评估指标。

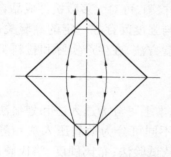
(a) 单向对角拉伸应力流线

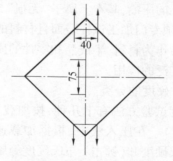
(b) 单向对角拉伸试验样品参数

图 4.25　方板对角拉伸试验

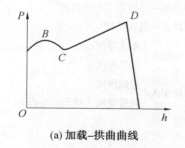
(a) 加载–拱曲曲线

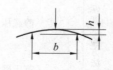
(b) 拱曲高度 h 值

图 4.26　方板对角拉伸试验记录

4.2.2　硬度试验

1. 硬度的概念与分类

（1）硬度的概念。

硬度是衡量材料软硬程度的一种力学性能指标,其定义为在给定的载荷条件下,材料对形成表面压痕(刻痕)的抵抗能力。材料的硬度试验方法与静拉伸试验一样,在工业生产及材料研究中的应用极为广泛。但硬度只是一种技术指标,并不是一个确定的力学性能指标,其物理意义随硬度试验方法的不同而不同。例如,压入法的硬度值是材料表面抵抗另一物体局部压入时所引起的塑性变形能力;划痕法的硬度值表征材料表面对局部切断破坏的抗力。因此一般可以认为,硬度是指材料表面上较小体积内抵抗变形或破裂的能力。

压力法硬度试验的应力状态最"软",即最大切应力远大于最大正应力。所以,在此应力状态下几乎所有材料都会产生塑性变形。

硬度试验所用设备简单,操作方便快捷;硬度试验仅在材料表面局部区域内造成很小的压痕,基本上属于"无损"或微损检测,可对大多数机件成品直接进行检验,无须专门加工试样。而且材料的硬度与强度间存在一定的经验关系,因而硬度试验作为材料、半成品和零件的质量检验方法,在生产实际和材料工艺研究中得到广泛的应用。

（2）硬度的分类。

硬度试验方法有十几种,按加载方式基本上可分为压入法和划痕法两大类(图4.27)。在压入法中,根据加载速率的不同可分为动载压入法和静载压入法。肖氏硬度和(锤击)布氏硬度等属于动载试验法;布氏硬度、洛氏硬度、维氏硬度和显微硬度等属于静载压入法。划痕法包括莫氏硬度顺序法和锉刀法等,如图4.27所示。

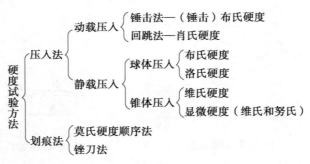

图4.27　硬度试验方法分类

生产中应用最多的是压入法型硬度。

本节将重点介绍布氏硬度、洛氏硬度、维氏硬度测定的原理和方法,同时介绍显微硬度、肖氏硬度、莫氏硬度的测定方法及常见材料的硬度,以便能根据材料的种类和生产实际的需要,采用合适的方法测定材料的硬度。

2. 布氏硬度(Brinell Hardness)

(1)布氏硬度试验的基本原理。

布氏硬度试验是 1900 年由瑞典工程师 J. B. Brinell 提出的,是应用最久、最广泛的压入法硬度试验之一。布氏硬度的测定原理是:用一定大小的载荷 $F(\text{N})$,将直径为 $D(\text{mm})$ 的淬火钢球或硬质合金球压入试样表面(图 4.28(a)),保持规定的时间后卸除载荷,于是在试样表面留下压痕(图 4.28b)),测量试样表面残留压痕的直径 d,计算出压痕的表面积 A,将单位压痕面积承受的平均压力定义为布氏硬度,用符号 HB 表示。HB 计算如下:

$$HB = \frac{F}{A} = \frac{F}{\pi Dh} = \frac{2F}{\pi D(D - \sqrt{D^2 - d^2})} \qquad (4.54)$$

式中　　h—— 压痕凹陷的深度;

　　　　πDh—— 压痕的表面积。

布氏硬度的单位为 MPa,式(4.54)的右端应乘以 0.102,但一般不标注单位。

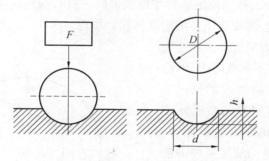

(a)压头压入试样表面　　(b)卸载后测试压痕直径 d

图 4.28　布氏硬度试验的原理图

由式(4.54)可知,当压力和压头直径一定时,压痕直径越大,则布氏硬度越低,即材料的变形抗力越小;反之,布氏硬度值越高,材料的变形抗力越高。

压头材料不同,表示布氏硬度值的符号也不同。当压头为硬质合金球时,用符号 HBW 表示,适用于测量布氏硬度值为 450 ~ 650 的材料;当压头为淬火钢球时,用符号 HBS 表示,适用于测量布氏硬度值低于 450 的材料。

布氏硬度值的表示方法,一般记为"数字 + 硬度符号(HBW 或 HBS) + 数字 / 数字 / 数字"的形式,符号前面的数字为硬度值,符号后面的数字依次表示钢球直径、载荷大小及载荷保持时间等试验条件。例如,当用 10 mm 淬火钢球,在 30 000 N 载荷作用下保持 30 s 时测得的硬度值为 280,则记为 280HBS10/3 000/30。当保持时间为 10 ~ 15 s 时可不标注。又如 500HBWS/750 表示用直径为 5 mm 的硬质合金球,在 7 500 N 载荷作用下,保持 10 ~ 15 s 测得的布氏硬度为 500。

(2)布氏硬度试验规程。

布氏硬度试验的基本条件是载荷 F 和压头直径 D 必须事先确定,只有这样,所得的数据才能进行相互比较。但由于材料有硬有软,所测试样有厚有薄,如果只采用一个标准的载荷 F(如 30 000 N)和压头直径 D(如 10 mm)时,则对于硬的合金(如钢)虽然适合,但对于软的合金(如铅、锡)就不适合了,此时整个钢球都会陷入材料中。同样,这个载荷和压头直径对厚的工件虽然适合,但对于薄的工件(如厚度小于 2 mm)就不适合了,这时工件就有可能被压透。

此外,压痕直径 d 和压头直径 D 的比值也不能太大或太小,否则所测得的 HB 值就会失真。只有二者的比值在一定范围($0.24D < d < 0.60D$)内时,才能得到可靠的数据。因此,在进行布氏硬度试验时,就要求采用不同的载荷 F 和压头直径 D 的搭配。然而要考虑一个问题:如果采用不同的 F 和 D 搭配进行试验时,对 F 和 D 应该采取什么样的规定条件才能保证同一材料得到同样的布氏硬度值。为了解决这个问题,需要运用压痕形状的相似原理。

图 4.29 所示为用两个不同直径的压头 D_1 和 D_2 在不同载荷 F_1 和 F_2 的作用下,压入试样表面的情况。由图可知,要得到相等的布氏硬度值,就必须使二者的压入角 φ 相等,这就是确定 F 和 D 的规定条件的依据。如图 4.29 所示,φ 和 d 的关系是

$d = D\sin\dfrac{\varphi}{2}$,代入式(4.54)后得

$$\mathrm{HB} = \frac{F}{D^2}\,\frac{2}{\pi\left(1 - \sqrt{1 - \sin^2\dfrac{\varphi}{2}}\right)}$$

$$(4.55)$$

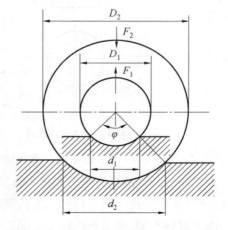

图 4.29　压痕几何相似示意图

由式(4.55)可知,要保证所得压入角 φ 相等,必须使 F/D^2 为一常数,只有这样,才能保证对同一材料得到相同的 HB 值。这就是对 F 和 D 必须规定的条件。生产上常用的 F/D^2 值规定有30、15、10、5、2.5、1.25 和 1 七种,根据材料种类不同和布氏硬度的范围而分别采用,见表4.6和表4.7。

表4.6　不同条件下的试验力

硬度符号	硬质合金球直径 D/mm	试验力 – 球直径平方的比率 $0.102 \times F/D^2/(\mathrm{N \cdot mm^{-2}})$	试验力的标准称值 F
HBW10/3000	10	30	29.42 kN
HBW10/1500	10	15	14.71 kN
HBW10/1000	10	10	9.807 kN
HBW10/500	10	5	4.903 kN
HBW10/250	10	2.5	2.452 kN
HBW10/100	10	1	980.7 N
HBW5/750	5	30	7.355 kN
HBW5/250	5	10	2.452 kN
HBW5/125	5	5	1.226 kN
HBW5/62.5	5	2.5	612.9 kN
HBW5/25	5	1	245.2 kN
HBW2.5/187.5	2.5	30	1.839 kN
HBW2.5/62.5	2.5	10	612.9 kN
HBW2.5/31.25	2.5	5	306.5 kN
HBW2.5/15.625	2.5	2.5	153.2 kN
HBW2.5/6.25	2.5	1	61.29 kN
HBW1/30	1	30	294.2 kN
HBW1/10	1	10	98.07 kN
HBW1/5	1	5	49.03 kN
HBW1/2.5	1	2.5	24.52 kN
HBW1/1	1	1	9.807 kN

表 4.7　不同材料的试验力－压头直径平方的比率

材料	布氏硬度 HBW	试验力－球直径平方的比率 $0.102 \times F/D^2 (\text{N} \cdot \text{mm}^{-2})$
钢、镍基合金、钛合金		30
铸铁[a]	< 140	10
	≥ 140	30
铜和铜合金	< 35	5
	35 ~ 200	10
	> 200	30
轻金属及其合金	< 35	2.5
	35 ~ 80	5
		10
		15
	> 80	10
		15
铅、锡		1

注 a:对于铸铁试验,压去的名义直径应为 2.5 mm、5 mm 或 10 mm。

布氏硬度试验前,应根据试件的厚度选定压头直径。试件的厚度应大于压痕深度的 10 倍。在试件厚度足够时,应尽可能选用 10 mm 直径的压头。然后再根据材料及其硬度范围,参照表 4.7 选择 F/D^2 值,从而计算出试验需用的压力 F。应当指出,压痕直径 d 应在 $0.24D < d < 0.60D$ 范围内,所测硬度方为有效;若 D 值超出上述范围,则应另选 F/D^2 值,再次试验。

在布氏硬度测试过程中,对压力作用下的保持时间也有规定:黑色金属应为 10 s,有色金属为 30 s,HB < 35 的材料为 60 s。这是因为测定较软材料的硬度时,会产生较大的塑性变形,因而需要较长的保持时间。但也不能保持得太长,如铅、锡等在室温下即有显著冷蠕变现象,变形会随着时间的延长而一直增大。所以要得到比较可靠的数据,必须对载荷的保持时间做出恰当规定。布氏硬度试验方法和技术条件在国标 GB/T 231.1—2018《金属材料　布氏硬度试验　第 1 部分:试验方法》中有明确的规定。

（3）布氏硬度试验的优缺点和适用范围。

由于测定布氏硬度时采用较大直径的压头和压力,因而压痕面积大,能反映出较大体积范围内材料各组成相的综合平均性能,而不受个别相和微区不均匀性的影响,故布氏硬度特别适宜于测定灰铸铁、轴承合金等具有粗大晶粒或粗大组成相的材料硬度。其试验数据稳定,分散性小,重复性好。

另外,试验证明,在一定的条件下,布氏硬度与抗拉强度 σ_b 存在如下的经验关系:

$$\sigma_b = k\,HB$$

式中　k——经验常数,随材料不同而异。

表 4.8 列出了常见金属材料的抗拉强度 σ_b(MPa) 与 HB(MPa) 的比例常数。因此,只要测定了布氏硬度,便可估算出材料的抗拉强度。

表 4.8　金属材料不同状态下 HB 与 σ_b 的关系表

材料	HB 范围	σ_b/HB	材料	HB 范围	σ_b/HB
退火、正火碳钢	125 ~ 175	3.4	退火黄铜及黄铜	—	5.5
	> 175	3.6	加工青铜及黄铜	—	4.0
淬火碳钢	< 250	3.4	冷加工青铜	—	3.6
淬火合金铜	240 ~ 250	3.3	软铝	—	4.1
常用镍铬钢	—	3.5	硬铝	—	3.7
锻轧钢材	—	3.6	其他铝合金	—	3.3
锌合金	—	0.9			

由于测定布氏硬度时压痕较大,故不宜在零件表面上测定布氏硬度,也不能测定薄壁件或表面硬化层的布氏硬度。其次,布氏硬度因需测量压痕直径的 d 值,操作和测量都需较长时间,故在要求迅速检定大量成品时需要耗费大量的人力。当前正在研究布氏硬度测定的自动化,以提高测量精度和效率。此外,在试验前需要根据材料的厚度和软硬程度,反复试验更换压头的直径和所需的载荷。

当使用淬火钢球作为压头时,只能用于测定 HB < 450 的材料的硬度;使用硬质合金球作为压头时,测定的硬度可达 HB650。但当 HB > 450 时,以测定材料的洛氏硬度为宜。因为测定硬材料的布氏硬度时,可能会因所加载荷过大而损坏压头。

与布氏硬度的试验原理一样,如将压痕的表面积改用压痕的投影面积,则可得到 Meyer 硬度值 HM,即 $HM = \dfrac{4F}{\pi d^2}$。

对于不会发生加工硬化的延性材料,可以证明 HM 约等于 $3\sigma_s$,其中 σ_s 为单轴屈服强度,HM 和 σ_s 的单位均用 MPa。材料的硬度值大于其屈服强度,是因为在压痕形成之前压头下方的所有材料都必须发生屈服。

3. 洛氏硬度(Rockwell hardness)

鉴于布氏硬度存在以上缺点,1919 年美国的 SP Rockwell 和 M Rockwell 提出了直接用压痕深度大小作为标志硬度值高低的洛氏硬度试验。洛氏硬度也是目前最常用的硬度试验方法之一。

(1)洛氏硬度的试验原理和方法。

洛氏硬度是以一定的压力将压头压入试样表面,以残留于表面的压痕深度来表示材料的硬度。测定洛氏硬度的原理和过程如图 4.30 所示。

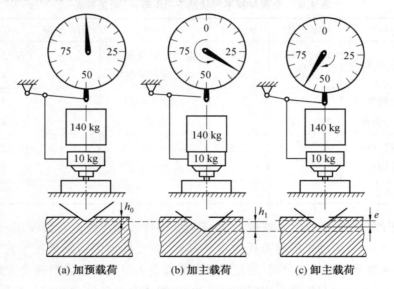

(a) 加预载荷   (b) 加主载荷   (c) 卸主载荷

图 4.30　洛氏硬度试验的原理与测试过程示意图

洛氏硬度的压头有两种,一种是由顶角为 120° 的金刚石圆锥体制成,适于测定淬火钢材等较硬的材料;另一种是直径为 1/16 in(1.5875 mm) ~ 1/2 in(12.70 mm)的钢球,适于测定退火钢、有色金属等较软材料的硬度。测洛氏硬度时,先加 100 N 的预压力,然后再施加主压力,所加总压力的大小,视被测材料的软硬程度而定。采用不同的压头并施加不同的压力,可组成 15 种不同的洛氏硬度标尺,见表 4.9。生产上常用的有 A、B 和 C 三种标尺,其中又以 C 标尺用得最普遍。用这三种标尺的硬度,分别记为 HRA、HRB 和 HRC。

表 4.9　洛氏硬度标尺

洛氏硬度标尺	硬度符号单位	压头类型	初试验力 F_0	总试验力 F	标尺常数 S	全量程常数 N	适用范围
A	HRA	金刚石圆锥	98.07 N	588.4 N	0.002 mm	100	HRA20 ~ HRA95
B	HRBW	直径 1.587 5 mm 球	98.07 N	980.7 N	0.002 mm	130	HRBW10 ~ HRBW100
C	HRC	金刚石圆锥	98.07 N	1.471 kN	0.002 mm	100	HRC20[a] ~ HRC70
D	HRD	金刚石圆锥	98.07 N	980.7 N	0.002 mm	100	HRD40 ~ HRD77
E	HREW	直径 3.175 mm 球	98.07 N	980.7 N	0.002 mm	130	HREW70 ~ HREW100
F	HRFW	直径 1.587 5 mm 球	98.07 N	588.4 N	0.002 mm	130	HRFW60 ~ HRFW100
G	HRGW	直径 1.587 5 mm 球	98.07 N	1.471 kN	0.002 mm	130	HRGW30 ~ HRGW94
H	HRHW	直径 3.175 mm 球	98.07 N	588.4 N	0.002 mm	130	HRHW80 ~ HRHW100
K	HRKW	直径 3.175 mm 球	98.07 N	1.471 kN	0.002 mm	130	HRKW40 ~ HRKW100

注 a：当金刚石圆锥表面和顶端球面是经过抛光的，且抛光至沿金刚石圆锥轴向距离尖端至少 0.4 mm，试验适用范围可延伸至 HRC10。

测定 HRC 时，采用金刚石压头，先加 100 N 预载，压入材料表面的深度为 h_0，此时表盘上的指针指向零点（图 4.30（a））。然后再加上 1 400 N 的主载荷，压头压入表面的深度为 h_1，表盘上的指针逆时针方向转到相应的刻度（图 4.30（b））。在主载荷的作用下，材料表面的变形包括弹性变形和塑性变形两部分，卸除主载荷后，表面变形中的弹性部分将回复，压头将回升一段距离，即 $(h_1 - e)$，表盘上的指针将相应地回转（图 4.30（c））。最后，在试件表面留下的残余压痕深度为 e。人为地规定，当 $e = 0.2$ mm 时，HRC = 100；压痕深度每增加 0.002 mm，HRC 降低 1 个单位。于是有

$$HRC = (0.2 - e)/0.002 = 100 - e/0.002 \tag{4.56}$$

这样的定义与人们的思维习惯相符合，即材料越硬，压痕的深度越小；反之，压痕深度大。按式（4.56），可以方便地表示 HRC 与压痕深度 e 之间的线性关系，并制成洛氏硬度读数表，装在洛氏硬度试验机上，在主载荷卸除后，即可由读数表直接读出 HRC 值。

测定 HRB 时，采用 1/16 in 的钢球做压头，主载荷为 900 N，测定方法与测定 HRC 相同，但 HRB 的定义方法略有不同，即

$$HRB = (0.26 - e)/0.002 = 130 - e/0.002 \tag{4.57}$$

总之，洛氏硬度可统一用下式来定义：

$$HRB = K - e/0.002 \tag{4.58}$$

式中　K——常数，采用金刚石圆锥体压头时为 100，采用钢球压头时为 130（表 4.9）。

由此不难理解,为什么 HRC 测定硬度值的有效范围为 20 ~ 70(相当于 HB = 230 ~ 700),HRB 的有效范围为 20 ~ 100(相当于 HB = 60 ~ 230),因为在上述有效范围以外,不是压头压入过浅,就是压头压入过深,都将使测得的硬度值不准确。

洛氏硬度测试时,试件表面应为平面。当在圆柱面或球面上测定洛氏硬度时,测得的硬度值比材料的真实硬度要低,故应加以修止。修正量 ΔHRC 可按下式计算:

$$\Delta HRC = 0.06(100 - HRC')^2/D \quad (对圆柱面) \tag{4.59}$$

$$\Delta HRC = 0.012(100 - HRC')^2/D \quad (对球面) \tag{4.60}$$

式中　　HRC'—— 在圆柱面或球面上测得的硬度;

　　　　D—— 圆柱体或球体的直径。

对于其他标尺的洛氏硬度,其修正量可在有关的文献中查到。洛氏硬度试验的技术规定可参阅 GB/T 230.1—2018《金属材料　洛氏硬度试验　第 1 部分:试验方法》。

(2) 洛氏硬度试验的优缺点。

洛氏硬度试验避免了布氏硬度试验所存在的缺点。它的优点:

① 因有硬质、软质两种压头,故适于各种不同硬质材料的检验,不存在压头变形问题;

② 因为硬度值可从硬度机的表盘上直接读出,故测定洛氏硬度更为简便迅速,工效高;

③ 对试件表面造成的损伤较小,可用于成品零件的质量检验;

④ 因加有预载荷,可以消除表面轻微的不平度对试验结果的影响。

洛氏硬度的缺点:

① 洛氏硬度存在人为的定义,使得不同标尺的洛氏硬度值无法相互比较,不像布氏硬度可以从小到大统一起来;

② 由于压痕小,所以洛氏硬度对材料组织的不均匀性很敏感,测试结果比较分散,重复性差,因而不适用具有粗大组成相(如灰铸铁中的石墨片)或不均匀组织材料的硬度测定。

但各种洛氏硬度之间、洛氏硬度与布氏硬度间存在一定的换算关系。对于钢铁材料,大致有下列的关系式:

$$HRC = 2HRA - 104 \tag{4.61}$$

$$HB = 10HRC \quad (HRC = 40 ~ 60) \tag{4.62}$$

$$HB = 2HRB \tag{4.63}$$

(3) 表面洛氏硬度。

上述标尺的洛氏硬度,因施加的压力大,不宜用于测定极薄的工件和表面硬化层,如氮化层及金属镀层等的硬度。为满足这些试件硬度测定的需要,发展了表面洛氏硬度试验。

　　它与普通洛氏硬度的不同之处:① 预载荷为 30 N,总载荷比较小,分别为 150 N、300 N 和 450 N;② 取 $e = 0.1$ mm 时的洛氏硬度为零,深度每增大 0.001 mm,表面洛氏硬度降低 1 个单位。表面洛氏硬度的表示方法,是在 HR 后面加注标尺符号,硬度值在 HR 之前。如45HR30N,表示用金刚石圆锥体压头,载荷为 300 N,测得的硬度为 45。表面洛氏硬度的标尺、试验规范及用途见表4.10。

表 4.10　表面洛氏硬度标尺

表面洛氏硬度标尺	硬度符号单位	压头类型	初试验力 F_0	总试验力 F	标尺常数 S	全量程常数 N	适用范围（表面洛氏硬度标尺）
15 N	HR15N	金刚石圆锥	29.42 N	147.1 N	0.001 mm	100	70HR15N ～ 94HR15N
30 N	HR30N	金刚石圆锥	29.42 N	294.2 N	0.001 mm	100	42HR30N ～ 86HR30N
45 N	HR45N	金刚石圆锥	29.42 N	441.3 N	0.001 mm	100	20HR45N ～ 77HR45N
15 T	HR15TW	直径 1.587 5 mm 球	29.42 N	147.1 N	0.001 mm	100	67HR15TW ～ 93HR15TW
30 T	HR30TW	直径 1.587 5 mm 球	29.42 N	294.2 N	0.001 mm	100	29HR30TW ～ 82HR30TW
45 T	HR45TW	直径 1.587 5 mm 球	29.42 N	441.3 N	0.001 mm	100	10HR45TW ～ 72HR45TW

　　(4) 洛氏硬度试验方法的选择。

　　① 与布氏硬度试验一样,洛氏硬度试验方法也可测定软硬不同及厚薄不一试样的硬度,但其所测硬度范围应在该方法所允许的范围内。如用洛氏硬度 C 标尺所测硬度范围应在 HRC20 ～ 67 之间;若材料硬度小于 HRC20,则应选用 B 标尺;若大于 HRC67,则应选用 A 标尺。对于较小较薄的试样,应选用表面洛氏硬度法试验。

　　② 从材料角度看,淬火后经不同温度回火的钢材、各种工模具钢及渗层厚度大于 0.5 mm 的渗碳层等较硬的材料,常采用洛氏硬度 C 标尺法;对于硬质合金之类的很硬材料,常采用洛氏硬度 A 标尺法;当零件或工模具的渗层较浅时(如氮化层、渗硼层),可选用表面洛氏硬度法。

4. 维氏硬度(fickers hardness)

　　维氏硬度试验法是 1925 年由英国人 Smith 和 Sandland 提出的。第一台按照此方法制作的硬度计是由英国的 fickers 公司研制成功的,于是称之为维氏硬度试验法。

　　(1) 维氏硬度的测定原理和方法。

　　维氏硬度的测定原理和布氏硬度相同,也是根据单位压痕单位面积上承受的载荷来计算硬度值。所不同的是维氏硬度采用锥面夹角为136°的四方金刚石角锥体压头。

采用四方角锥压头,是针对布氏硬度的载荷 F 和压头直径 D 之间必须遵循 F/D^2 为定值的这一制约关系的缺点而提出来的。采用了四方角锥压头,当载荷改变时压入角不变,因此载荷可以任意选择,这是维氏硬度试验最主要的特点,也是最大的优点。

四方角锥体之所以选取136°,是为了所测数据与 HB 值能得到最好的配合。因为一般布氏硬度试验时,压痕直径 d 多半在 $0.25D \sim 0.50D$ 之间,当 $d = (0.25D + 0.50D)/2 = 0.375D$ 时,通过此压痕直径作压头的切线,切线的夹角正好等于136°,如图4.31所示。所以通过维氏硬度试验所得到的硬度值和通过布氏硬度试验所得到的硬度值完全相等,这是维氏硬度试验的第二个特点。

此外,采用四方角锥后,压痕为一具有清晰轮廓的正方形。在测量压痕对角线长度 d 时误差小(图4.32),这比用布氏硬度测量圆形的压痕直径 d 要方便得多。另外采用金刚石压头可适用于试验任何硬质材料的硬度测量。

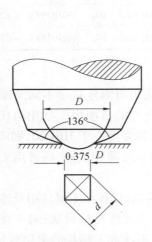

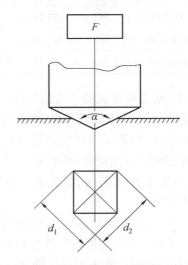

图4.31　维氏硬度四方金刚石角锥压头锥面夹角的确定

图4.32　维氏硬度测试原理图

测定维氏硬度时,也是以一定的压力将压头压入试样件表面,保持一定的时间后卸除压力,于是在试样表面留下压痕,如图4.32所示。测量压痕两对角线的长度后取平均值 d,由于压痕面积 $A = d^2/2\sin(136/2)° = d^2/1.854$,所以维氏硬度值可计算如下:

$$HV = F/A = 1.854P/d^2 \tag{4.64}$$

维氏硬度的单位为 MPa,但一般不标注单位。

维氏硬度试验中,所加的载荷是 50 N、100 N、200 N、300 N、500 N、1 000 N 等 6 种。当载荷一定时,即可根据 d 值,列出维氏硬度表。试验时,只要测量压痕两对角线长度的平均值,即可查表求得维氏硬度值。维氏硬度的表示方法与布氏硬度的相同,例如,640HV30/20 前面的数字为硬度值,后面的数字依次为所加载荷和保持时间。

维氏硬度特别适用于表面硬化层和薄片材料的硬度测定,选择载荷时,应使硬化层或试样的厚度大于 $1.5d$。若不知待测试样硬化层的厚度,则可在不同的载荷下按从小到大的顺序进行试验,若载荷增加,硬度明显降低,则必须采用较小的载荷,直至两相邻载荷得出相同结果时为止。当待测试样厚度较大时,应尽可能选用较大的载荷,以减小对角线测量的相对误差和试样表面层的影响,提高维氏硬度测定的精度。但对于 HV > 500 的材料,试验时不宜采用 500 N 以上的载荷,以免损坏金刚石压头。有关维氏硬度试验的一些规定,可参看 GB/T 4340.2—2012《金属材料　维氏硬度试验　第 2 部分:硬度计的检验与校准》。

（2）维氏硬度的特点和应用。

与布氏、洛氏硬度试验比较起来,维氏硬度试验具有许多优点:① 由于维氏硬度测试采用了四方金刚石角锥体压头,在各种载荷作用下所得的压痕几何相似,因此载荷大小可以任意选择,所得硬度值均相同,不受布氏硬度法那种载荷 P 和压头直径 D 规定条件的约束,也不存在压头变形问题;② 维氏硬度法测量范围较宽,软硬材料都可测试,而又不存在洛氏硬度法那种不同标尺的硬度无法统一的问题,并且相比洛氏硬度法能更好地测定薄件或薄层的硬度,因而常用来测定表面硬化层以及仪表零件等的硬度;③ 由于维氏硬度的压痕为一轮廓清晰的正方形,其对角线长度易于精确测量,故精度较布氏硬度法高;④ 维氏硬度试验的另一特点是,当材料的硬度小于 HV450 时,维氏硬度值与布氏硬度值大致相同。

维氏硬度试验的缺点是需通过测量对角线后才能计算（或查表）出来,因此生产效率没有洛氏硬度高。但随着自动维氏硬度机的发展,这一缺点将不复存在。

5. 显微硬度

前面介绍的布氏、洛氏及维氏三种硬度试验法由于施加的载荷较大,只能测得材料组织的平均硬度值,但是如果要测定极小范围内物质,如某个晶粒、某个组成相或夹杂物的硬度,或者研究扩散层组织、偏析相、硬化层深度以及极薄板等的硬度,这三种硬度法就难以适用了。此外,上述三种硬度也不能测定像陶瓷等脆性材料的硬度,因为陶瓷材料在如此大的载荷作用下容易发生破裂。所谓显微硬度试验一般是指测试载荷小于 2 N 的硬度试验。常用的显微硬度,有显微维氏硬度和显微努氏硬度两种。

（1）显微维氏硬度。

显微维氏硬度试验,实质上就是小载荷下的维氏硬度试验,其测试原理和维氏硬度试验相同,故硬度值仍可用式(4.64)计算。但由于测试载荷小,载荷与压痕之间的关系就不一定像维氏硬度试验那样符合几何相似原理。因此测试结果必须注明载荷大小,以便能进行有效地比较。如 340HV0.1 表示用 1 N 载荷测得的维氏显微硬度为 340;而 340HV0.05 则表示用 0.5 N 载荷测得的硬度为 340。

（2）显微努氏硬度。

努氏(Knoop)硬度试验是维氏硬度试验方法的发展,属于低载荷压入硬度试验的范畴。其试验原理与维氏硬度相同,所不同的是四角棱锥金刚石压头的两个对面角不相等(图 4.33),在纵向上锥体的顶角为 172°30′,横向上锥体的顶角为 130°。在试样上得到长对角线长度为短对角线长度 7.11 倍的菱形压痕。测量压痕长对角线的长度 l,按

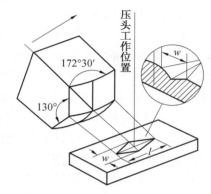

图 4.33　努氏硬度试验压头与压痕图

单位压痕投影面积上承受的载荷计算材料的努氏硬度值,即

$$HK = \frac{P}{A} = \frac{14.22P}{l^2} \qquad (4.65)$$

式中　A—— 压痕的投影面积,而不是压痕表面积。测试所用的载荷,通常为 1 ~50 N。

努氏硬度试验由于压痕细长,而且只测量长对角线的长度,因而精确度较高,特别适合极薄层(表面淬火或化学热处理渗层、镀层)、极薄零件、丝、带等细长零件以及硬而脆的材料(如玻璃、玛瑙、陶瓷等)的硬度测量。有关金属努氏硬度试验的一些规定,可参看 GB/T 18449.3—2012《金属材料　努氏硬度试验　第3部分:标准硬度块的标注》。

（3）显微硬度试验的特点及应用。

显微硬度试验的最大特点是载荷小,因而产生的压痕极小,几乎不损坏试件,便于测定微小区域内的硬度值。显微硬度试验的另一特点是:灵敏度高,故显微硬度试验特别适合于评定细线材料的加工硬化程度;研究由摩擦、磨损或辐照、磁场和环境介质而引起的材料表面层性质的变化;检查材料化学和组织结构上的不均匀性等。

6.肖氏硬度

与上述各种压入法硬度试验不同,肖氏(Shore)硬度试验是一种动载荷试验

法。其测定原理是将一定质量的具有金刚石圆头或钢球的标准冲头(重锤)从一定高度 h_0 自由下落到试件表面,然后由于试样的弹性变形使其回跳到某一高度 h,用这两个高度的比值来计算肖氏硬度值(HS),因此肖氏硬度又称为回跳硬度。计算如下:

$$HS = K'(h/h_0) \qquad\qquad (4.66)$$

式中　　HS——肖氏硬度值;

　　　　K'——肖氏硬度系数,对于 C 型肖氏硬度计,$K' = 10^4/65$,对于 D 型肖氏硬度计,$K' = 140$。

　　由式(4.66)可见,冲头回跳高度越大,则试样的硬度越高。冲头从一定高度落下,以一定的能量冲击试样表面,使其产生弹性和塑性变形。冲头的冲击能一部分消耗于试样的塑性变形上,另一部分则转变为弹性变形功储存在试样中,当弹性变形恢复时,能量就释放出来使冲头回跳到一定的高度。消耗于试样的塑性变形功越小,则储存于试样的弹性能就越大,冲头回跳高度就越高。这说明肖氏硬度值的大小取决于材料的弹性性质。因此,弹性模量不同的材料,其结果不能相互比较,例如钢和橡胶的肖氏硬度值就不能比较。

　　肖氏硬度具有操作简便、测量迅速、压痕小、携带方便等优点,可在现场测量大件金属制品的硬度,如大型冷轧辊的验收标准就是肖氏硬度值。其缺点是测定结果受人为因素影响较大,精确度较低。有关金属肖氏硬度试验的一些规定,可参看 GB/T 4341.2—2016《金属材料　肖氏硬度试验方法　第 2 部分:硬度计的检验》。

7. 莫氏硬度(Moh's hardness)

　　陶瓷及矿物材料常用的划痕硬度称为莫氏硬度,它只表示硬度从小到大的顺序,不表示软硬的程度,后面的材料可以划破前面材料的表面。起初,莫氏硬度分为 10 级,后来因为出现了一些人工合成的高硬度材料,故又将莫氏硬度分为 15 级。表 4.11 为两种莫氏硬度的分级顺序。

表 4.11　两种莫氏硬度顺序表

顺序	材料	顺序	材料
1	滑石	1	滑石
2	石膏	2	石膏
3	方解石	3	方解石
4	萤石	4	萤石
5	磷灰石	5	磷灰石
6	正长石	6	正长石

顺序	材料	顺序	材料
7	石英	7	SiO_2 玻璃
8	黄玉	8	石英
9	刚玉	9	黄玉
10	金刚石	10	石榴石
—	—	11	熔融氧化锆
—	—	12	刚玉
—	—	13	碳化硅
—	—	14	碳化硼
—	—	15	金刚石

8. 纳米硬度

随着现代化表面工程（气相沉积、溅射、离子注入、高能束表面改性、热喷涂）、微电子、集成微光机电系统、生物和医学材料的发展，试样本身或表面改性层的厚度越来越小。而前面所述的宏观与显微硬度测试方法中，即使采用透射电子显微镜等高精度仪器也只能测得压深不小于 10 μm 情况下的硬度，不能满足纳米技术的要求。为此，发展了纳米硬度测试技术，目前常用的纳米硬度技术有两种：纳米压痕硬度和纳米划痕硬度。

（1）纳米压痕硬度。

纳米压痕硬度的定义是将一定形状的压头在一定压力的作用下压入被测材料，并测试压头在压入和卸载过程中的压力和压入深度的关系，通过压深和压头的形状计算压痕面积，从而计算材料的硬度，这种方法也称为深度硬度测试法。

下面以弹 – 塑性材料为例来说明纳米压痕硬度试验的原理和方法。材料在压头压力的作用下不仅要发生弹性变形而且还会发生塑性变形，弹 – 塑性材料的加载过程可以看成弹性变形和塑性变形的叠加，即压头压入材料的深度 h 为塑性变形深度 h_p 和弹性变形深度 h_e 之和。由无量纲分析得到，在加载过程中，不管是纯弹性材料、纯塑性材料还是弹塑性材料，载荷都与压深的平方成正比。因此，弹 – 塑性材料加载过程中的载荷 F 与压头压深 h 的平方成正比。这样，加载过程中的载荷与压深的关系是一条近似抛物线的曲线。在卸载过程中，产生塑性变形的部分将成为永久变形不再回复，而弹性变形部分将会弹性回复。这样，卸载过程中载荷与压深的关系也是一条近似抛物线的曲线，如图 4.34 所示，其中 h_f 为卸载后的残余深度，F_{max} 为最大载荷，h_{max} 为最大压入深度。

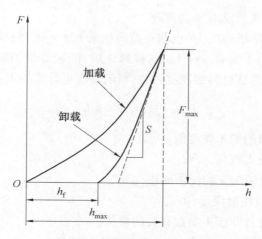

图 4.34　载荷与压痕深度的关系

为了从载荷－位移曲线计算出硬度值,必须准确地知道弹性接触韧性和压痕面积。当压头压入材料时,不仅压头正下方的材料,还有压头周围的材料也将发生弹塑性变形。卸载时,压头周围的材料也将发生弹性回复,从而在压痕周围形成一个凹陷或凸起,如图 4.35 所示,这个凹陷或凸起使得在计算压痕面积时不能简单地用 h_f 来计算,而需要通过经验公式来推算,这也是纳米压痕硬度与宏观或显微静态压痕硬度最大的区别。

图 4.35　压痕过程中的凹陷与凸起

目前被广泛用来确定压痕面积的方法称为 Oliver－Pharr 方法。该方法是将卸载曲线顶部的载荷与位移的关系拟合为一指数关系:

$$F = B \left(h - h_f \right)^m \tag{4.67}$$

式中　B、m—— 拟合参数。

弹性接触韧度便可以根据式(4.67)的微分计算出,即

$$S = \left[\frac{\mathrm{d}F}{\mathrm{d}h} \right]_{h = h_{max}} = B m (h_{max} - h_f)^{m-1} \tag{4.68}$$

通过卸载曲线外推并进行修正的方法来获取有效压深 h_e,即

$$h_e = h_{max} - \varepsilon \frac{F}{S} \tag{4.69}$$

式中　ε——与压头形状有关的常数。

对于球形或金字塔形压头(也称为玻氏压头),$\varepsilon = 0.75$;对于锥形压头,$\varepsilon = 0.72$;当压头顶端为平面时,$\varepsilon = 1$。这样修正后,能较好地消除测试中的系统误差。用纳米压痕法测试材料的硬度时,材料的硬度可计算如下:

$$H = \frac{F_{\max}}{A}, \quad A = K h_e^2 \tag{4.70}$$

式中　H——材料的纳米硬度值,GPa;

　　　$F_{\max}$——最大载荷,μN;

　　　A——有效压深下的投影面积,μm^2;

　　　h_e——有效压痕深度,μm;

　　　K——与材料即压头参数有关的常量。

(2)纳米划痕硬度。

纳米划痕硬度与普通划痕硬度一样,是压头在法向和切向上的载荷作用下以一定的速度在试样表面划过,通过测量刻画后的残余压痕深度与压痕宽度来计算材料的硬度。不同的是压头载荷比较小,一般为 $1 \sim 100$ mN。

纳米划痕硬度的计算可以有三种方法:① 压头上的正压力与压头和试样接触面积在轴向投影的比;② 压头上正压力与压头和试件接触面积之比;③ 压头运动所做的功与划痕残余变形体积的比。较为普遍采用的是第一种,即

$$HP = \frac{F}{S_{投}} \tag{4.71}$$

式中,F 的单位为 N,$S_{投}$ 的单位为 mm^2。经过换算最终可以把划痕硬度表示为一个与正压力和划痕宽度有关的物理量,即

$$HP = \frac{FA}{b^2} \tag{4.72}$$

式中　A——与压头几何形状有关的特性常数;

　　　F——加在压头上的载荷;

　　　b——试件上残余划痕的宽度。

纳米划痕硬度计主要针对研究材料抵抗正压力为小载荷($1 \sim 100$ mN)的刻画能力设计的,通常与纳米压痕硬度计合二为一。划痕硬度计的法向力和压痕深度由高分辨率的压痕计提供,同时可以记录匀速移动试样台的位移,使压头能精确地在试样表面刻画,同时也能高分辨地测量出切向力的大小。这使得纳米划痕技术在研究材料的摩擦性能、断裂性能以及涂层和薄膜与基底间的结合强度方面有着广泛的应用。目前,纳米硬度技术已广泛应用于薄膜、喷涂、材料表面改性等领域,并不断向微电子、集成微光机电系统、生物材料、医疗器材等领域延伸,已成为检测材料微小区域力学性能的有效手段。

9. 常用材料的硬度

硬度是材料的一种重要力学性能,在材料科学研究和生产实际应用中具有十分重要的意义。加之硬度试验方法迅速、简便,人们对材料的硬度进行了大量的检查与测量。一些常用材料的硬度见表 4.12。从表中可以看出,金属材料、陶瓷材料和高分子材料在硬度上有巨大差异,而这种差异主要是由材料的组成和结构决定的。

表 4.12　一些常用金属材料的硬度

金属种类		硬度范围
灰口铸铁		HBS150 ～ 280
球墨铸铁		HBS130 ～ 320
耐热铸铁		HBS160 ～ 364
可锻铸铁	黑心	HBS120 ～ 290
	白心	HBS ≤ 230
优质碳素结构钢	热轧	HBS131 ～ 302
	退火	HBS187 ～ 255
合金结构钢		HBS187 ～ 269
碳素工具钢	退火	HBS187 ～ 217
	淬火后	HRC ≥ 62
合金工具钢	交货状态	HBS179 ～ 268
	淬火	HRC45 ～ 64
高速工具钢	交货状态	HBS ≤ 285
	淬火回火	HRC63 ～ 66
轴承钢制品	退火	HBS170 ～ 207
	淬火回火	HRC58 ～ 66
弹簧钢	热轧状态	HBS285 ～ 321
	热处理	HRC ≤ 321
铸造铝合金		HBS45 ～ 130
压铸铝合金		HBS60 ～ 90
铸造铜合金		HBS44 ～ 169
压铸铜合金		HBS85 ～ 130
铸造锌合金		HBS80 ～ 110

续表 4.12

金属种类		硬度范围
压铸锌合金		HBS85 ~ 90
铸造轴承合金	铅基	HBS18 ~ 32
	锡基	HBS20 ~ 34
	铝基	HBS35 ~ 40
	铜基	HBS60 ~ 65
镍合金	退火	HBS90 ~ 200
	冷轧	HBS140 ~ 300
铸造钛合金		HBS210 ~ 365
镁合金		HBS49 ~ 95
硬质合金		HRA82 ~ 93.3
高比重（密度）合金		HBS290 ~ 310
变形铝合金		HB ≤ 190
变形铜合金		HV ≤ 370

从化学键的角度讲,化学键强的材料,其硬度一般就高。对于一价键的材料,其硬度按如下顺序依次下降:共价键 > 离子键 > 金属键 > 氢键 > 范氏键。显然,完全由共价键组成的材料,其硬度最高。从聚集态结构的角度讲,结构越密,分子间作用力越强的材料其硬度越高,如具有高度交联网状结构的热固性塑料的硬度比未交联的要高得多。另外,温度对高分子材料的硬度也有较大影响:与玻璃化转变温度越远,高分子材料的硬度越高。

10. 硬度与其他力学性能指标的关系

材料的弹性极限、屈服强度、抗拉强度及材料的抗扭强度、抗剪强度、抗压强度等属于力学性能指标。测定这些力学性能指标不仅需要制备特定形状的试样,而且是破坏性的。但材料的硬度试验方法简便迅速,无须专门加工试样,且对试样的损伤较小。因此,人们一直都在探讨如何通过所测定的硬度值来评定材料的其他力学性能指标。可遗憾的是,至今没有从理论上确定材料的硬度与其他力学性能指标的内在联系,只是根据大量试验确定了硬度与某些力学性能指标之间的对应关系。

试验证明,金属的布氏硬度与抗拉强度之间成正比关系,即式(4.56)所示的经验关系 $\sigma_b = k\text{HB}$。不同的金属材料的 k 值不同;同一类金属材料经不同热处理后,尽管强度和硬度都发生了变化,其 k 值仍基本保持不变。但若通过冷变形提高硬度时,k 值不再是常数。

此外,有人设想找出硬度与疲劳极限之间的近似定量关系,试图通过测定材料的硬度 HB 估算材料的疲劳极限 σ_{-1}。对于钢铁材料,因 $\sigma_{-1} = 0.4 - 0.6\sigma_b$,而 σ_b 约为 HB 的 3.3 倍,于是 $\sigma_{-1} \approx 1.6$HB。表 4.13 列出了某些退火金属的 HB、σ_b、σ_{-1} 的试验数据。由表可见,黑色金属基本满足上述的经验关系。

除此之外,还有人利用硬度试验间接测定材料的屈服强度,评价钢的冷脆倾向以及借助特殊硬度试样近似地建立真实应力 – 应变曲线等。

表 4.13　退火金属的 HB 与 σ_b、σ_{-1} 的关系

金属及合金名称		HB	σ_b/MPa	$k(\sigma_b$/HB$)$	σ_{-1}/MPa	$\alpha(\sigma_{-1}$/HB$)$
有色金属	钢	47	220.30	4.68	68.40	1.45
	铝合金	138	455.70	3.30	162.68	1.18
	硬铝	116	454.23	3.91	144.45	1.24
黑色金属	工业纯铁	87	300.76	3.45	159.54	1.83
	20 钢	141	478.53	3.39	212.66	1.50
	45 钢	182	637.98	3.50	278.02	1.52
	T8 钢	211	753.42	3.57	264.30	1.25
	T12 钢	224	792.91	3.53	338.78	1.51
	1Cr18Ni9	175	902.28	5.15	364.56	2.08
	2Cr13	194	660.81	3.40	318.99	1.64

4.2.3　金相试验

金属材料及其制件所具有的机械性能,是由其内部的显微组织(结构)所决定的。金属材料从表面上看似乎没有什么区别,而实际上各种金属及其合金的内部组织却有很大的差别。例如,采用金相显微镜在经过抛光腐蚀的试样上可以看到它们的组织,这些组织称为金属材料的金相组织。金相组织是决定金属材料机械性能的内在因素。

然而,金属材料的显微组织是极其复杂的。就同一金属材料来讲,它的组织状态或晶粒大小,对其性能的影响是十分显著的。

1. 晶粒度与性能间的关系

以工业纯铁为例,在金相显微镜下可看到它是由一个个白亮色的颗粒,即铁素体所组成的,其机械性能的差别很大(表 4.14)。晶粒越细,其抗拉强度越高、塑性越高,这是金相组织与性能间关系中比较重要的规律之一。

表 4.14　纯铁晶粒度与性能的关系

晶粒截面的平均直径(mm × 100)	抗拉强度 σ_b/MPa	延伸率 δ/%
9.7	163	28.8
7.0	184	30.6
2.5	215	39.5

2. 组织变化与性能间的关系

把上述工业纯铁经过冷变形加工成铁丝,使其晶粒被拉长,晶粒内部出现许多冷变形而产生的滑移线。由于组织的变化,其性能也发生很大的改变。如经过变形量为 80% 的冷变形纯铁,其抗拉强度可达 500 MPa,比正火态下提高一倍左右。

冷变形的铁丝经过退火,使纯铁的组织又恢复到原来的颗粒状铁素体时,其抗拉强度与塑性又恢复到原来的水平。

3. 晶体结构与性能间的关系

在某些情况下,即便在显微镜下看不出组织有明显的区别,而性能却反映出很大的差异。如在工业纯铁中分别加入镍、锰或硅时,其组织仍为铁素体,但硬度和机械抗拉强度却明显提高(表 4.15)。X 射线结构分析表明,工业纯铁中分别加入 1% 的镍、锰、硅时,虽然其组织没有产生明显变化,但这些元素(Ni、Mn、Si)的原子已溶入铁的晶体内,其晶体结构发生了变化(晶格常数改变),使其性能也产生了变化。所以,在研究金属材料组织与性能的关系时,不仅要研究金属材料的显微组织,还必须研究它们的晶体结构,这样才能深入地研究各种性能变化的根本原因。

表 4.15　纯铁加入 1% Ni、Mn、Si 后的性能

合金成分	硬度(HB)	抗拉强度 σ_b/MPa
工业纯铁	80	250
纯铁加 1% Ni	90	270
纯铁加 1% Mn	100	280
纯铁加 1% Si	120	360

4.3　间接试验

4.3.1　模拟试验

(1) 埃里克森试验(杯突试验)。

埃里克森试验采用材料胀形深度 h 值作为衡量胀形工艺的性能指标。在试验时,材料向凹模孔中有一定的流入,并非纯胀形,略带一点拉深工艺的特点,比较接近于实际生产的胀形工艺,其试验数据比较反映实际,且由于操作简单,所以应

用较广。试验装置如图 4.36 所示,标准的杯突值如图 4.37 所示。我国标准见 GB/T 4156—2020《金属材料和薄带埃里克森杯突试验》。

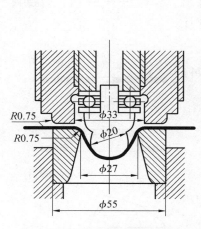

图 4.36　埃里克森试验

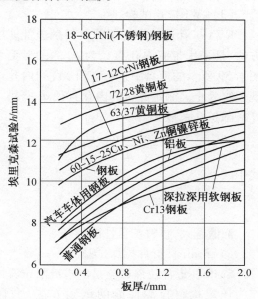

图 4.37　标准杯突值

（2）液压胀形试验。

用液压胀形法评定材料的纯胀形性是比较好的,试验装置简图如图 4.38 所示。试验参数用极限胀形系数表示,即

$$K = \left(\frac{h_{max}}{a}\right)^2 \qquad (4.73)$$

式中　　h_{max}—— 开始产生裂纹时的高度;

　　　　a—— 模口半径。

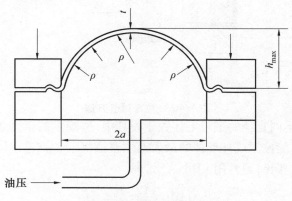

图 4.38　液压胀形试验

极限胀形系数 K 值越大,材料的胀形性能越好。

(3)KWI 扩孔试验。

KWI 扩孔试验作为评价材料翻边性能的试验方法,是采用带有内孔直径为 d_0 的圆形毛坯。在图 4.39 所示的模具中进行扩孔,直到内孔边缘出现裂纹为止。测定此时的内孔直径 d_f 并用下式计算极限扩孔系数 λ:

$$\lambda = \frac{d_f - d_0}{d_0} \times 100\% \qquad (4.74)$$

式中

$$d_f = \frac{d_{fmax} + d_{fmin}}{2}$$

λ 值越大,材料扩孔性能越好。

(4)Swift 杯形件拉深试验。

Swift 杯形件拉深试验是以求极限拉深比 LDR 作为评定板材拉深性能的试验方法,我国采用 GB/T 15825.3—2008《金属薄板成形性能与试验方法 第3部分:拉深与拉深载荷试验》,称为冲杯试验。试验用模具如图 4.40 所示。

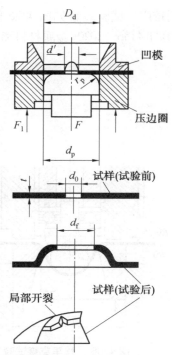

图 4.39 KWI 扩孔试验简图

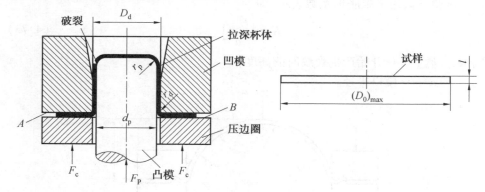

图 4.40 拉深试验方法

试验时,用不同直径的平板毛坯置于模具中,按规定的条件进行试验。确定出不发生破裂所能拉深成杯形件的最大毛坯直径 $(D_0)_{max}$ 与凸模直径 d_p 之比,此比值称为极限拉深比,通常用 LDR 表示,即

$$LDR = \frac{(D_0)_{max}}{d_p} \qquad (4.75)$$

LDR 值越大,板材的拉深性能就越好,这种方法简单易行,缺点是压边力不能准确地给定,影响试验值的准确性。

该试验方法与拉深变形条件完全相同,因此能合理地反映在拉深变形区和传力区不同受力条件下的冲压成形件能。其缺点是试验需要大量试样,要经过多次反复试验,并受到操作上的各种因素(压边力、润滑等)影响,因而影响了试验的可靠性。

(5)拉深力对比试验(TZP 试验)。

图 4.41 所示为 GB/T 15825.3—2008《金属薄板成形性能与试验方法　第 3 部分:拉深与拉深载荷试验》。推荐采用 D_0 为 85 mm、90 mm、95 mm 等三组不同直径的试样进行试验。试验时,当拉深力越过最大拉深力 F_{max} 后,加大压边力,使试片外圈完全压死,然后再往下拉深,这时拉深力急剧上升,直至拉裂,测得破裂点的拉深力 F_f,采用指标 TZP 来评定材料的拉深工艺性能,即

$$TZP = \frac{F_{pf} - F_{pmax}}{F_f} \tag{4.76}$$

TZP 值越大,说明最大拉深力与拉断力之差越大,工艺稳定性越好,板材的拉深性能越好。

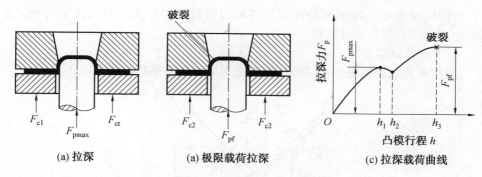

(a) 拉深　　　　　　(a) 极限载荷拉深　　　　(c) 拉深载荷曲线

图 4.41　拉深载荷对比试验方法

(6)锥杯试验。

图 4.42 所示为 GB/T 15825.6—2008《金属薄板成形性能与试验方法　第 6 部分:锥杯试验》薄钢板锥形杯试验方法的示意图。试验时,试样放在锥形凹模孔内,钢球压入试样成形为锥杯,锥杯上部靠材料流入凹模成形,为拉深成形;底部球面靠材料变薄成形,为胀形变形。钢球继续压入材料,直至杯底或其附近发生破裂时停止试验,测量杯口部的最大直径 D_{max} 和最小直径 D_{min},其平均值称为锥杯试验值 CCV。

$$CCV = \frac{1}{2}(D_{max} + D_{min}) \tag{4.77}$$

CCV 值越大,拉深 – 胀形成形性能越好。

通常取球形冲头直径 d_p 与试样直径 D 的比值为 $d_p/D = 0.29$。

此试验的优点:因不用压边装置,故可排除压边力的影响;操作简单,无须仔细观察破裂的出现,CCV 值对冲压速度不敏感;综合反映成形时"拉"和"压"两个方面的成形特点。但它只适用于 0.5 ～ 1.6 mm 的薄钢板。

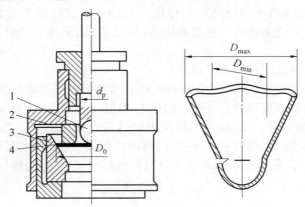

图 4.42　锥形件拉深试验法
1— 球形冲头;2— 支撑圈;3— 凹模;4— 试样

此外,球形冲头锥形杯拉深试验还可以使拉深时产生凸耳的现象再现,因此,也可利用它求各向异性率。

(7) 弯曲试验。

板料弯曲试验如图 4.43 所示,其性能指标是最小相对弯曲半径 R_{min}/t。

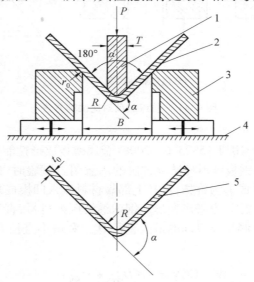

图 4.43　板料弯曲试验法
1— 凸模;2— 毛料;3— 可调凹模块;4— 底座;5— 试件

用一系列不同圆角半径 R 的凸模将长方毛料弯至 90° 或 180°,用 20 倍工具显微镜检查时,弯曲区无裂纹或显著凹陷时的相对弯曲半径,即为板料的最小相对弯曲半径 R_{min}/t。

反复弯曲试验的试验方法如图 4.44 所示,以窄板条夹紧在专用试验设备的钳口内,左右反复折弯,直至破裂为止。折弯的半径越小,反复弯曲的次数越多,说明板料的冲压性能越好。这种试验主要用于确定 3 mm 以下板料的弯曲性能。试验条件按 GB/T 235—2013《金属材料　薄板和薄带　反复弯曲试验方法》规定进行。

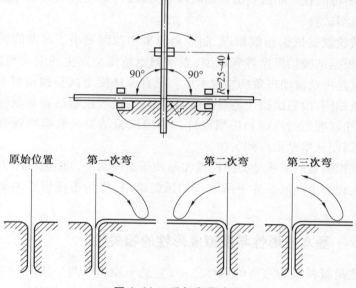

图 4.44　反复弯曲试验

表 4.16 为材料单向拉伸性能与冲压成形性能的关系。

表 4.16　材料单向拉伸性能与冲压成形性能的关系

冲压成形性能		材料基本性能	
		主要影响参数	次要影响参数
抗破裂性能	胀形成形性能	n	$\bar{r}$、σ_s、δ_u
	扩孔(翻边)成形性能	δ_u	$\bar{r}$、强度和塑性的平面各向异性程度
	拉深成形性能	$\bar{r}$	n、$\dfrac{\sigma_s}{\sigma_b}$、$\sigma_u$
	变曲成形性能	δ_u	总伸长率及平面各向异性程度
贴模性		σ_s	$\bar{r}$、n、$\dfrac{\sigma_s}{\sigma_b}$
定形性		σ_s、E	$\bar{r}$、n、$\dfrac{\sigma_s}{\sigma_b}$

4.3.2   实物试验和模型试验

冲压成形性能试验分实物试验和模型试验两大类。

实物试验是用实际的冲压件进行其冲压成形性能试验,如汽车覆盖件冲压试验和飞机蒙皮拉形试验等。实物试验不会发生模型和环境等模拟失真问题,是确定复杂或大型冲压件成形性能的最终手段,这类试验的费用昂贵,条件也难控制,而且不可能在产品研制的初始阶段进行,故针对复杂或大型冲压件一般多首先进行模型试验。

模型试验就是依据相似原理,制成与原型相似但缩小了尺度的模型进行试验研究,并根据试验结果换算到原型,以预测原型将会发生的流动现象,模型试验的侧重点是再现流动现象的物理本质。只有保证模型试验和原型中流动现象的物理本质相同,模型试验才是有价值的。因此,进行模型试验必须解决两方面的问题,即相似准则的选择和模型设计。模型试验结果一般都整理成无量纲的相似准数,以便从模型推广到实物。

物理模拟试验的实质是突出模拟实际冲压工序某一方面或几个方面的变形特点。将在较为单纯的条件下所取得的试验结果,作为表征板料的某种冲压性能指标。

4.3.3   基本成形性与模拟成形性的相关性

成形性是板料极为重要的属性之一,它是不能用一两个或两三个指标所能概括和确切表征的。以上,我们分别从基本成形性与模拟成形性两个方面对此做了讨论。

基本成形性研究的是成形性的共性问题。从一般性试验中,寻求评估板料成形性的合适指标 —— 材料参数,这些参数假定以 x_i 来概括。例如可能是 $x_1 = n, x_2 = m, x_3 = r, \cdots$。

模拟成形性研究的是成形的特殊性(即个性)问题。从典型成形工序的模拟试验中,寻求评估板料适应某种工序的性能评估指标,假定以 F_i 来概括表示。例如,F_i 可能是

$$F_1 = \text{LDR}, \quad F_2 = \text{TZP}, \quad F_3 = \text{KWI}, \quad \cdots$$

一般而言,在一定的试验条件(按标准规定)下,任一模拟试验的性能指标,只与基本成形性的某些材料参数密切有关,这就是说,F_i 与 x_i 之间存在一定的函数关系:

$$F_i = F(x_i) \tag{4.78}$$

材料参数的变化,必然导致某一性能指标的变化,有

$$\mathrm{d}F_i = \sum_{i=1}^{n} \frac{\partial F_i}{\partial x_i} \mathrm{d}x_i \qquad (4.79)$$

建立这种函数关系是多年来各国学者孜孜以求的目标。因为十分明显,这种关系正确确定以后,对于一种材料,只需通过少数一般性能试验求得的基本材料参数,就可进而确定各种模拟性能参数。一般而言,确定 $F_i = F(x_i)$ 的函数关系,原则上有数理统计法和分析计算法两种方法。

1. 数理统计法

通过大量的试验数据统计,利用相关性原则,建立经验性函数关系。例如,有人建议极限拉深比 LDR 与材料 n、r 值的经验关系式为

$$\mathrm{LDR} = 1.93 \mid 0.002\ 16n + 0.226r \qquad (4.80)$$

2. 分析计算法

通过解析或数字计算,确定 $F_i = F(x_i)$ 的函数关系。例如在 $n = 0.25$, $r = 1$, $\varepsilon_0 = 0.05$, $f_0 = 0.95$ 的材料参数条件下,经解析计算:

拉深时,以 $F = \ln(D/d)$ 作为评估指标(D、d—— 毛料与杯件直径),在上述条件下算得 $F = \ln(D/d) = 1.18$,而材料参数的变化引起性能参数的变化率为

$$\frac{\mathrm{d}F}{F} = 0.33\mathrm{d}n + 0.26\mathrm{d}r - 0.36\mathrm{d}\varepsilon_0 + 0.84\mathrm{d}f \qquad (4.81)$$

胀形时,以 $F = \ln(t_0/t_f)$ 作为评估指标(t_0、t_f—— 原始和破裂前板厚),在上述条件下,算得 $F = \ln(t_0/t_f) = 0.05$,而材料参数的变化引起性能参数的变化率为

$$\frac{\mathrm{d}F}{F} = 9.8\mathrm{d}n - 1.38\mathrm{d}r - 12.0\mathrm{d}\varepsilon_0 + 15.8\mathrm{d}f \qquad (4.82)$$

实际上,利用纯粹的数理统计或解析计算法往往并不可取。较好的办法是两者结合,在分析计算结果的基础上,进行试验修正。分析计算建立数学模型时,尤应注意以下两个方面:

(1) 利用失稳理论结合破坏形式,正确确定成形极限的判据;

(2) 在此基础上正确筛选和确定重要的材料参数。

以计算机作为思维载体的人工智能技术,在确定 $F_i = F(x_i)$ 函数关系中已有不少成功应用的实例,可望取得更多的实效。这种分析技术,只需以少量的试验数据作为样本,利用神经网络技术,就可以建立起输入与输出参数之间的映射模型 —— 多参数耦合的函数关系。

揭示板料基本成形性与模拟成形性的相关性,具有重要的理论与实际意义,但这是一个认识逐渐深化的过程,是一项长远的目标,不能指望一蹴而就。

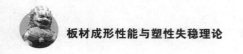

4.4　成形极限理论及应用

4.4.1　板料冲压成形极限

冲压成形极限是指在板料冲压成形过程中,板料发生失稳前所能达到的最大变形程度。板料在冲压成形过程中可能出现两种失稳现象:拉伸失稳和压缩失稳。

拉伸失稳,即在拉应力作用下局部出现缩颈或拉裂等成形缺陷。压缩失稳,即在压应力作用下出现起皱、折叠等成形缺陷。在发生塑性变形材料的内部,凡是受到过大拉应力作用的区域,就会使材料局部减薄,甚至拉裂而使冲件报废;凡是受到过大压应力作用的区域,若超过了临界应力就会使材料失稳而起皱。要有效控制成形缺陷产生,就要对各种材料在具体零件冲压成形中的成形极限及其成形影响因素进行充分的定性和定量分析,以制订出合理的成形条件和工艺规范。

在冲压成形过程中,要对以下六种冲压成形极限加以足够考虑和重视:

(1)成形力极限。成形力极限以冲压成形中所用冲压设备的能力和所使用模具的强度作为成形力的极限。

(2)尺寸极限。尺寸极限是由所用冲压设备的大小和坯料尺寸来确定。

(3)破裂极限。破裂极限是指在冲压成形中,金属薄板材料能最大限度地安全成形,而不发生破裂的临界状态。

薄板材料承受弯曲变形是最外层纤维沿着切向受到最大的拉伸变形,最外层纤维出现拉裂即是弯曲成形的破裂极限。薄板弯曲时,最外层材料纤维拉裂裂纹基本上是沿着折弯线的方向;但在宽板弯曲时,也可能出现垂直于折弯线方向的拉裂,这种情况大都发生在一些具有明显各向异性的材料或具有某种缺陷(如杂质、严重划伤或垂直于折弯线有显微裂纹等)的材料上。

翻边成形时薄板材料的拉伸破裂发生在翻边边缘处,圆孔翻边时,此处材料的应变状态相当于单向拉伸。

胀形成形时,薄板材料最初均匀变薄,最后于某一局部变形集中,造成瓶颈,导致此处材料破裂。现行的大多数成形性能试验都与胀形成形所发生的破裂相关。

深拉深成形时,材料破裂的位置一般位于壁部与凸模圆角相切处,其变形属于平面应变性质。浅拉深成形时,材料发生破裂的位置既会出现在壁部与凸模圆角相切处,也会出现在邻于凹模洞口的边缘处。

剪切时破裂可能在无预先变薄的情况下发生,如薄板切边工序中出现的破裂。冲压成形中,由于板面内的切应力作用,有时产生剪切破裂,但比起拉胀破裂要少见得多。

(4)起皱极限。金属薄板在其成形区域的某一局部承受应力作用,如果这些压应力达到由材料特性和厚度所决定的临界值,将产生局部弯曲隆起现象。如果压应力不足,局部的弯曲隆起发展成为更显著的波浪,即为起皱。

(5)形状缺陷极限。由于材料性能和成形工艺不同的影响,成形中某个阶段形成的某种缺陷没有在成形过程中消除,而造成金属薄板冲压成形结束后的形状、尺寸与所要求的形状、尺寸存在差异,这一缺陷称为形状缺陷极限。

材料的回弹缺陷是导致零件形状变化的重要因素,如弯曲类变形和胀形类变形。在拉深类变形和翻边类变形时,虽然弹性回复也会影响成形后的筒壁尺寸,但由于周围材料的制约,这种影响较小。因此,在零件成形中增加对回弹缺陷的有效控制,就可减小回弹量:可以在模具设计中补偿回弹量,也可用加热模具成形的办法减小回弹。但如果坯料的材料性能不同,并且加工工艺变化很大,则回弹仍是值得重视的问题。

(6)表面状态极限。在冲压成形中因材料晶粒粗大出现吕德斯带现象:由操作损伤、凹模中的脏物和碎料及粗糙凹模表面导致的划伤和润滑不足等,造成成形后残存于薄板零件表面上的宏观缺陷,即为表面状态极限。典型的例子是零件表面上出现的“橘皮”和热镀锌板上出现的粗大晶粒。冲压成形零件上出现表面状态缺陷,会降低零件的抗疲劳、抗腐蚀、抗氧化等性能,从而降低零件的使用寿命。这些现象应在冲压生产工艺中引起重视,并加以解决。

4.4.2　冲压成形极限曲线

板料成形性能主要受到材料本身塑性变形能力的限制,圆孔翻边成形极限就是如此。在翻边成形中孔边的变形程度最大,应力状态与单向拉应力状态近似,因此可以用单向拉伸试验的最大伸长率近似地作为孔边的许用伸长率。翻边变形比较简单,成形极限问题较易解答。至于一般板料成形,特别是形状复杂的零件成形,变形情况就比较复杂,板面内两个主应力的比值不同,两个相应的主应变的许用数值当然也不同。这些数值都需要确定。这些数值实质上是材料性能的反应,因而基本上也应由试验确定,就像材料的单向拉伸性能要靠单向拉伸试验来确定一样。

成形极限是板材成形领域中重要的性能指标和工艺参数,反映了板材在塑性失稳前所能取得的最大变形程度。为确定板材拉伸失稳的成形极限,人们从理论和试验等方面提出了许多研究与评价方法,其中最有现实意义和应用最为广泛的是 20 世纪 60 年代提出的以极限应变构成成形极限图的概念。将不同应力状态下测得的两个主应变的许用值,分别标在以板面内较小的主应变为横坐标(称为"次应变")、较大的主应变为纵坐标(称为"主应变")的坐标系中,定下一些点,由这些点连成的曲线就称为板料的成形极限曲线(Forming Limit Curve,FLC)或成形极限图(Forming Limit Diagram,FLD),如图4.45所示。

成形极限曲线是用来表示金属薄板在变形过程中,在板面内的两个主应变的联合作用下,某一区域

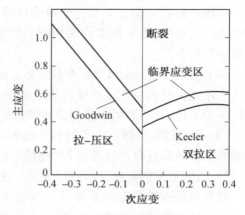

图4.45　成形极限图

发生减薄时,可以获得的最大应变量,即缩颈出现瞬间的应变值。FLD为方便研究板材成形极限、评价板材成形性能及解决板材成形领域中众多难题提供了技术基础和实用判据。板平面内的两个主应变的任意组合,只要落在成形极限图中的成形极限曲线之上,薄板变形时就会发生破裂;反之则是安全的。一种材料有一种成形极限曲线,一般由试验获得。由于影响因素很多,判据不一,成形极限曲线试验数据分散,则形成一定宽度的条带,称为临界应变区。变形如位于临界区,表明此处的薄板有濒临破裂的危险。

FLD提供了一个可接受的应变极限。在板料成形中,当主应变 ε_1 和次应变 ε_2 超过由这两个应变联合构成的应变极限范围时,板料将会变薄、断裂。板料面内主应变 ε_1 和次应变 ε_2 的交点落在FLC以下是允许的, ε_1 和 ε_2 的交点落在FLC以上则会产生成形加工破坏。成形加工破坏通常被定义为板料在成形过程中出现明显的局部变薄或缩颈,而不是最终的断裂。这是因为有局部缩颈的钣金件,一般已经不能满足成形质量的要求,故已无意义。成形极限图是判断和评定薄板成形性能的最为简便和直观的方法,是解决薄板冲压成形问题的一个非常有效的工具。

由于双向拉伸中的材料变形不稳定现象不能由简单的单向拉伸试验来预测。所以,必须在双向应力作用下来确定FLC,无法建立材料的简单拉伸性能与FLC的联系。

1. 成形极限曲线的试验测定方法

图4.45所示的典型板料成形极限图是由Keeler对软钢做出,并由Goodwin加以完善的。成形极限图在试验上是采用标准的试验装置,通过改变试件宽度和试件与凸模之间的润滑,基于网格应变分析技术,获得极限应变数据来建立

的。根据试件受力方式不同分为"曲面法"(Out – of – plane) 和"平板面法"(In –plane) 两大类。

曲面法中的 Nakazima 试验法是目前常用的方法,其实质是半球刚性凸模胀形试验。通过改变试件宽度和试件与凸模之间的润滑,来获得不同应变比值。由于这种试验方法接近工业使用情况,因此已成为板料成形极限图的试验标准。但是,曲面法建立的板料成形极限图对模具的尺寸有很大的依赖性,并且由于几何约束的限制,试件中存在很大的应变梯度,使所得的极限应变与可接受值之间存在较大的差异。同时,曲面法对材料缺陷不敏感。更重要的是,该方法不能实现复杂加载。

基于曲面法的缺陷提出了建立 FLD 的平板面法。用平板面法进行试验,可使应变更均匀,避免了弯曲和摩擦的影响,从而避免了大的应变梯度,并且对材料缺陷更敏感。尽管有上述多种优点,但平板面法并没有得到广泛的应用,其原因在于缺乏获得不同应变路径的手段。

FLC 是用于表示材料在设定的线性应变路径变形条件下的近似的固有极限,因此,为了准确测定 FLC,在测量区域内需要保持近乎无摩擦的状态。首先在平直无变形的板料表面印制选定的、尺寸精确的网格或随机斑点图案。然后采用 Nakajima 或 Marciniak 方法对板料进行变形直至破裂、停止试验。测量变形后试样的应变。对应变进行处理时,忽略结果中缩颈或者破裂部分,然后通过插值确定材料不发生失效所能承受的最大应变。插值曲线中的最大值被定义为成形极限。成形极限由几种应变路径测量得到。测量的应变路径范围从单向拉伸到双向拉伸(胀形),不同应变状态下收集的单个成形极限数据点连接起来即可得到成形极限曲线。

(1)试样的准备。试验时试样选用厚度在 0.3 ~ 0.4 mm 之间的平直金属薄板。对于钢板(主要是低强度级别的),如果试样在凹模圆角部位不发生破裂,采用不同宽度的矩形薄带试样就足够了,相比于矩形带状试样,采用外圆弧形状的板料可以获得分布更加均匀一致的成形极限试验数据点。通常情况下在保证试样边缘不产生裂纹的前提下,可采用铣削、线切割或其他不会产生裂纹、加工硬化和改变纤维组织的方法。

(2)应变截面线分析和应变对(ε_1、ε_2)的测量。

① 一般说明。

a. 使用相机进行的测量可以采用不同的分析方法对横截面数据进行评价。

b. AM1——破裂试样的评价,成形以后对图像进行分析,但不直接在成形试验机上进行。

c. AM2——进行了初始网格尺寸标定的破裂试样的评价,对成形前后的图像进行分析,但不直接在成形试验机上进行。

d. AM3—— 直接在裂纹发生前进行的评价,相机直接安装在成形试验机上,记录初始及破裂前的一系列变形图像。这些图像将用于进行位置相关性的在线测量。在有破裂的图像上确定垂直于裂纹的截面线,然后将图像回放到能看见裂纹之前的最后一张,目的是为了在裂纹张开前的截面上搜索应变(ε_1、ε_2)的大小。

② 采用横截面的测量方法(位置相关性测量)。

a. 通则。本方法的基本原理是沿预先确定的横截面对测量的应变分布进行分析。通过去掉缩颈区域的应变点,并对缩颈区域两边剩余的应变分布进行曲线拟合,重构这个范围内缩颈开始前的应变分布。可以按照以下的步骤进行:确定包含缩颈的相关截面;采用客观的数学判据标示缩颈范围,如此就可以确定曲线拟合区域的内部边界;确定外部边界已获得最优的拟合区域宽度,使得在缩颈两边获得最好的曲线近似相关性。

b. 测量的位置。为了成形极限测定的可重复性,裂纹两边截面线的长度均不能小于 20 mm,两边测量点均不得少于 10 个。为了起裂后自动测量的稳定性,插值线要保持与(虚拟的)网格主应变方向一致的取向。第一条截面线穿过裂纹中心,另外在第一条截面线的两边间隔约 2 mm 分别布置 1 条或 2 条插值线。这些线的位置应与裂纹区主应变的方向保持一致,使裂纹穿过截面的中心。对于出现多个裂纹线(发散裂纹、对称胀形)的试样必须舍弃。

c. 根据试验数据点提取"钟形曲线"和确定最佳拟合曲线的内部边界。确定拟合边界时宜遵循下面的步骤:

确定裂纹位置。(a)对于 AM1 和 AM2,可以获得截面线上点的实际坐标。如果知道裂纹的实际位置,则根据实际位置确定,否则需要通过一个最佳抛物线拟合进行确定。在进一步计算前,如果裂纹宽度大于 0.5 mm(目视判断,0.5 mm 准确度),就需要从钟形插值截面线的中间将其减去。裂纹两侧拟合范围的宽度应至少分别有 4 mm 或 3 个点。抛物线的最大值确定了裂纹的位置。(b)对于 AM3,裂纹的路径和截面线的方向设定在开始发生起裂后的首张图像上,并转回到记录的裂纹张开之前的图像上。这张裂纹萌发前的标示有截面线的图像被用于确定试样的成形极限应变。(c)对于在线测量,在开裂前的最后阶段需要选择每秒不少于 10 帧的图像记录速度。裂纹的位置要通过抛物线的最佳拟合来确定。测量区域的中心由最高的截面应变数据 A 给出,区域的宽度是 8 mm,但至少有 5 个点,抛物线的最大值确定了裂纹的位置。

不进行平滑和过滤,分别在裂纹的两边(确定内部边界需要进行随后的曲线回归)计算应变数据 A 的二阶导数。

在 6 mm 但至少包含 4 点的范围内确定所有二阶导数的顶点中最高点(两边较小的局部最大)的位置。如果二阶导数在裂纹的边沿有最高值,则裂纹边沿的最大值被定义为一个顶点。

使用范围是 5 点的抛物线拟合重复进行"过滤的"二阶导数的计算。

以上是关于 FLC 检测中如何从试样测量的应变到应变对(ε_1、ε_2)的计算的描述。

③FLC 的构成。为构造 FLC,需要测量接近或包含缩颈或变形区的小圆圈,不同的应变测量准则可得到不同的成形极限曲线。通常对成形极限的判据有以下三种:断裂处网格的应变值、断裂处临近网格的应变值和局部缩颈处网格的应变值。

使用不同的判据,最后确定的网格将不同,所得到的极限应变也不同。从实际生产的角度来看,第三个判据更为适合。因为产生局部缩颈时零件就已经不能使用了,所以,生产上是不希望出现这种情况的。因此,认为局部缩颈处所允许的最大成形应变判据更富有意义和使用价值。但是,由于准确确定局部缩颈失稳发生的时间和位置很困难,因此通常采用断裂处临近网格的应变值。

板料在刚性凸模上成形后网格都发生不同程度的变形而成为曲面,这给测量带来一定难度和误差。在这种情况下,应该采用具有两个摄像头的网格测量系统进行变形检测。当采用单摄像头进行变形测量时,应该考虑板料曲度的影响。

④Nakajima 和 Marciniak 方法。目前用得最广泛的试验方法是用不同宽度的矩形板条在球头凸模上拉深成形的 Nakajima 方法。试验装置如图 4.46 所示。试验中,板条夹紧在压板与下模之间,夹紧力必须达到使所夹持的板条试件不至于发生径向移动。改变板条试件宽度和润滑条件,就可以改变应力状态,也即改变板面内的两个主应变的比值。

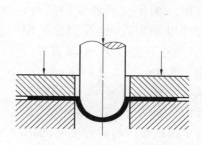

图 4.46　Nakajima 法试验装置简图

只有调整润滑方式,使裂纹产生在距离拱顶 15% 的冲头直径范围内试验才有效。采用最佳的润滑方式可以使裂纹产生在非常接近拱顶的位置。在这种情况下,可以显著减少对称于拱顶的双缩颈问题(随后两个缩颈区域中的一个开始起裂),截面应变分布图中严重的双顶点现象可以减少。这使应变对的测量更加准确。在一个特定的 FLC 测量过程中,可以不改变润滑方式。

为了测定板面内的两个主应变,需要事先在板条试件表面绘制网格。目前使用较为广泛、精度较高的网格制备方法有接触照相法和电化学腐蚀法。

网格的基本形式有小圆圈和小方格两种,如图 4.47 所示。一般来说,采用小圆圈比采用小方格更为方便,因为如果应变主轴不与方格的对角线一致时,则经过变形,方格变为菱形后,主应变数值就很难测定。而对于小圆圈,无论主轴方位如何,变形后,圆变为椭圆,椭圆的长、短轴方向即为应变主轴方向,因此只需测出椭圆的长、短轴长度,就可确定两个主应变的大小。

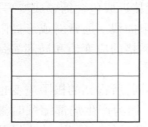

图 4.47　圆形及方形网格

Keeler 规定,在刚性凸模上进行拉深试验的板料试件上出现局部性变薄或局部性缩颈时认为达到成形极限。测量的是最近的而不是贯穿断裂面的网格的变形,并据此确定成形极限。为了提高测量的精度,网格尺寸以小为宜,但受到工艺限制,网格尺寸不能过小,小圆直径一般选用 2.5 mm。

试验测量结果显示,不同材料成形极限图的左半部基本相似,但

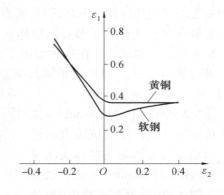

图 4.48　成形极限图的特征

它的右半部则至少有两种类型,如图 4.48 所示。一种是以软钢为代表,其极限应变 ε_1 随着较小应变 ε_2 的增加而较快地增加;另一种是以黄铜为代表,其极限应变 ε_1 基本上与 ε_2 的增加无关或稍有降低的倾向。

2. 板料成形极限图理论计算

除了采用坐标网格法通过试验手段直接测量外,板料成形极限图也可以由理论方法得到。FLD 的理论计算是基于屈服准则和塑性本构关系,以拉伸失稳准则作为缩颈与破裂的条件进行解析。研究板材成形极限的理论基础是塑性变形拉深失稳理论。

同体积成形不同,板料主要是在平面应力状态下变形的,其破坏形式主要有两种:拉应力为主导时的拉伸失稳(缩颈及至断裂)和压应力为主导时的压缩失稳(起皱)。对于后者,可以通过采用诸如加大压边力和增设拉深筋的方法消除或减轻,但是这些措施却使前一种破坏形式(拉伸失稳)出现的危险性增加。所

以,对板料成形的破坏极限的分析主要集中在对平面应力状态下的板料拉伸失稳的研究方面,即集中在成形极限图的右半边方面。1952 年,基于连续体力学,Swift 和 Hill 分别对平面应力状态下的分散性失稳和集中性失稳进行了理论分析。集中性失稳指材料的塑性变形集中在一个狭窄条带区域,此时的应变强化不足以使这种缩颈发生转移,应力增长率小于截面积减小的速度。所以载荷随变形程度的增大而急剧下降。分散性失稳是指材料的塑性变形达到一定程度后,变形开始集中在材料内某些性能较弱的部位,载荷开始随着变形程度的增大而减小,当外力达到最大时,板料失稳。但是板料经过分散性失稳后仍有相当的变形能力,所以在板料成形领域人们更关心集中性失稳,即通常将集中性失稳作为板料成形过程的变形极限。根据 Hill 集中性失稳理论,在双向拉伸变形方式下,由于不存在零应变线,板料不可能发生集中性失稳。然而,对于大多数金属板料来说,因发生集中性失稳而使变形程度受到限制是一个客观存在的事实。针对这一问题,多年来提出了不少新的拉伸失稳理论,归纳起来大致可以分为两类:一类仍然保留均匀连续的假设,采用唯象学方法从不同角度另辟新路;另一类摒弃了变形体均匀连续的假设,将损伤的存在、发生和发展引进失稳理论分析,建立修正判据。

在连续体失稳理论中,影响较为广泛的是由 Storen 和 Rice 提出的屈服表面尖点理论,简称 S - R 理论。其基本思想是,假设初始状态的板料是均匀的,材料保持比例变形方式直至集中失稳发生,当塑性变形发展到一定程度时,由于交滑移的作用在多晶体材料的屈服表面上会形成尖点,因此集中性失稳的发生和发展成为可能。但是,由于缺乏令人信服的试验证据,关于能否形成屈服面尖点的问题至今仍无定论。

目前应用最为广泛的损伤失稳理论是 Marciniak 和 Kuczynski 提出的凹槽理论,简称 M - K 理论。其核心是著名的厚度不均匀假设:由于几何的或者物理的原因,在承受双向拉伸的板料表面,与最大主应力垂直的方向上存在初始的厚度不均匀,即变形前就存在线性凹槽,随着变形程度的增加,应变集中将在槽内形成并发展。根据这个假设,板料的集中性失稳实际上是由初始存在的表面缺陷引起的。但是,Azrin 和 Backofen 通过试验证明:用 M - K 理论预计板料的极限应变,所要求的初始厚度不均匀值远远大于板料表面的实际情况,因而是不切实际的。为此,人们从两个不同的角度对 M - K 理论进行了修正:第一种修正是由 Tadros 和 Mellor 最先提出的,根据试验观察指出,直到分散失稳发生后,板面上某个特别弱的区域才开始优先薄化并发展成失稳凹槽,也就是说,厚向不均匀不是变形之前就存在,而是出现在分散性失稳之后;另一种修正准则是研究材料内部缺陷对板厚不均的贡献,以弥补表面缺陷贡献的不足。虽然这些修正工作已使 M - K 理论越来越完善,但理论预计与试验结果之间仍有一定差距,在一些计算中,厚向不均匀度实际上被当成了可调参数,因而并未取得实质性的进展。

陈光南等通过对板料拉伸过程中表面损伤和内部损伤的研究,得出了与目前常用的 M－K 理论不同的平面应变漂移失稳准则(简称 C－H 准则)。他们认为,一般板料表面缺陷不会导致应变集中,即正常的成形用板料的表面粗糙度不会导致集中性失稳。导致板料发生集中性失稳的关键是内部孔穴的尺寸与分布。板料拉伸集中性失稳是一个渐进过程,这一过程的起点是分散性失稳,重点不是损伤量的变化而是它导致了板料应变状态的漂移,这一过程的终点是宏观平面应变状态的实现。该理论提出了无须初始厚向不均匀而仅涉及材料基本成形参数,忽略损伤量而仅考虑损伤对应变状态漂移效果的新的失稳物理模型和相应的成形极限计算方法。

数值模拟和有限元软件的快速发展推动了成形极限的研究。有限元模拟可以在一定程度上代替试验和理论计算来获得材料的成形极限曲线,但由于单元划分、形函数的选取、迭代参数的选定和材料模型的建立,正确的初值和边界条件以及适当准则判据的选择都会对模拟的精度和结果产生重要的影响。因此,数值模拟在成形极限的研究上不可避免地有局限性。

纵观整个拉伸失稳问题的研究现状,在现有的失稳理论中,无论是引入了损伤概念的还是忽略损伤作用的,在计算机获得广泛应用的今天似乎都可以通过某些可调参数设法使自己的理论结果不同程度地接近试验曲线,然而这在实际工程应用上又往往缺乏说服力。

3. 板料成形极限曲线

在板料成形中,缩颈的出现即被认为是出现了破坏,这是外覆盖件冲压生产中出现废品的原因之一。在内覆盖件冲压生产中,缩颈的出现意味着断裂会在一个很小的附加冲压过程中出现。在成形极限图中,由描绘上述缩颈处应变而得到的线可认为是破坏出现线,用以分开安全区和破坏区。并不是每个位于该线以上的应变都会出现缩颈,这条线代表了这种金属出现缩颈的最小可能性。如果要求绝对的安全,则所有应变均应保持在这条线以下。一般来讲,板料上某些点的应变大小取决于冲压生产中所有可变化因素的影响,这些因素包括模具设计、润滑和材料特性等。对于各种低碳钢,只要这些钢材的机械特性没有超常的变化,那么其 FLC 的形状基本上相似,每一种钢材的 FLC 只与标准曲线略有不同。曲线的形状与摩擦以及试件相对轧制方向的取向无关。利用这一特点,只要知道一个点,就可以根据已知的其他低碳钢的 FLC 绘制出 FLC 来,这个点宜选取曲线的最低点,即平面应变点。

有一些特殊的材料因素已被证明可以影响平面应变点,提高破坏起始线的位置,其中之一就是板料厚度。厚度在很大的范围内分散缩颈而产生较大的应变。图 4.49 所示为低碳钢的厚度与平面应变点之间的关系。应注意到,一点的成形性能随着板料的厚度而增长,这种影响在板料厚度超过 3 mm 时就会减少。

如图 4.49 所示,当曲线接近"零厚度"时,平面应变点接近最大均匀应变值,即 n 值。n 值是变形硬化指数,反映金属加工时强化的快慢。低碳钢的 n 值与平面应变点的关系如图 4.50 所示。该图说明平面应变点与 n 值呈线性关系,直至 n 值达到 0.22 时,才会出现稳定的水平状况。

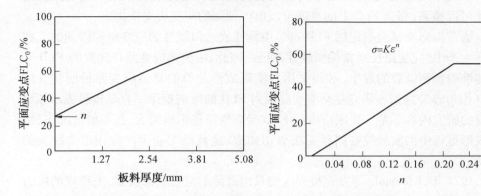

图 4.49　低碳钢的 FLC_0 与板料厚度关系　　图 4.50　低碳钢的 FLC_0 与 n 值的关系

为方便起见,板料厚度和 n 值对平面应变点的影响可一起表示在一个图中,如图 4.51 所示。这样,对于低碳钢的平面应变点可通过板料厚度和 n 值得到,从而绘出整个平面应变点。试件表明,以此方法获得 FLC 对于低碳钢是有实用价值的。应注意,图 4.51 不能用于已经冷作硬化的钢,如半硬化回火钢。对于这些钢,从图中得到的平面应变点可作为上限,测量的平面应变点将会较低,这样在使用中可避免出现废品,除非板材另有其他缺陷。

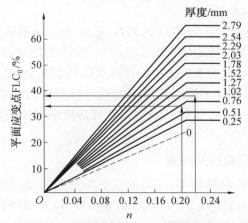

图 4.51　低碳钢的 FLC_0 与 n 值和厚度的关系

实际使用中成形的大部分材料是低碳钢,所以用以上方法得到的 FLC 是可以应用的。然而其他金属就不是这样了,可供成形使用的铝合金有各种各样,不同的合金和热处理有不同的平面应变点和 FLC 形状。

以上所讨论的 FLC 是由沿着一恰当的加载路径对试样加载而得到的,如果加载路径改变,那么临界应变水平也将改变。许多研究表明,双向预应变将在后来的加载中减小极限应变,而单向预应变将使后续应变增加。如果应变路径的变化可以预测,那么 FLC 上的点就可以由可预测的应变历史来决定。

通常由标准试验确定的 FLD 都是由线性或近似线性的应变路径得到的。在实际生产中,应变路径通常偏离线性路径。因此,由简单应变路径建立的 FLD 并不能准确预测破裂的发生,必须采用与实际成形相符的复杂应变路径所建立的 FLD 作为破裂判据。研究复杂应变路径对 FLD 的影响规律一直是板料成形领域主要的研究内容。基于极限应变的 FLD 受应变路径影响很大,且一般情况下,板料成形过程中的实际应变路径无法确切知道,这就给工业生产应用带来极大的不便。

1977 年,Kleemola 等发现极限应变只由最终的应力状态决定,失稳点的应力与应变路径无关。Arrieux 等首先提出了成形极限应力图(Forming Limit Stress Diagram,FLSD)的概念,并指出由极限应力构成的 FLSD 对于不同的应变路径是一条唯一的曲线。这表明 FLSD 可用作任意加载路径下成形极限的判据。在实际生产中,应力的测量比较困难,在一定程度上阻碍了成形极限应力图的应用,但基于应力 – 应变之间的塑性关系,可实现 FLD 与 FLSD 的转换,且板材成形中广泛采用的计算机模拟仿真,使 FLSD 具有了现实的意义和实用价值。十字形双向拉伸试验是实现复杂加载路径有效可行的试验方法,也为成形极限应力图的试验研究提供了试验基础。

目前 FLSD 的研究及其与 FLD 的结合,已成为准确地研究复杂应变路径影响、精确地确定破裂判别准则的主要途径之一,并成为近来研究的热点。在理论和试验的基础上,建立更为准确实用的拉伸失稳判别准则,提出涉及应变路径加载、卸载、反向加载等不同加载强化模型的成形极限理论计算,以及实现不同加载应变路径的试验方法等,仍然是限制板材成形极限精度提高与生产应用的技术关键。

4. 影响成形极限曲线的因素

如上所述,不同的材料种类,不同的应变测量准则,所得的成形极限曲线也不一样。此外,诸如材料的 n、r 和 m 值,应变梯度、应变途径和应变率等因素,也对成形极限曲线的形状和位置产生很大的影响。以下分别讨论它们之间的关系。

（1）材料的 n、r 值。

硬化指数 n 值大，材料的强化效应大，应变分布比较均匀。因此，板料的压制成形性能好，成形极限曲线升高。图 4.52 所示为根据凹槽理论计算得出的关系曲线。

根据凹槽理论计算，厚向异性指数 r 值大，拉－拉区的极限应变值就低，如图 4.53 所示。但皮尔斯的试验结果显示，除了平面应变端以外，其对成形极限曲线影响不太显著，但是可以看出 r 值下降，极限应变值也下降，如图 4.54 所示。这和上述分析计算有出入。

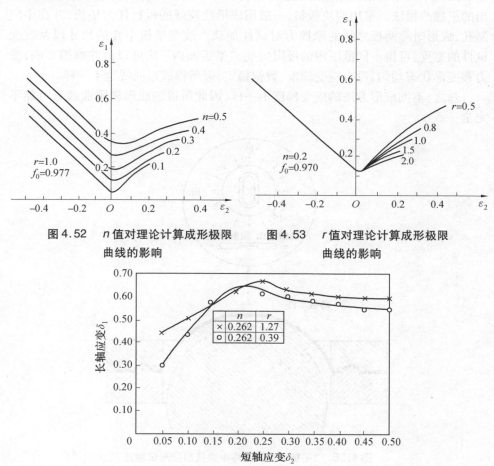

图 4.52　n 值对理论计算成形极限曲线的影响

图 4.53　r 值对理论计算成形极限曲线的影响

图 4.54　n 和 r 值对试验成形极限曲线的影响

无论从理论分析或试验结果来看，n 值对成形极限曲线的影响远比 r 值重要。

（2）应变梯度。

变形区材料的应变分布不均匀时，应变梯度越大，周围材料对危险区材料的补偿作用越大，应变分散效应越强，越有利于提高成形极限。

应变梯度既可以在平面内存在，也可以发生在板厚方向。因此，增加板料厚度或减少凸模曲率半径都能提高成形极限。

为了求得各种变形状态下的极限应变，也有采用以下两种"平板面内"（in – Plane）的试验方法。一种在试件中央铣制圆窝和各种尺寸的长圆窝，然后在毛料和凸模中间垫上聚氨酯垫圈后胀形，如图 4.55 所示。另一种为马辛尼亚克提出的平底凸模法。采用两块板料，一般用成形性较好的板料作为垫板，并在中间制孔，成形时靠两板之间的摩擦力对试件加载。改变垫板中孔的尺寸以及改变试件的宽度，可得不同范围内的极限应变，"平板面内"法可以消除摩擦影响，受力和变形状态均匀，没有应变梯度，数据稳定，但所得成形曲线也不一样。

总之，不同成形方法的应变梯度不一样，因此所得的成形极限曲线有可能不完全一致。

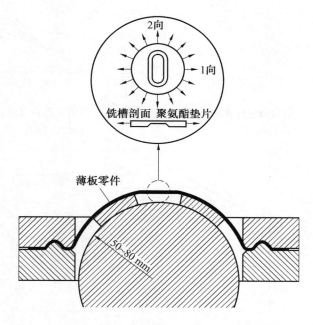

图 4.55 "平板面内"试件中央铣槽胀形试验法

（3）测量方法。

由于试件和零件上存在应变梯度，网格基圆的直径越小，被测椭圆离裂纹越近，所得的极限应变越大，越接近真实极限应变值。

用光学工具测量时，光轴应与被测椭圆相垂直，不然所得尺寸有误差。对球面零件也可以用复印膜拓制后，在读数放大镜下读数。生产零件上急剧扭曲部位的椭圆，可用能挠曲的带照相刻度的透明胶片测量，如图 4.56 所示。

用于刻度为直径 $\phi 2.5$ 的圆

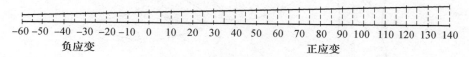

-60 -50 -40 -30 -20 -10　0　10　20　30　40　50　60　70　80　90　100　110　120　130　140

负应变　　　　　　　　　　　　　　　正应变

图 4.56　用能挠曲的带照相刻度的透明胶片测量应变

（4）变形速度。

普通压力机的成形速度对极限应变没有多大影响，但高速成形时，材料的成形性能降低。

增加应变率和减少 n 值对成形极限曲线的影响很类似。因此，增加应变率对成形极限曲线的影响，可归结为降低 n 值所引起的结果。

（5）应变途径。

图 4.57 所示的帽形件，如在各个变形阶段对某一固定点 A 的应变加以测量，画在以实际应变 ε_1 为纵轴、ε_2 为横轴的坐标图上，可以看出该点的应变轨迹（途径）。试验结果表明，单道工序的普通压制件，零件各点的应变途径近似为一直线，即变形过程基本上可以认为符合简单加载定律的。在生产中应用成形极限曲线，并不困难。

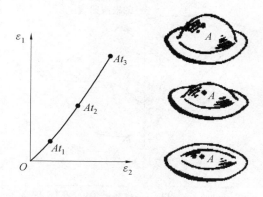

图 4.57　帽形件不同变形阶段的应变分布

用多工序成形时，零件的加载历史不同，应变轨迹不一定再遵循简单加载定律，因而由试验件或单工序的生产件所得的用应变表示的成形极限曲线就不一定能直接应用，从图 4.58 所示的试验结果可以看出不同的应变路线对于应变成形极限的影响。

如果将宽板条先进行单向拉伸变形，然后在半球形凸模上加垫聚乙烯薄膜和润滑剂进行双向拉伸（胀形），如路线 1，变形的结果高于原极限曲线。反之，先

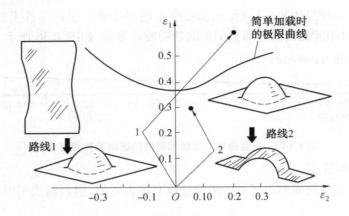

图 4.58　应变路径对成形极限的影响

用方形毛料进行双向拉伸(胀形),然后在中间部位切出一带条,进行类似单向拉伸的变形,如路线 2,此时变形的结果就低于原极限曲线。从各种加载路线的试验结果中得出这样的结论:如第一道变形方式的 $\mathrm{d}\varepsilon_1/\mathrm{d}\varepsilon_2 < 0$,而第二道的 $\mathrm{d}\varepsilon_1/\mathrm{d}\varepsilon_2 > 0$,称为拉伸 – 胀形路线,其成形极限曲线比简单加载的高,如图 4.59 曲线 a 所示。如第一道的 $\mathrm{d}\varepsilon_1/\mathrm{d}\varepsilon_2 > 0$,第二道的 $\mathrm{d}\varepsilon_1/\mathrm{d}\varepsilon_2 < 0$,则称为胀形 – 拉伸路线,其成形极限曲线比简单加载的低(图 4.59 曲线 b)。

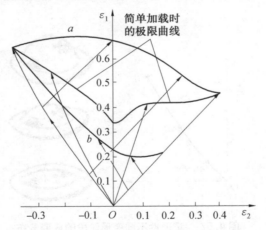

图 4.59　多工序加载对成形极限的影响

　　总之,如果不了解零件的应变历史,它最后的应变分布,就不能用来作为成形分析的依据。因此,多工序成形时必须首先弄清它的应变途径,再根据上述原则,在应用应变成形极限曲线时加以必要的修正。

　　目前,学术界正在开展的建立用应力表示的成形极限曲线的研究,就是为了摆脱应用应变成形极限曲线的限制。

5. 应变路径的成形极限图

在实际的板料成形中,由于几何边界条件和摩擦条件的限制,应变路径通常偏离线性路径,对于复杂形状零件成形、多工步成形等情况更是如此。这样,由基于简单应变路径建立的 FLD 不能很好地用于预测破裂的发生,而必须采用与实际成形相符合的复杂应变路径所建立的 FLD。

对于变应变路径下 FLD 的理论研究是采用不同的屈服准则和塑性本构关系,基于不同拉伸失稳准则作为缩颈与破裂的条件进行解析的。Hillier 和 Negroni 在载荷达到最大值时材料就发生失稳的假设前提下,根据 Swift 准则证明了 FLD 与应变路径有关。Korhonen 假设失稳与先前的应变历史和失稳时的应变增量比有关,分别在正应变比区采用 Swift 分散性失稳准则,在负应变比区采用 Hill 集中失稳准则建立了 FLD。Gotoh 采用具有角点效应的塑性本构关系和 S – R 失稳理论建立了无卸载的比例加载、非比例加载、双线性加载的 FLD。更多的研究建立在 M – K 理论基础上。Lee 和 Kobayshi 采用 M – K 理论分析复杂应变路径下的成形极限,但仅考虑初始缩颈带取向垂直于最大主应力方向,这样在应变路径包含负的应变增量时,会导致 FLD 的估计偏高。为了消除这种偏高的估计,Rasmussen 针对缩颈带的最临界起始方位采用 M – K 理论,计算了两段线性应变路径及曲线应变路径下的 FLD,认为对于两步变形计算结果很好地反映了试验趋势。Rao 和 Chaturvedi 根据 M – K 理论和 Hutchison – Neale 式,分析了各向异性材料在双线性应变路径不同组合下的 FLD,认为双线性应变路径的 FLD 受后一段应变路径的影响很大,提出用标有上、下成形极限的"等效应变极限图"来分析多工步成形中兔耳破裂问题。Graf 和 Hosford 研究了应变路径对铝合金的 FLD 的影响,得到在不同预应变条件下的成形极限发生不同的显著变化,并指出:经过预应变后的变形能力由预应变中的等效应变决定,与预应变的加载方式无关。近来,由于不同的屈服准则的相继提出,变应变路径的 FLD 理论计算也随之不断地被研究。

通过试验确定复杂应变路径下的 FLD 比较困难,目前只能将复杂应变路径简化成两段线性应变路径。先通过单向拉伸、双向等拉或平面应变简单地预变形到各种不同的变形程度;然后使经过预变形的板料在单向拉伸到双向等拉之间的各种应力比条件下进一步变形。Yoshida、Matsuoka 等就双线性应变路径对 FLD 的影响进行了较多试验研究后指出:成形极限与应变路径有关,在第二段应变路径是双向等拉时得到较高的成形极限;当为平面应变时,却为较低的成形极限。Sonne 等将上述试验结果综合成两种计算两段应变路径 FLD 的准则,第一种是以表面应变为基础,第二种则以等效应变为基础。两准则都认为在极限状态下的表面应变和等效应变,由第二阶段的应变增量比决定,分别等效为常应变路径下的极限表面应变和极限等效应变。

6. 成形极限应力图

由于极限应变构成的 FLD 受应变路径的影响,因此其应用受到很大的限制。1997 年,Kleemola 等发现极限应变只由最终的应力状态决定,失稳点的应力与应变路径无关。研究者开始从极限应力的角度研究复杂应变路径下的成形极限问题。1982 年,Arrieux 等首先提出了成形极限应力图 FLSD 作为修正 FLD 的方法,用试验确定了线性和双线性应变路径下的 FLD,从应变路径得到应力历史,基于 Mises 屈服准则,计算出失稳点的 σ_1、σ_2,建立了 FLSD,并且发现,对于不同的应变路径,FLSD 是一条唯一的曲线。Gnmostajski 通过试验建立了不同预应变路径下的 FLD,采用 Hill' 79 屈服准则得出了直线形式的 FLSD,并指出应变路径对 FLSD 的影响取决于屈服准则的形式及可调指数 m 值。Sing 等采用 Hill' 79 屈服准则,通过单向拉伸试验的参数,计算出 FLSD 并反算出 FLD,但未涉及应变路径的变化,只适用于简单加载情况。

近年来,有人在基于应力的成形极限图方面做了大量的研究。其在总结文献中有关加载路径对基于应变的 FLD 影响的试验数据的基础上,采用类似于 Arrieux 等人的方法推导了相应的基于极限应力的成形极限计算公式,并在已有的应变成形极限数据基础上转换得到了基于应力的成形极限曲线。结果表明,在应力空间内,FLSD 接近为一条曲线。同时,Stoughton 给出了在不同预应变条件下的成形极限应力图,也证明了基于应力的 FLSD 接近为同一条曲线,与基于应变的成形极限相比,是更可靠的破裂判据。

在国内,谢英等推导了极限应力与极限应变的转换关系,基于不同屈服准则与不同拉伸失稳准则以及等效应变准则,建立了复杂应变路径的极限应变构成的成形极限;针对 Swift 分散性失稳准则、M – K 凹槽准则以及 C – H 平面应变漂移准则,建立了双线性应变路径、曲线应变路径和复合应变路径下的成形极限应力图。结果表明,在相同拉伸失稳准则条件下,成形极限应力图不受应变路径影响,几乎为同一条曲线;但失稳准则不同,成形极限应力曲线的形状也有差异,与拉伸失稳准则的形式有关。

纵观目前基于应力的成形极限研究现状,都是基于极限应力与极限应变的转换关系而来,试验上的验证有待于进一步开展研究。基于极限应力的 FLSD 的研究和发展为成形极限理论提出准确实用的拉伸失稳准则奠定了理论基础,成为复杂加载路径下成形极限研究的突破口和研究热点。

7. 十字形双向拉伸试验及其在 FLSD 中的应用

板料成形的变形特点是,在面内双向应力状态及拉应力的作用下,沿不同的加载路径而成形的。在变应变路径的成形极限研究中,在试验上由于难于实现与实际板料成形相符的复杂加载路径,目前的认识仍然停留在拉伸－胀形路线的成形极限高于简单加载,胀形－拉伸路线的成形极限则低于简单加载。可见,实现真正意义上的复杂加载路径,是目前的技术关键,也是系统研究复杂应变路径对成形极限影响规律,研究和验证基于极限应力的成形极限图即 FLSD 的前提和基础。

采用十字形试件进行双向拉伸试验是目前研究复杂加载应变路径的热点。可通过改变两轴的载荷比或位移比,使中心区得到不同的应力与应变状态。限制其应用的主要问题是:十字形拉伸件优化设计与制备,以解决试件中心区受力不均、不能实现大变形等问题;具备实现均匀、连续、平稳面内双向拉伸加载试验设备及加载方式与过程的测控系统,实现不同加载路径问题;应力、应变的测量与计算方法,尤其是试件中心测量区应力与应变的确定问题。

目前,在研究不同加载路径下板材变形的织构变化、塑性屈服行为等方面已经取得了一些显著的成果,而直接应用于板材成形极限试验方面较少,其关键的问题是解决中心区大变形和受力不均的问题,现在的主要研究重点是十字形试件的设计。

为了解决中心区大变形问题,Shimada 在试件的十字臂上增加了加强板,Kelly 则将中心区减薄。为了解决中心区受力不均的问题,Monch、Galater 等分别提出了臂上开缝型的十字形试件。Hayhcrst、Kelly 等分别将开缝与减薄相结合,提出了臂上开缝与中心区减薄的试件,这样既实现了中心区较大的变形,又消除了中心区切应力引起受力不均的问题。1991 年,Deimnerle 等在上述试件的基础上深入研究了一些几何尺寸参数,如十字臂缝间距、缝宽、圆角半径、中心变薄区等对中心区应力－应变的影响,得出了获得中心区受力均匀并能达到大变形乃至破裂的试件几何尺寸。

在国内,近年来北京航空航天大学采用十字形双向拉伸试验进行了一系列的试验研究,在成形极限研究方面,制作了臂上及中心区开槽型的十字形试件并进行了 FLD 试验。通过对该试件进行有限元优化分析,获得了该型式试件的较佳型式,其变形量可以达到极限变形程度,并且通过调节速度加载边界条件实现了中心区不同应变路径的极限应变。采用圆角改进型的十字形试件拉伸作为预变形,方便地获得了双线性应变路径的 FLD。

在基于应力的破裂判据验证方面,Moondra 等在以前设计的十字形试件的基础上,应用数值模拟结合解析评估方法研究了中心区为方形和十字形减薄的十字形试件在不同条件下的应力－应变分布,结果表明,中心区方形减薄的十字形试件可以较好地满足试验设计的要求。但是,还要根据实际的应用进一步优化试件设计。

十字形双向拉伸试验是实现复杂加载路径有效可行的方法,可为复杂应变路径对板料成形极限影响规律和基于应力的成形极限判据的研究提供试验基础。

随着计算机技术和计算机辅助技术的发展,板料成形极限的研究在理论和试验方面已经取得了一定的研究成果,但是,以极限应变构成的成形极限图(FLD)由于本身受材料参数、试验条件等多种复杂因素影响,在实际工程应用上受到一定的限制。基于极限应力的成形极限应力图(FLSD)的提出和研究发展,为成形极限理论提出了新的研究方法和研究重点,结合数值模拟,FLSD有广阔的应用前景。但是目前,仍然存在以下一些关键问题需要解决:

(1)提出一种准确实用的基于板料拉伸厚向细颈的拉伸失稳准则判据。FLSD的研究和发展为成形极限理论提出准确实用的拉伸失稳准则奠定了理论基础,成为研究的突破口和研究热点。

(2)提出涉及加载过程中变路径加载、卸载、反向加载等不同加载强化方式复杂应变路径极限应变理论计算模型。

(3)各向异性板极限应变与极限应力的转换关系和成形极限应力图的建立,以及FLSD的试验验证。在考虑板材成形性能参数的理论研究上仍有大量工作需要研究,而十字形双向拉伸试验则为FLSD的验证提供了试验基础。

(4)实现复杂加载路径变化与控制,以系统研究其对成形极限的影响规律、成形极限的准确度和使用范围,是今后板料成形极限主要的研究方向。十字形试件双向拉伸能够实现复杂加载路径,但应力－应变测量与计算方法,特别是中心区域应力－应变值的确定目前仍是有待攻关的课题。

4.4.3 成形极限曲线的应用

网格应变分析法和成形极限图对生产所起的指导作用,大致有以下几个方面:

(1)判断所设计工艺过程的安全裕度,选用合适的材料。

把压制零件中危险点的应变值标注到成形极限图上,如图4.60所示。

如果落在临界区内(位置A),说明很危险,零件压制时废品率很高;如果落在靠近界限曲线的地方(位置B),说明相当危险,必须对各有关条件严格控制;如果落在远离界限曲线的地方(位置C),说明过分安全,板料成形性没有充分发挥。对民用产品来

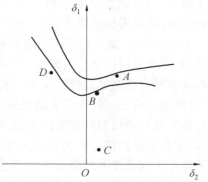

图4.60　成形极限图上标注的压制零件中危险点的应变值

说,此时常常可以换用成形性能较差、较便宜的材料。

　　将同一瞬间零件上各点的应变连成曲线,即为应变构成线,如图 4.61 所示,从中可以看出零件的应变分布情况。如果与该种材料的成形极限曲线加以对比,可以找出零件变形的安全裕度、潜在的破裂位置,如图 4.62 所示,因而能对改进零件成形的措施提供正确的途径。

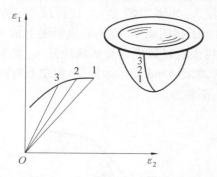

图 4.61　同一瞬间零件上各点的应变
　　　　　构成线

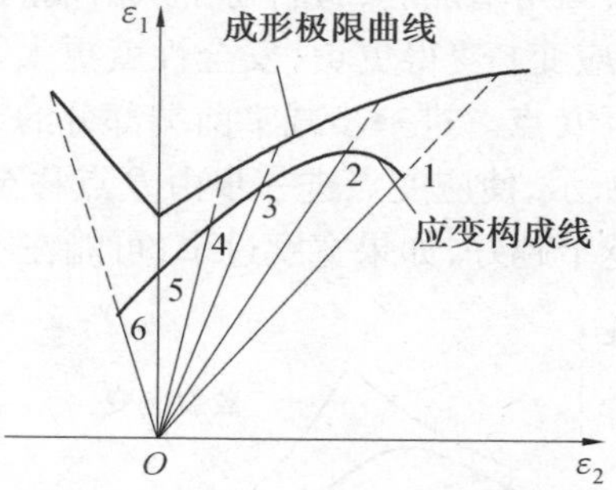

图 4.62　应变构成线与成形极限线对比

　　(2) 合理利用变形可控因素,完善冲压过程。

　　生产现场常用的可控因素有模具圆角、毛料尺寸、润滑状况和压边力等。如果原来零件的危险点在图 4.60 中位置 B 处,要增加其安全性,从图上可以明显看出应减小 δ_1 或增大 δ_2,最好兼而有之。减小 δ_1 需降低椭圆长轴方向的流动阻力,这可用在该方向上减小毛料尺寸、增大模具圆角、改善润滑等方法来实现。而要增大 δ_2 需增加椭圆短轴方向的流动阻力,实现的方法是在短轴方向上增大毛料尺寸,减小模具圆角,在垂直于短轴方向设防皱埂(或称拉深筋)等。如原来零件的危险点落在图 4.60 的 D 处,要增加其安全性,可从减小 δ_1 或减小 δ_2 的代数值着手。要注意,减小 δ_2 的代数值需减小短轴方向的流动阻力。可见危险点在 $\delta_2 < 0$ 或 $\delta_2 > 0$ 的区域,为提高安全裕度需要努力的方向是不同的。

　　(3) 用于试模中发现问题,找出改进措施和确定毛料的合适形状。

　　图 4.63 所示的电熨斗顶盖用新模具试压时,在零件前端位与凸模冲击线和凹模圆角之间的材料发生开裂。经检查,压边力大小合适,分布均匀,润滑合理。于是用几块印制网格的毛料,分别压成高度为 6.35 mm、12.7 mm、19 mm、22.2 mm 的中间半成品和零件全高,以分析临界点的应变变化情况,应变测量值如图 4.64

图 4.63　电熨斗顶盖试压开裂

所示。从图中可以看出零件深度达到 19 mm 后,应变开始在局部有急剧的增长。详细检查模具后,发现凸模尖端处型面不光滑,有局部凸起,如图 4.65 所示,因而材料产生过度拉伸。修正型面后,破裂防止了,但应变值仍嫌太高,不利于生产条件下的压制,如图 4.66 中的情况(A) 所示。加大高应变处及其周围部分的凹模圆角后,最大应变(长轴应变) 下降很多,如图 4.66 中的情况(B) 所示,同时凹模圆角增加后,材料易于从前端的两侧流入,如图 4.67 所示,这样最小应变(短轴应变) 变得更负,安全性就更大了,相当于在图 4.68 所示的成形图上由 A 点移至 B 点。进一步减窄前端部分的毛料,可促进材料更容易从两侧流入,如图 4.69 所示,使应变点进一步由 B 点移至 C 点,如图 4.68 所示。但是,前端毛料也不是越窄越好,如果宽度过窄,可能在零件头部起皱。

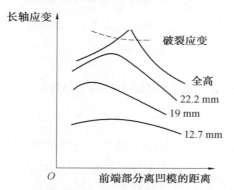

图 4.64　压制不同高度时应变测量值

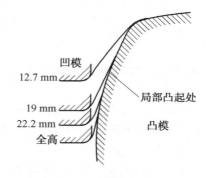

图 4.65　过度拉伸引起的局部凸起

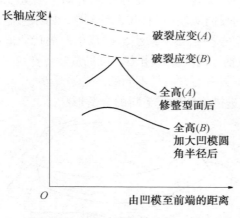

图 4.66　修正型面后的应变测量值

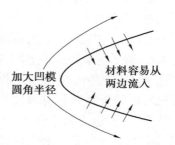

图 4.67　凹模圆角增加后材料
　　　　　流动示意图

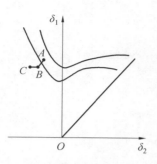

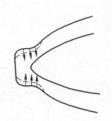

图 4.68　凹模圆角增加后应变路径变化　　　图 4.69　进一步减窄前端部分毛料后
　　　　　　　　　　　　　　　　　　　　　　　　　材料流动示意图

（4）有利于开展工艺性试验研究,便于积累生产经验。

复杂零件压制时,在一定条件下调整毛料的尺寸和外形,可以改变材料的变形条件,防止危险区域发生拉裂和起皱。图 4.70 所示的叉形零件,凹弯边处变形量大,容易拉裂。在展开毛料上适当增加余量,如图中阴影线部分所示,增大翻边区材料的变形抗力,将危险区域的拉伸变形更多分散至两边直段,使材料的变形性质向局部成形转化,就有可能防止边缘拉裂。工艺余量的合理数值与翻边变形量有关,翻边变形量大的地区,工艺余量也应较大。

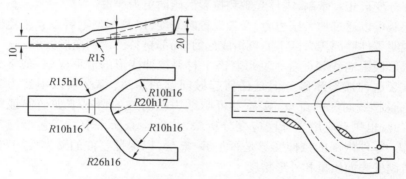

图 4.70　叉形零件(30CrMnSi,$t = 1.0$ mm)凹弯边处拉裂示意图

复杂拉深件成形时,为了防止因四周材料不均匀流动形成的边皱,以及中间悬空部分出现的内皱,往往需要在零件的突缘上布置防皱埂,如图 4.71 所示,增加局部地区的流动阻力和进一步绷紧内皱区域的材料。

复杂零件的毛料尺寸和形状,防皱埂的布置和相应的毛料余量,新产品的造型设计等,直接关系到模具的制造难易,材料能否经济利用,压制过程的成败,因而必须开展系统的工艺研究。应用坐标网应变分析法,能够正确确定各种工艺参数,做到生产过程合理化,并且也便于生产经验的积累和应用。

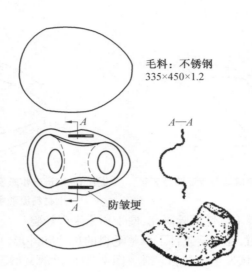

毛料：不锈钢
335×450×1.2

A—A

防皱埂

图4.71 复杂拉深件成形时在零件的突缘上布置防皱埂

（5）用于提高复杂冲压件的成形质量。

汽车覆盖件类冲压件,形状十分复杂,零件成形往往兼有多种变形性质,由于各部分变形相互牵制,零件起皱和拉裂的倾向更为严重。

起皱可以通过加大压边力,合理设置防皱埂,以及调整毛料形状来克服。拉裂则说明零件壁部传力区不能负担成形力,局部材料已达到变形极限。

成形极限曲线表征各种变形状态下材料拉伸变形的成形极限,似乎只限于解决破裂这种成形障碍。但是任何起皱问题的解决,都必须以不裂为基本条件。克服起皱问题的难点,实质上可归结为在防皱的情况下如何保证零件不裂。因此,也只有应用坐标网应变分析法,才能检查所采取的工艺措施是否恰当、有力,零件内部的拉伸变形是否足够、充分,以保证零件的贴模性和定形性,提高压制件表面质量和外形精度。

（6）用于生产过程的控制和监视。

实际生产中影响生产过程稳定的因素繁多,如材料成形性能的差异,润滑剂性能的变动,模具磨损情况,机床调整,压边力控制和工人操作情况等。但是这是众多因素影响的综合效果,集中表现在零件应变的分布和大小上。验收工艺规程和模具时,可压出一件带有坐标网的"标准零件",将其危险区的应变标注在成形极限图上。定期插入一块印有坐标网的毛料,成形后将其与"标准零件"加以比较,就可看出所有影响因素是否稳定。如果发现对"标准零件"有任何较大的漂移,都应仔细研究引起漂移的原因。如发现已漂移到临近界限曲线,则应停止生产,以预防大量废品的产生。

(7) 用于寻找故障。

例如,大量生产的汽车轮毂盖,如图4.72 所示,分三道工序成形。第一道正拉深压成带突缘的锅底,第二道是中间部分的反拉深,第三道成形工序是内孔翻边,中部压出平面下陷和弯出四个外弯边。正常情况下,其危险点的应变路

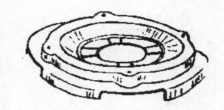

图4.72 大量生产的汽车轮毂盖示意图

线如图 4.73(a) 所示。某次突然发生大量废品,要在三次工序的许多因素中去寻找原因,漫无目标。如画出报废情况下危险点的应变路线,如图 4.73(b) 所示。比较图 4.73(a) 和图 4.73(b),可以明显看出工序2 的应变路线有突然的改变,问题就出在工序 1 和 2 的转接上。由于工序 1 拉深深度偏大,拉入的材料过多,因此在工序 2 中要将多余的材料"挤出去"。工序 1 深度大的原因是冲床检修后,调整时行程大了 12 mm。消除此因素后,危险点的应变路线和零件的生产情况又都回到原来的稳定状态。

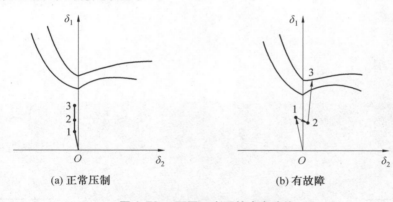

(a) 正常压制   (b) 有故障

图 4.73   不同工序下的应变路线

综上所述,网格应变分析法和成形极限图,已是工艺人员改进工艺过程,检验人员控制产品质量,工人之间进行生产交接等的有力工具。

在冲模试压阶段,应用上述技术作为诊断工具,更有重要的功用。通过发现潜在的危险,可以及时采取有效的补救措施,避免模具移交生产车间时带有"后遗症"。

大型复杂件的压制中,毛料尺寸和形状的确定,以及模具上防皱埂的设置,是两个关键因素。只有应用上述技术,才能摸清设计规律、提高设计水平,以及节约材料。因此,积极开发这一技术,并在冲压领域中加速推广,对挖掘生产潜力、增加产量、提高产品质量、经济效益和生产技术管理水平,都会有巨大促进作用。

第 5 章

板材塑性失稳理论

本 章详细阐述了板材冲压成形过程中的拉伸分散性和集中性失稳理论公式的推导及其应用,以及压缩失稳起皱理论公式的推导及其应用。

5.1　塑性失稳定义与分类

5.1.1　塑性失稳定义及失稳点确定

塑性失稳是指当材料所受载荷达到某一临界值时,即使载荷下降,塑性变形还会继续的现象。单向拉伸过程中当位移 – 载荷曲线中载荷出现下降时(此时试样出现颈缩而并未断裂),在载荷的作用下试样是在继续变形的,如图 5.1 所示。薄壁结构在压缩载荷作用下,当压缩载荷达到最大值时,薄壁结构出现弯曲起皱变形但并未发生断裂,在后续载荷作用下试样继续塑性变形,如图 5.2 所示。

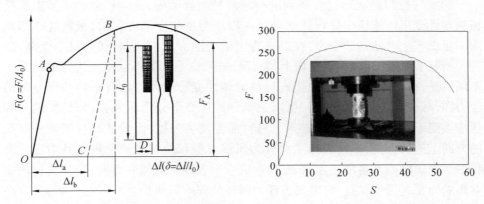

图 5.1　单向拉伸过程中的塑性失稳　　　　图 5.2　单向压缩过程中的塑性失稳

根据塑性失稳的定义可知,当拉伸力 F 达到最大值 F_{max} 时,即 $dF = 0$ 时,拉伸试样开始产生分散性缩颈,继续加载载荷下降同时塑性变形并未停止,故 $dF = 0$ 的点即为拉伸塑性失稳点(图5.3)。对于一般材料的拉伸来说,其拉伸曲线上有比较明显的拐点(或极值点),可以很轻松地确定失稳点位置。而对于有一些材料,如低碳钢等,其拉伸过程中的拉伸力 – 行程曲线上不是一个点而是一个范围,在这种情况下,选择拉伸力开始下降时的数据点为失稳点(图5.4)。因此,塑性失稳点的判定要掌握两个要点:一是拉伸载荷达到最大值(或极值);二是即使载荷下降塑性变形还会继续。只有同时满足这两个要点,才能准确判定失稳点的位置。

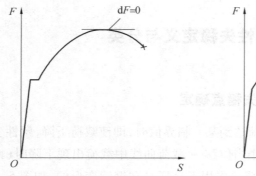
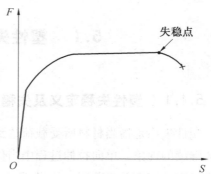

图 5.3　单向拉伸位移 – 载荷曲线　　图 5.4　低碳钢的拉伸力 – 行程曲线

5.1.2　塑性失稳的分类

起皱与拉裂是成形过程顺利进行的两种主要障碍,这两种障碍实质上都是板料塑性变形不能稳定进行的结果。在以压为主的变形方式中,板料往往因刚度不足而产生弯曲起皱变形;在以拉为主的变形方式中,板料往往过度变薄,出现沟槽甚至拉断,这种现象实质上和起皱一样,也是变形不能稳定进行的结果。不同的是,拉伸失稳只可能发生在材料的塑性变形阶段。结合板料冲压变形的应力图,从变形力学实质分析,可以把全部冲压变形分为两大类:伸长类变形和压缩类变形。这两大类变形方式下材料都会发生失稳,因此从材料所受外载荷的方向上进行分类,塑性失稳主要分为压缩失稳和拉伸失稳两种。其中压缩失稳的主要影响因素是刚度参数,在塑性成形中表现为起皱和弯曲;拉伸失稳的主要影响因素是强度参数,它主要表现为明显的非均匀伸长变形(颈缩、断裂)。在拉伸过程中,颈缩和剪切带的形成是最主要的现象,而其本征原因就是缺少加工硬化能力。板料的拉伸失稳根据其不同的发展阶段可分为分散性失稳和集中性失稳。

5.2　板料塑性变形的拉伸失稳

5.2.1　板料拉伸失稳内涵

设一理想均匀板料,原长 l_0、宽 ω_0、厚 t_0,在拉力 F 作用下,塑性变形后如果材料的应力 – 应变关系符合幂次式 $\sigma = K\varepsilon^n$,可以推得

$$F = A_0 K \varepsilon^n \exp(-\varepsilon) \tag{5.1}$$

或

$$F = A_0 K \left(\ln \frac{l}{l_0} \right)^n \left(\frac{l}{l_0} \right) \tag{5.2}$$

式中

$$A_0 = \omega_0 t_0, \quad A = \omega t, \quad \varepsilon = \ln \frac{l}{l_0} = \ln \frac{A_0}{A}$$

图 5.5 所示为理想均匀板料拉伸时,按式(5.2)绘出的拉力 – 伸长量曲线。如与实际板料拉伸工程应力曲线图做以对照,不难看出,载荷 F(工程应力 $\bar{\sigma}$)未达到最大值 $F_{\max}$(强度极限 σ_b)以前,两者基本一致,达到最大值(或 σ_b)后,理想均匀板料载荷(或 $\bar{\sigma}$)平缓下降,实际板料下降趋势急剧,曲线较短。

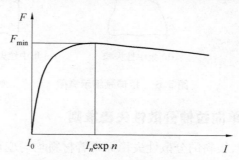

图 5.5　板料拉伸时拉力 – 伸长量曲线

从板料承载能力的角度看,$F = F_{\max}$ 后,材料已经做出了最大贡献,外载不可能再有所增加,但是加载失稳发生后,板料仍会在载荷下降的情况下继续发生塑性变形,结合塑性失稳定义,通常把这种现象称为板料拉伸的塑性失稳。

5.2.2　板料拉伸失稳分类

对于拉伸失稳而言,材料在不同的阶段,失稳特征也有所不同。塑性失稳之前,理想均匀板料和实际板料的变形行为基本一致。但从板料形状变化的角度看,理想均匀板料遵循宏观塑性力学的规律,理应保持均匀变形:沿着板料,轴向伸长与剖面收缩完全一致。而实际板料,当外载荷加载到一定阶段,板料则不能继续保持均匀伸长,呈现出颈缩现象,塑性变形局限在颈缩区内发展,曲线段较短。从塑性变形角度看,这也是一种失稳现象。在拉力作用下,材料经过稳定的均匀变形后,在一个较宽的区域内发生亚稳定流动,即材料承载能力薄弱的环节,在一个较宽的变形区域内交替转移扩散,称为分散性失稳或区域性颈缩(Diffuse Instability)。根据试验观察:板料单向拉伸时,外载的加载失稳点和塑性变形的分散性失稳点基本上同时发生,颈缩扩散发展到一定程度后,不稳定流动的发展局限在变形的某一狭窄带内(通常此条带宽度与板厚为同一量级)发展

成为沟槽,称为集中性失稳或局部性失稳(Localized Instability)。文献中有时也把板料的分散性失稳称为宽向失稳,而把集中性失稳称为厚向失稳。集中性失稳开始以后,沟槽加深,外载急剧下降,板料最后分离、拉断。图5.6所示为板料拉伸颈缩的示意图。因此,一般来讲,从塑性变形的历程角度来说,板料的拉伸失稳具有两个不同的发展阶段,即所谓分散性失稳(Diffuse Instability)与集中性失稳(Localized Instability)。

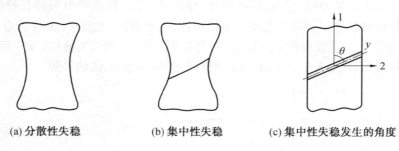

(a) 分散性失稳   (b) 集中性失稳   (c) 集中性失稳发生的角度

图5.6   拉伸颈缩示意图

5.2.3 Swift 单向拉伸分散性失稳准则

从变形性质来看,板料的分散性失稳标志着材料均匀变形阶段的结束,继续变形的潜力已经不大。从承载能力来看,这时材料已经做出最大贡献,外载荷不可能再有增加。

在单向拉伸试验中,当外加拉力 F 达到最大值时,出现区域性颈缩,产生分散性失稳。从外加拉力以及由此拉力引起试件的变形来看,失稳时,$dF = 0$。假定在此瞬间试件有 $d\varepsilon$ 的应变增量,试件截面上的应力就要产生相应的应力增量 $d\sigma$。因为 $F = \sigma A$,对其进行微分,得

$$dF = \sigma dA + A d\sigma \tag{5.3}$$

式中 A—— 试件瞬时剖面面积。

因为 $d\varepsilon = -\dfrac{dA}{A}$,且失稳时 $dF = 0$,带入式(5.3)联立得

$$d\sigma = \sigma d\varepsilon \tag{5.4}$$

从材料内在的变形性质来看,假定材料的应变硬化曲线为

$$\sigma = K\varepsilon^n \tag{5.5}$$

式中 K、n—— 材料常数。

当应变有 $\delta\varepsilon$ 增量时,材料的变形抵抗力的增量 $\delta\sigma$ 为

$$\delta\sigma = Kn\varepsilon^{n-1}\delta\varepsilon = \left[\frac{n}{\varepsilon}\right]\sigma\delta\varepsilon \tag{5.6}$$

不难看出,有

① 当 $\varepsilon < n$ 时，$\delta\sigma > d\sigma$，材料变形抵抗力的增量大于外加拉力所要求的应力增量，试件的拉伸变形是稳定的。

② 当 $\varepsilon > n$ 时，$\delta\sigma < d\sigma$，拉伸变形是不稳定的，毛坯发生失稳直至破裂。

③ 当 $\varepsilon = n$ 时，$\delta\sigma = d\sigma$，拉伸变形处于临界状态，即失稳点。

所以，单向拉伸时分散性失稳的条件可表示为

$$\frac{d\sigma}{\sigma} = d\varepsilon = -\frac{dA}{A} \tag{5.7}$$

在复杂应力状态下，应力强度 σ_i 与应变强度 ε_i 反映了各个应力、应变分量的综合作用，而单向拉伸应变强化曲线具有一般性应变强化曲线的性质。故其分散性失稳产生的条件为

$$\frac{d\sigma_i}{\sigma_i} = d\varepsilon_i \tag{5.8}$$

如材料的应力 – 应变关系符合幂次式 $\sigma_i = K\varepsilon_i^n$，利用分散性失稳的条件，单向拉伸时 $\sigma_i = \sigma_1$，$\varepsilon_i = \varepsilon_1$，所以分散性失稳时材料的应变强度为

$$\varepsilon_i = \varepsilon_1 = n \tag{5.9}$$

板材单向拉伸分散性失稳是讨论板料在双向受力而以拉为主的变形方式下塑性变形失稳问题的基础。但还有很多问题有待进一步深入研究。由于几何尺寸与材料性质不均，实际板料加载时产生分散性颈缩，其起始部位具有随机的性质。颈缩区材料交错滑移，其塑性变形的机理是比较复杂的，颈缩区内因应变速率 $\dot{\varepsilon}$ 与应变状态比值 $\rho = \dfrac{\varepsilon_1}{\varepsilon_2}$ 的变化产生的强化效应，可以取得颈内亚稳定流动的条件决定了实际板料分散颈缩的范围大小与集中失稳开始出现的时刻。

5.2.4　双向拉伸分散性失稳准则

设板材在冲压变形中，板平面内两个方向的主应力分别为 σ_1 和 σ_2，板厚方向主应力为 $\sigma_3 = 0$，用 $x = \sigma_2/\sigma_1$ 表示不同的应力状态。

在此主应力状态下的主应变相应为 ε_1、ε_2 和 ε_3，根据塑性变形时应力 – 应变关系的全量理论，可以得到平面应力状态下应力与全量应变的关系为

$$\begin{cases} \varepsilon_1 = \dfrac{\varepsilon_i}{\sigma_i}\left(\sigma_1 - \dfrac{1}{2}\sigma_2\right) \\[2mm] \varepsilon_2 = \dfrac{\varepsilon_i}{\sigma_i}\left(\sigma_2 - \dfrac{1}{2}\sigma_1\right) \\[2mm] \varepsilon_3 = -\dfrac{1}{2}\dfrac{\varepsilon_i}{\sigma_i}(\sigma_1 + \sigma_2) \end{cases} \tag{5.10}$$

将式（5.10）中的第二式除以第一式可得

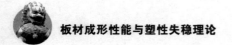

$$\frac{\varepsilon_2}{\varepsilon_1} = \frac{2x-1}{2-x} \tag{5.11}$$

即

$$\varepsilon_2 = \frac{2x-1}{2-x}\varepsilon_1 \tag{5.12}$$

同理,可得

$$\varepsilon_3 = -\frac{1+x}{2-x}\varepsilon_1 \tag{5.13}$$

由式(5.12)、式(5.13)可得以下等效应变与各主应变之间的关系表达式:

$$\begin{cases} \varepsilon_i = \dfrac{2\left(1-x+x^2\right)^{\frac{1}{2}}}{2-x}\varepsilon_1 \\[2ex] \varepsilon_i = -\dfrac{2\left(1-x+x^2\right)^{\frac{1}{2}}}{1-2x}\varepsilon_2 \\[2ex] \varepsilon_i = -\dfrac{2\left(1-x+x^2\right)^{\frac{1}{2}}}{1+x}\varepsilon_3 \end{cases} \tag{5.14}$$

此时平面应力状态时的等效应力为

$$\sigma_i = \sigma_1\left(1-x+x^2\right)^{\frac{1}{2}} \tag{5.15}$$

对式(5.15)全微分可得

$$d\sigma_i = \frac{2-x}{2\sqrt{1-x+x^2}}d\sigma_1 - \frac{1-2x}{2\sqrt{1-x+x^2}}d\sigma_2 \tag{5.16}$$

而对等效应变表达式全微分可得

$$\begin{cases} d\varepsilon_i = \dfrac{2\left(1-x+x^2\right)^{\frac{1}{2}}}{2-x}d\varepsilon_1 \\[2ex] d\varepsilon_i = -\dfrac{2\left(1-x+x^2\right)^{\frac{1}{2}}}{1-2x}d\varepsilon_2 \\[2ex] d\varepsilon_i = -\dfrac{2\left(1-x+x^2\right)^{\frac{1}{2}}}{1+x}d\varepsilon_3 \end{cases} \tag{5.17}$$

这时的应变分量的增量只与当时的应力状态有关,具有瞬时的意义。由式(5.16)、式(5.17)可得

$$\frac{d\sigma_i}{d\varepsilon_i} = \frac{(2-x)^2}{4(1-x+x^2)} \cdot \frac{d\sigma_1}{d\varepsilon_1} + \frac{(1-2x)^2}{4(1-x+x^2)} \cdot \frac{d\sigma_2}{d\varepsilon_2} \tag{5.18}$$

式中 $d\varepsilon_1 = -\dfrac{2-x}{1-2x}d\varepsilon_2$。

式(5.18)中$\dfrac{d\sigma_i}{d\varepsilon_i}$恰是板料$\sigma_i - \varepsilon_i$曲线上塑性变形阶段里任一点的切线斜率。

1. Swift 双向拉伸分散性失稳准则

设自平面应力状态下的变形体上取出一个微体,因而可认为其上作用的应力是均匀分布的,如图5.7所示。图中 σ_1、σ_2 是作用在微体上的两个主应力,F_1、F_2 是相应方向的载荷。1952 年,Swift 在分析平面应力问题时提出,微体在失稳时承受的双向拉伸载荷,不受该微量应变发展的影响,即在失稳时

$$\mathrm{d}F_1 = \mathrm{d}F_2 = 0 \tag{5.19}$$

式(5.19) 就是所谓 Swift 失稳的判据,意味着板料的承载能力在两个方向上同时出现极值。

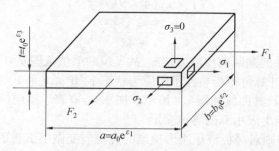

图 5.7　双向拉伸作用下失稳区微体尺寸及受力示意图

假设微体长、宽、厚分别为 a_0、b_0、t_0,拉伸变形后为 a、b、t(图5.7),则沿 1 轴方向的拉力 F_1 为

$$F_1 = b_0 t_0 \mathrm{e}^{-\varepsilon_1} \sigma_1 \tag{5.20}$$

沿 2 轴方向的拉力 F_2 为

$$F_2 = a_0 t_0 \mathrm{e}^{-\varepsilon_2} \sigma_2 \tag{5.21}$$

由 Swift 失稳判据可知

$$\frac{\mathrm{d}\sigma_1}{\mathrm{d}\varepsilon_1} = \sigma_1 \tag{5.22}$$

$$\frac{\mathrm{d}\sigma_2}{\mathrm{d}\varepsilon_2} = \sigma_2 \tag{5.23}$$

将式(5.22)、式(5.23) 代入式(5.18) 得

$$\frac{\mathrm{d}\sigma_i}{\mathrm{d}\varepsilon_i} = \frac{(2-x)^2}{4(1-x+x^2)} \cdot \sigma_1 + \frac{(1-2x)^2}{4(1-x+x^2)} \cdot \sigma_2 \tag{5.24}$$

由式(5.15) 和 $x = \sigma_2/\sigma_1$,式(5.24) 可写成

$$\frac{\mathrm{d}\sigma_i}{\mathrm{d}\varepsilon_i} = \frac{(1+x)(4-7x+4x^2)}{4(1-x+x^2)^{\frac{3}{2}}} \cdot \sigma_i \tag{5.25}$$

此外,根据单一曲线假设,由式(5.5) 可得

$$\frac{\mathrm{d}\sigma_i}{\mathrm{d}\varepsilon_i} = Kn\,\varepsilon_i^{\,n-1} = \left[\frac{n}{\varepsilon_i}\right]\sigma_i \tag{5.26}$$

比较式(5.25)与式(5.26),可得在 $\mathrm{d}F_1 = \mathrm{d}F_2 = 0$ 条件下,分散性失稳的应变强度为

$$\varepsilon_{ik} = \frac{4\sqrt{(1 - x + x^2)^3}}{(1 + x)(4 - 7x + 4x^2)}n \tag{5.27}$$

已知分散性失稳的应变强度后,根据本构关系式(5.14)可得

$$\begin{cases} \varepsilon_{1k} = \dfrac{2(2 - x)(1 - x + x^2)}{(1 + x)(4 - 7x + 4x^2)} \cdot n \\[3mm] \varepsilon_{2k} = \dfrac{2(2x - 1)(1 - x + x^2)}{(1 + x)(4 - 7x + 4x^2)} \cdot n \\[3mm] \varepsilon_{3k} = -\dfrac{2(1 - x + x^2)}{4 - 7x + 4x^2} \cdot n \end{cases} \tag{5.28}$$

由于以上考虑的是两向拉应力情况,故 x 值的取值范围是 $0 \leqslant x \leqslant 1$。

由式(5.28)计算可得板料在不同应力状态下($0 \leqslant x \leqslant 1$)发生分散性失稳时的各主应变分量,其曲线如图5.8所示。图中 $x = 0$ 表示单向拉伸,$x = 0.5$ 时为平面应变问题,$x = 1$ 表示双向等拉变形。

当时,Swift 准则对薄板液压胀形顶点的失稳应变做了试验研究,结果良好。但这只是双向等拉应力状态下的验证结果。Keeler 也是应用 Swift 失稳准则来预测板料成形极限图的右部整个曲线的。但是,Swift 和以后其他学者的论著并未讨论这个准则与吕德斯线之间有何关系。

为了在物理现象上弄清这个问题,现对 $\mathrm{d}F_1 = \mathrm{d}F_2 = 0$ 时,微体的失稳变形进行分析。先看 $\mathrm{d}F_1 = 0$ 的情况。设用 s 表示微体的变形发展参数,并对微体的 σ_1 方向取几何坐标 l,如图5.9所示。显然在该微体丧失均匀变形状态前,存在 $F_1(s,l) = \sigma_1(s,l) \cdot f_1(s,l)$ 的关系。式中 f_1 是微体的截面积。

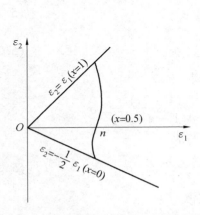

图5.8　Swift 准则预测的分散性失稳极限曲线

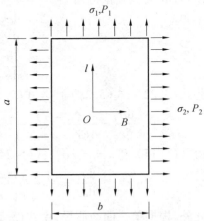

图5.9　双向拉伸微体受力状态

根据微分的定义:

$$\mathrm{d}F_1 = \frac{F_1}{s}\mathrm{d}s + \frac{F_1}{l}\mathrm{d}l = f_1\mathrm{d}\sigma_1 + \sigma_1\mathrm{d}f_1 \qquad (5.29)$$

截面积 f_1 的增量 $\mathrm{d}f_1$ 为

$$\mathrm{d}f_1 = \frac{f_1}{s}\mathrm{d}s + \frac{f_1}{l}\mathrm{d}l \qquad (5.30)$$

但在现在所讨论的范围内,显然 $\mathrm{d}F_1$ 是与坐标 l 无关的量,在所取微体丧失均匀变形状态前,f_1 也是与 l 无关的,即上面式子中的 $F_1/l = 0$ 和 $f_1/l = 0$。另外,应用体积不变假设,存在 $\mathrm{d}f_1 = -f_1\mathrm{d}\varepsilon$,$\mathrm{d}\varepsilon_1$ 是该截面上的材料质点在 σ_1 方向的主应变增量。因而可得

$$\frac{F_1}{s} = -\left[\frac{\mathrm{d}\sigma_1}{\mathrm{d}\varepsilon_1} - \sigma_1\right]\frac{f_1}{s} \qquad (5.31)$$

由此看到,当所取微体在 σ_1 方向的承载能力达到极限,即 $\mathrm{d}F_1 = 0$ 或 $F_1/s = 0$ 时,存在 $\frac{\mathrm{d}\sigma_1}{\sigma_1} = \mathrm{d}\varepsilon_1$(当 $\mathrm{d}F_1 = 0$ 时)。

现在来研究 F_1/s。显然,对所研究的微体,F_1/s 仍是与坐标 l 无关的量,即 $(F_1/s)/l = 0$。由此得到

$$\left[\frac{\mathrm{d}\sigma_1}{\mathrm{d}\varepsilon_1} - \sigma_1\right] - \left[\frac{f_1}{s}\right]_l + \frac{f_1}{s} - \left[\frac{\mathrm{d}\sigma_1}{\mathrm{d}\varepsilon_1} - \sigma_1\right]_l = 0 \qquad (5.32)$$

注意到这些式子只在微体丧失均匀变形状态前有效,即在所讨论的范围内,总是 $(\mathrm{d}\sigma_1/\mathrm{d}\varepsilon_1 - \sigma_1)/l = 0$。由此式可见,在 $\mathrm{d}F_1 > 0$ 或 $\mathrm{d}\sigma_1/\mathrm{d}\varepsilon_1 - \sigma_1 > 0$ 的变形阶段,$(f_1/s)/l = 0$。这意味着微体的截面积变化是均匀的。但在 $\mathrm{d}F_1 = 0$,即 $\mathrm{d}\sigma_1/\mathrm{d}\varepsilon_1 - \sigma_1 = 0$ 的时刻,$(f_1/s)/l = 0$ 就有可能出现非零解,这意味着微体的截面积在这个时刻开始不均匀变化。

由此可以看到,当 $\mathrm{d}F_1 = 0$ 时,微体将开始某种失稳变形,但失稳变形的形式是截面积的不均匀变化,而不是出现吕德斯线。

现在对 $\mathrm{d}F_2 = 0$ 的情况进行讨论。由于 σ_1 和 σ_2,即 F_1 和 F_2 是相互垂直的,前面的分析并不受另一方向应力的影响,所以对 $\mathrm{d}F_2 = 0$ 的情况,可以得出完全相同的结论。

由此可见,即使在 $\mathrm{d}F_1 = \mathrm{d}F_2 = 0$ 情况下,也不表明板材上会出现吕德斯线。这说明用 Swift 准则来预测板材的成形极限,是缺乏确切的物理依据的。另外,在此顺便指出,取微体的承载能力达到极限,或者说取它最大承载能力的丧失为准则的这种失稳,常称为分散性失稳。

2.托姆列诺夫 – 里格诺尼 – 汤姆逊等双向拉伸分散性失稳准则

分散性失稳的准则,除了上述 Swift 提出的外,托姆列诺夫(1963 年)、里格诺

尼和汤姆逊(1969年)提出另外一种准则,认为只要板面内两个主应力中最大的一个(一般假设它为 σ_1)的方向上的承载能力达到极限时,微体就开始进入失稳状态。用数学式表示即为式(5.22)。对于这个失稳准则的合理性,可分析如下。

首先,当 $\mathrm{d}F_1 = 0$ 时,微体丧失其变形过程的稳定性,将开始由稳定变形阶段进入不稳定变形阶段。即从物理概念上讲,$\mathrm{d}F_1 = 0$ 的条件确实是体现着一种失稳状态的开始,因而把它作为一种失稳准则提出来是充分的。当然,它与 $\mathrm{d}F_1 = \mathrm{d}F_2 = 0$ 同时满足的 Swift 准则反映的不一定是同一种失稳状态,假设后者在物理上是存在的。

其次,注意到失稳是在微体变形发展进行过程中出现的现象,这意味着 $\mathrm{d}F_1 = 0$ 状态的到达不比 $\mathrm{d}F_1 = \mathrm{d}F_2 = 0$ 状态的到达迟,因为后者包含前者。因此,就微体变形过程稳定性的开始丧失来看,宜以 $\mathrm{d}P_1 = 0$ 的准则来衡量。

另一方面,对于 $\mathrm{d}F_1 = \mathrm{d}F_2 = 0$ 的 Swift 失稳准则的合理性问题,哥露佛列夫(1966年)证明,除了在双向等拉应力状态下之外,在其他应力状态下,塑性变形过程中的 $\mathrm{d}F_1 = 0$ 和 $\mathrm{d}F_2 = 0$ 同时达到的情况是不切合实际的,因为它们不能被塑性条件相容。

基于这些分析可以看出,选用 $\mathrm{d}F_1 = 0$ 作为分散性失稳的准则是合理的。

当假设失稳条件为 $\mathrm{d}F_1 = 0$ 时,即 $\dfrac{\mathrm{d}\sigma_1}{\mathrm{d}\varepsilon_1} = \sigma_1$。利用式(5.15)和式(5.17),从失稳条件式(5.22)可得

$$\frac{\mathrm{d}\sigma_i}{\mathrm{d}\varepsilon_i} = \frac{2 - x}{2\sqrt{1 - x + x^2}} \cdot \sigma_i \tag{5.33}$$

根据式(5.5),令式(5.26)与式(5.33)相等,即可求出在失稳条件为 $\mathrm{d}F_1 = 0$ 情况下,分散性失稳发生时的应变强度为

$$\varepsilon_{ik} = \frac{2\sqrt{1 - x + x^2}}{2 - x} \cdot n \tag{5.34}$$

根据应变强度以及本构关系可得

$$\begin{cases} \varepsilon_{1k} = n \\ \varepsilon_{2k} = \dfrac{2x - 1}{2 - x} \cdot n \\ \varepsilon_{3k} = -\dfrac{1 + x}{2 - x} \cdot n \end{cases} \tag{5.35}$$

由式(5.35)计算可得板料在不同应力状态下($0 \leqslant x \leqslant 1$)发生分散性失稳时的各主应变分量,其曲线如图5.10所示。图中 $x = 0$ 表示单向拉伸,$x = 0.5$ 时为平面应变问题,$x = 1$ 表示双向等拉变形。

图 5.11 所示为不同分散性失稳条件下 ε_{ik} 与 x 的关系曲线。当 $x = 0$、$x = 0.5$ 或 $x = 1$ 时,两种分散性失稳同时发生;当 $0 < x < 0.5$ 时,Swift 分散性失稳极限小于汤姆逊等分散性失稳极限,板料先发生 Swift 分散性失稳,然后发生汤姆逊等分散性失稳;而当 $0.5 < x < 1$ 时,却是汤姆逊等分散性失稳极限小于 Swift 分散性失稳极限。

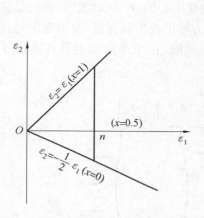

图 5.10　托姆列诺夫 – 里格诺尼 – 汤姆逊等准则预测的分散性失稳极限曲线

图 5.11　不同分散性失稳条件下 ε_{ik} 与 x 的曲线

此外,这里将对分散性失稳的开始和发展变化对微体几何形状变化的影响进行分析。

由于失稳是在微体变形发展过程,或者说是在其截面面积逐步缩减过程中出现的现象,因此,首先达到失稳状态处的材料,必是位于缩减较快的截面上,反之亦然。这就是说,应用体积不变假设,首先进入失稳状态处的材料的 $d\varepsilon_1$ 较大。

根据塑性增量理论,忽略体积变化时,存在:

$$\frac{d\varepsilon_2}{2\sigma_2 - \sigma_1} = \frac{d\varepsilon_1}{2\sigma_1 - \sigma_2} \tag{5.36}$$

$$d\varepsilon_2 = \frac{\sigma_2 - \dfrac{1}{2}\sigma_1}{\sigma_1 - \dfrac{1}{2}\sigma_2}d\varepsilon_1 \tag{5.37}$$

由该式可见,就绝对值来讲,$d\varepsilon_2$ 与 $d\varepsilon_1$ 成正比,即首先进入失稳状态的材料,其 $d\varepsilon_2$ 的绝对值也比其他部分材料的大。至于其正、负号,则取决于 $d\varepsilon_1$ 前的符号。在 $\sigma_1 > \sigma_2$ 的规定下,由式(5.37)看到,在 $\sigma_2 < \dfrac{1}{2}\sigma_1$ 的应力场里,$d\varepsilon_2$ 与

$\mathrm{d}\varepsilon_1$ 异号,由于 $\mathrm{d}\varepsilon_1$ 总是正号,所以在这种应力场里,失稳状态材料的横向变形是比其他材料有较多的收缩,故失稳微体的平面图形将呈现如图5.12(a)所示的形状,称为颈缩;而在 $\sigma_2 > \dfrac{1}{2}\sigma_1$ 的应力场里,由式(5.37)看到,因 $\mathrm{d}\varepsilon_2$ 与 $\mathrm{d}\varepsilon_1$ 同号,所以,在这样的应力场里,失稳微体的平面图形将呈现如图5.12(b)所示的形状,形似鼓肚。

根据平衡方程,不难定性地确定,颈缩是使中心的 σ_2 相对增加,鼓肚是使中心的 σ_2 相对减少。分散性失稳在不同的应力场里发生和发展,会引起失稳微体应力状态的这种不同性质的变化,是应该注意的,但至今尚未有其他著作予以阐明。

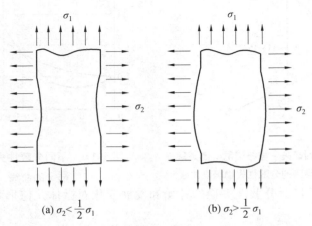

(a) $\sigma_2 < \dfrac{1}{2}\sigma_1$ (b) $\sigma_2 > \dfrac{1}{2}\sigma_1$

图5.12　尺寸原为均匀的微体分散性失稳后的形状变化

5.2.5　集中性失稳理论(或局部性失稳理论)

1. Hill 集中性失稳理论

现有的板料塑性拉伸失稳理论,认为拉伸失稳的类型有两种:一为分散性失稳,二为局部性失稳。对后一种失稳,目前都是沿用1952年 Hill 导出的准则。

Hill 最先指出,集中性颈缩的发生、发展,主要是依靠板料的局部变薄,而沿着细颈方向,没有长度的变化。因此,它产生的条件是失稳剖面材料的强化率与其厚度的缩减率恰好相互平衡。只有在这种情况下,局部细颈才有可能进一步发展,而其他部位的材料则因应力保持不变甚至降低而停止变形。

Hill 分析了薄板在 $\sigma_2 < \dfrac{1}{2}\sigma_1$ (仍规定 $\sigma_1 > \sigma_2$)的应力场里出现吕德斯线的局部颈缩问题,用的是特征线方法。如果设特征线的方向为 y ,与它垂直的方向为 x ,最大主应力 σ_1 与 x 之间的夹角为 α ,则 Hill 导出的局部性失稳准则是

$$\frac{d\sigma_x}{\sigma_x} = \frac{d\sigma_y}{\sigma_y} = - d\varepsilon_t, \quad d\varepsilon_y = 0 \tag{5.38}$$

失稳线,也就是局部颈缩线的方向为

$$\tan^2\alpha = -\frac{d\varepsilon_1}{d\varepsilon_2} = -\frac{\sigma_1 - \frac{1}{2}\sigma_2}{\sigma_2 - \frac{1}{2}\sigma_1} \tag{5.39}$$

但在 $\sigma_1 > \sigma_2 > \sigma_1/2$ 的应力场里,式(5.39)无实根。所以,在至今的有关论著中,有一部分回避局部性失稳是否会在这种应力场里发生的问题;而有一部分论著则明确认为局部性失稳在这种应力场里不会发生,从而提出了不齐性理论。

显然,后一种观点是没有考虑到失稳微体实际应力场的变化的。实际上,如5.2.4节所述,在 $\sigma_1 > \sigma_2 > \sigma_1/2$ 的应力场里,分散性失稳发生后,失稳微体实际上承受的主应力 σ_2 会相对减少,即使变形体承受的外力场不变,这种变化还是在随着失稳变形的发展而进行着。当 σ_2 相对减少到其值为 σ_1 的一半时,由式(5.39)看到,该式就会出现 $d\varepsilon_2 = 0$, $\tan^2\alpha \to \infty$ ($\alpha = 90°$) 的奇异解,这就不再是无解了。所以,从理论上讲,在 $\sigma_1 > \sigma_2 > \sigma_1/2$ 的应力场里,局部性失稳仍然会发生的。何况在实际观察中,情况也确实如此。在此必须着重指出:

(1) 在 $\sigma_2 > \sigma_1/2$ 的应力场里的局部性失稳,是在分散性失稳之后,并有赖于分散性失稳的发展来创造条件的;

(2) 局部性失稳的失稳线(也就是吕德斯线)的方向总是与最大主应力 σ_1 的方向垂直,失稳总是在 $d\varepsilon_2 = 0$ 的情况下发生的,因为在 σ_2 相对减少的过程中,首先能使式(5.39)有解的,总是这个奇异解。

在这个奇异解的基础上,可对 Hill 给出的局部性失稳准则表达式做如下变换:

显然,用主方向的应力和应变表示,并应用体积不变假定后,式(5.38)变为

$$\frac{d\sigma_1}{\sigma_1} = \frac{d\sigma_2}{\sigma_2} = - d\varepsilon_3 = d\varepsilon_1(\sigma_1 > \sigma_2), \quad d\varepsilon_2 = 0 \tag{5.40}$$

$$\begin{cases} \dfrac{d\sigma_1}{d\varepsilon_3} = -\sigma_1 \\[2mm] \dfrac{d\sigma_2}{d\varepsilon_3} = -\sigma_2 \\[2mm] d\varepsilon_2 = 0 \end{cases} \tag{5.41}$$

注意到式(5.41)的第一项与最后一项合并起来就是式(5.22),则在 $\sigma_1 > \sigma_2 > \sigma_1/2$ 的应力场里,它与分散性失稳准则的不同之处,是增加了 $d\varepsilon_2 = 0$ 的条件,局部性失稳准则也可写成式(5.42)的形式。

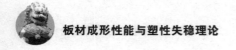

$$dF_1 = 0, \quad d\varepsilon_2 = 0 \tag{5.42}$$

至于在这种情况下,在物理现象上,是否确定会出现吕德斯线的问题,已不难阐述。设自局部性失稳部位取出一足够小的微体,因而可以认为其上的应力是均布的。如上所述,$dF_1 = 0$ 时会使微体开始截面面积的不均匀变化,再加上 $d\varepsilon_2 = 0$ 的条件,而这种变化是在微体宽度不变的情况下进行的,因而,必是开始板厚的不均匀变化,在板材外观上将呈现出吕德斯线式的局部性颈缩。

由式(5.16)和式(5.17)有

$$\frac{d\sigma_i}{d\varepsilon_i} = -\frac{2+x-x^2}{4(1-x+x^2)} \cdot \frac{d\sigma_1}{d\varepsilon_3} + \frac{1-x+2x^2}{4(1-x+x^2)} \cdot \frac{d\sigma_2}{d\varepsilon_3} \tag{5.43}$$

将式(5.40)或式(5.41)代入式(5.43)可得

$$\frac{d\sigma_i}{d\varepsilon_i} = -\frac{1+x}{2}d\sigma_1 \tag{5.44}$$

将式(5.15)代入到式(5.44)可得

$$\frac{d\sigma_i}{d\varepsilon_i} = \frac{1+x}{2\left(1-x+x^2\right)^{\frac{1}{2}}}\sigma_i \tag{5.45}$$

联立式(5.26)和式(5.45)求解,可得到集中性失稳时的等效应变为

$$\varepsilon_{ij} = \frac{2\left(1-x+x^2\right)^{\frac{1}{2}}}{1+x} \cdot n \tag{5.46}$$

由式(5.14)可得

$$\begin{cases} \varepsilon_{1k} = \frac{2-x}{1+x} \cdot n \\ \varepsilon_{2k} = -\frac{1-2x}{1+x} \cdot n \\ \varepsilon_{3k} = -n \end{cases} \tag{5.47}$$

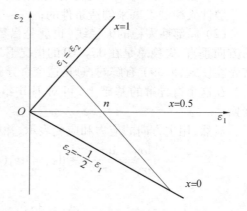

由式(5.47)计算可得板料在不同应力状态下$(0 \leqslant x \leqslant 1)$发生 Hill 集中性失稳时的各主应变分量,其曲线如图5.13所示。图中 $x = 0$ 表示单向拉伸,$x = 0.5$ 时为平面应变问题,$x = 1$ 表示双向等拉变形。

图 5.13 Hill 集中性失稳准则预测的集中性失稳极限曲线

比较式(5.27)、式(5.34)和式(5.46)可得不同失稳准则下应变强度与应力状态之间的关系曲线,如图5.14所示,由式(5.28)、式(5.35)和式(5.47)可得不同失稳准则下失稳极限与应力状态之间的关系曲线,如图5.15所示。通过分析图5.14和图5.15可知,当 $x = 0.5$ 时,两种分散性失稳和集中性失稳同时发生;当 $0 < x < 0.5$ 时,先发生 Swift 分散性失稳,随后发生汤姆逊等分散

性失稳,最后发生 Hill 集中性失稳,板料先发生分散性失稳,然后发生集中性失稳;而当 $0.5 < x < 1$ 时却是集中性失稳极限小于两种分散性失稳极限,理应先发生集中性失稳后发生分散性失稳。但从材料断裂的情况来看,是由分散性失稳发展成集中性失稳而最终断裂。这说明分散性失稳理论和集中性失稳理论这两个关于板材双向拉伸时的塑性失稳经典理论也有不足之处。世界各国学者都开展了一系列研究,使板料拉伸塑性失稳理论不断地得到完善,但由于实际问题的复杂多变性,目前这些理论尚不能准确定量地反映实际的成形极限。而由试验所得的成形极限图则在普遍应用。

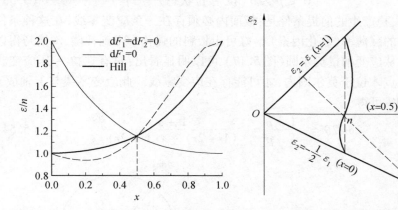

图 5.14　不同失稳条件下 ε_{ik} 与 x 的曲线　　图 5.15　不同失稳准则预测的失稳极限曲线

对于厚向异性板,单向拉伸时 $\sigma_{\mathrm{i}} = \sigma_1$,$\varepsilon_{\mathrm{i}} = \varepsilon_1$,$\dfrac{\mathrm{d}t}{t} = \mathrm{d}\varepsilon_3 = -\dfrac{1}{1+r}\mathrm{d}\varepsilon_1$,所以式 (5.22) 又可表示为

$$\frac{\mathrm{d}\sigma_1}{\mathrm{d}\varepsilon_1} = \frac{1}{1+r}\sigma_1 \tag{5.48}$$

应力强度与应变强度的增量分别为

$$\sigma_{\mathrm{i}} = \sqrt{1 - \frac{2rx}{1+r}x^2}\,\sigma_1 \tag{5.49}$$

$$\begin{cases} \mathrm{d}\varepsilon_{\mathrm{i}} = \dfrac{(1+r)\sqrt{1 - \dfrac{2rx}{1+r} + x^2}}{1+r-x}\mathrm{d}\varepsilon_1 \\[4mm] \mathrm{d}\varepsilon_{\mathrm{i}} = \dfrac{(1+r)\sqrt{1 - \dfrac{2rx}{1+r} + x^2}}{(1+r)x - r}\mathrm{d}\varepsilon_2 \\[4mm] \mathrm{d}\varepsilon_{\mathrm{i}} = -\dfrac{(1+r)\sqrt{1 - \dfrac{2rx}{1+r} + x^2}}{1+x}\mathrm{d}\varepsilon_3 \end{cases} \tag{5.50}$$

如果材料的应力－应变关系为 $\sigma_i = K\varepsilon_i^n$，单向拉伸时 $\sigma_1 = K\varepsilon_1^n$，$\mathrm{d}\sigma_1 = Kn\varepsilon_1^{n-1}\mathrm{d}\varepsilon_1$，代入式(5.10)，可得单向拉伸集中颈开始发生时的应变，为

$$\varepsilon_1 = (1 + r)n \tag{5.51}$$

2. 拉－压应变状态下集中性失稳理论

双向受拉应力状态($0 < x \leqslant l$)下的板料，其应变状态可能如图5.16所示，为

$$\frac{-1}{1+r} < \rho \leqslant 0 \text{(拉 － 压状态)} \tag{5.52}$$

$$0 \leqslant \rho \leqslant 1 \text{(拉 － 拉状态)} \tag{5.53}$$

集中性失稳产生的前提条件是：板面内必须存在一条应变零线，在这种条件下，板料厚度的减薄率(软化因素)恰好可由板料的强化率得到补偿，沟槽乃得以产生、发展。从应变增量莫尔圆(图5.17)可以明显看出：只有在拉－压应变状态下，坐标原点才位于莫尔圆内，才可能存在应变零线。此应变零线与1轴成 θ 角。由图5.17可得

$$\cos 2\theta = -\frac{1+\rho}{1-\rho} = -\frac{1+x}{(1+2r) - x(1+2r)} \tag{5.54}$$

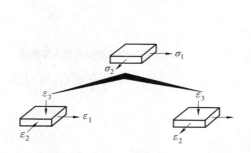

图5.16　双拉应力状态下的拉－压和拉－
拉应变状态示意图

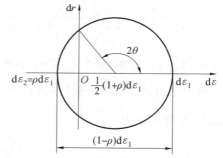

图5.17　应变增量莫尔圆

显然，平面应变状态($\rho = 0$ 或 $x = \dfrac{r}{1+r}$)时，坐标原点恰好位于圆周上，这是一种极限状态。这时，$\cos 2\theta = -1$，$\theta = 90°$ 沟槽与1轴垂直。如果 $\rho > 0$ 或 $x > \dfrac{r}{1+r}$，即超过平面应变的双拉状态，$\cos 2\theta > l$，式(5.54)无解。

当应力状态在单向拉伸和平面应变之间时($0 \leqslant x \leqslant \dfrac{r}{1+r}$，$\dfrac{-r}{1+r} \leqslant \rho \leqslant 0$)，板面内有应变零线存在。在满足这一前提条件下，当板料达到某一变形程度时，材料的强化率与厚度的减薄率恰好相等，沟槽－集中性失稳即开始发生，用数学关系表示，即为

$$\frac{\mathrm{d}\sigma_{\mathrm{i}}}{\sigma_{\mathrm{i}}} = -\frac{\mathrm{d}t}{t} = -\mathrm{d}\varepsilon_3 \tag{5.55}$$

或

$$\mathrm{d}\sigma_{\mathrm{i}} = -\sigma_{\mathrm{i}}\mathrm{d}\varepsilon_3 \tag{5.56}$$

用式(5.54)中第三式除以式(5.56),即得集中性失稳产生时的应变为

$$\varepsilon_j = \frac{(1+r)\sqrt{1-\dfrac{2rx}{1+r}+x^2}}{1+x}n \tag{5.57}$$

此时,板面内之二主应变 ε_{j1}、ε_{j2} 及厚向应变 ε_{j3} 分别为

$$\begin{cases} \varepsilon_{j1} = \dfrac{1+(1-x)r}{1+x}n \\[3mm] \varepsilon_{j2} = \dfrac{x-(1-x)r}{1+x}n \\[3mm] \varepsilon_{j3} = -n \end{cases} \tag{5.58}$$

3. 拉 – 拉应变状态下沟槽的发展理论

在超过平面应变的双拉状态下 $\left(\rho > 0、x > \dfrac{r}{1+r}\right)$ 应变增量莫尔圆在坐标原点右侧,不存在应变零线,失去了产生集中性失稳的前提。Hill 关于集中性失稳的理论似已失去有效性了。然而实际观察表明:板料在超过平面应变的双拉状态下发生破裂,裂纹垂直于最大拉应力的方向,破裂之前确有沟槽的产生和发展。这种集中性失稳现象,马辛尼亚克(Marciniak)与库克宗斯基(Kuczynski)用所谓"凹槽假说"(称为 M – K 理论)解释如下。

实际上板料并不是理想的均匀连续体,板面粗糙度不一,板内空穴随机分布,组织不均。所以板料在受载变形之前就已存在一些薄弱环节。这些薄弱环节的分布方位是随机的。为了简化分析,假定双拉板料在均匀区 A 以内,有一个薄弱环节——凹槽 B,凹槽 B 的方位,垂直于最大拉应力,一切几何的、物理的弱化影响因素都归结为板厚的减少,其模型如图 5.18 所示。

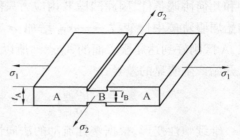

图 5.18　凹槽模型示意图

假定 A、B 两区的板厚、应力、应变等均标以脚注以示区别,并将两区原始厚度的比值用原始不均度 f_0 表示,则

$$f_0 = \left(\frac{t_B}{t_A} \right)_0 \tag{5.59}$$

一般而言，f_0 略小于 1。

在比例加载条件下（m_0、ρ_0 为常数），均匀区的主应力、主应变分量为

主应力分量：

$$\sigma_{1A}, \quad \sigma_{2A} = x_0 \sigma_{1A}, \quad \sigma_{3A} = 0 \tag{5.60}$$

主应变分量：

$$\varepsilon_{1A}, \quad \varepsilon_{2A} = \rho_0 \varepsilon_{1A}, \quad \varepsilon_{3A} = -(1 + \rho_0) \varepsilon_{1A} \tag{5.61}$$

板料受载变形满足力的平衡条件

$$\sigma_{1A} t_{1A} = \sigma_{1B} t_{1B} \tag{5.62}$$

和几何协调条件

$$d\varepsilon_{2A} = d\varepsilon_{2B} = d\varepsilon_2 \tag{5.63}$$

图 5.19 所示为板料的初始屈服轨迹。op 为一介于双向等拉与平面应变之间的双拉加载路线。op 的斜率为 x_0。如果均匀区的加载路线为 op，则因槽内应力 σ_{1B} 大于均匀区应力 σ_{1A}，所以槽内的加载路线将不同于 op。如果两区的原始厚度相差甚微，可以近似认为：弹性变形时两区的加载路线基本重合，但 B 区材料必先于 A 区进入屈服状态（到达 A_0）。

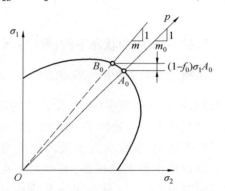

图 5.19 A、B 区板料的初始屈服轨迹

由于变形必须保证同时满足平衡条件和几何协调条件，因此凹槽 B 内应力只能在不改变材料屈服强度的前提下，沿初始屈服轨迹中性变载——σ_{1B} 增加，σ_{2B} 减少。设 B 区沿屈服表面变载至 B_0 点，A 区刚好到达屈服表面的 A_0 点。所以开始塑性变形时，两区的应力状态比即已开始产生明显的差异：

$$\left(\frac{\sigma_{2B}}{\sigma_{1B}} \right)_0 = x < x_0 = \left(\frac{\sigma_{2A}}{\sigma_{1A}} \right)_0 \tag{5.64}$$

继续塑性变形，根据塑性流动的法向性原则：应变强度增量 $(d\varepsilon_i)_{A0}$、$(d\varepsilon_i)_{B0}$ 应分别垂直于 A_0、B_0 点的屈服表面，$\rho < \rho_0$。但因 $(d\varepsilon_i)_{A0} = (d\varepsilon_i)_{B0} = d\varepsilon_2$，所以 $(d\varepsilon_1)_{B0} > (d\varepsilon_1)_{A0}$，$(d\varepsilon_i)_{B0} > (d\varepsilon_i)_{A0}$，如图 5.20 所示。这就意味着：继续屈服时，A 区和 B 区因变形程度不等将位于不同层次的屈服表面上。而应力 $(\sigma_i)_B >$ $(\sigma_i)_A$，B 区所处屈服表面层次将比 A 区外扩，如图 5.21 所示。

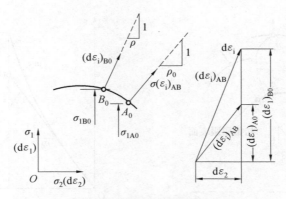

图 5.20　A、B 区板料的后继屈服轨迹

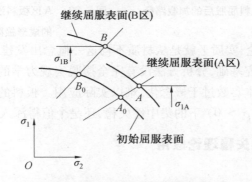

图 5.21　A、B 区板料的后继屈服表面

以上分析表明,塑性变形时,凹槽内、外应力状态是不同的。

如果 A 区按固定路线 op 加载,应力状态不变,B 区的加载路线将沿着不同层次的屈服表面挠曲变化,如图 5.22 所示,改变应力大小与应力状态以满足静力平衡和几何协调条件,最终到达平面应变状态 $B_1\left(x = \left(\dfrac{\sigma_{2B}}{\sigma_{1B}}\right)_B = \dfrac{r}{1+r}\right)$,此时 $(d\varepsilon_2)_{B_f} = 0$,凹槽加深,$(d\varepsilon_1)_{B_f} > (d\varepsilon_1)_{A_f}$,直至破裂。而 A 区所能达到的应变,即为加载路线 $x_0 \sim \rho_0$ 下的成形极限 $(\varepsilon_{1A})_L$,如图 5.23 所示。上述过程和结果,可用数值分析法加以描述和计算,其数学模型在文献中称为 M - K 微积分力程。

拉伸失稳现象,特别是成形过程中集中性失稳(沟槽)的产生,都是在大变形下出现的,这时材料的均匀连续性已经遭到严重破坏,因此,不能单纯用宏观力学的分析方法对此加以解释(例如希尔集中性失稳理论不能解释超乎平面应变的双拉状态),必须同时从微观与细观的角度,利用宏观 - 细观 - 微观相结合的分析方法,探索其产生、发展的规律。

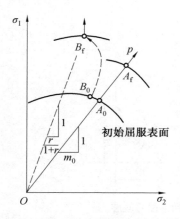

图 5.22 A、B 区板料屈服后的加载路径   图 5.23 A 区板料沿加载路线 x_0、ρ_0 下
                                                            的成形极限

M－K 凹模理论,实质上就是从材质不均这一概念出发建立的。但是缺乏微观与细观方面的研究基础,分析方法没有完全摆脱宏观力学的窠臼,它所引用的板厚不均度这一基本参数过于概念化,难以实际应用。板料的拉伸失稳问题,特别是超乎平面应变($\rho > 0$)下的集中性失稳,还是个值得深入研究的课题。

5.2.6 拉伸失稳理论应用

1. 薄壳球充压

假定球的原始半径为 R_0,球壳的厚度为 t_0,充内压 p 后,变为 R、t。

球壳处于双向等拉应力状态,其纬线向、经线向和厚向的主应力和主应变分别为 σ_θ、σ_r、σ_t 与 ε_θ、ε_r、ε_t。$\sigma_\theta = \sigma_r = \sigma_i$,$\sigma_t = 0$;$\varepsilon_\theta = \varepsilon_r = \dfrac{1}{2}\varepsilon_t$,$\varepsilon_t = -\varepsilon_i$;$t = t_0 \mathrm{e}^{\varepsilon_t} = t_0 \mathrm{e}^{-\varepsilon_i}$,$R = R_0 \mathrm{e}^{\varepsilon_r} - R_0 \mathrm{e}^{\frac{1}{2}\varepsilon_i}$,则因 $\sigma_r = K\varepsilon_i^n$,所以

$$p = \frac{2\sigma_\theta t}{R} = 2K\varepsilon_i^n \frac{t_0}{R_0} \mathrm{e}^{-\frac{3}{2}\varepsilon_i} \tag{5.65}$$

加载失稳时,$p = p_{\max}$,$\mathrm{d}p = 0$,微分式(5.65),可得此时的应变为

$$(\varepsilon_i)_{\mathrm{d}p=0} = \frac{2}{3}n \tag{5.66}$$

而最大压力为

$$p_{\max} = 2K\frac{t_0}{R_0}\left(\frac{2}{3}n\right)^n \mathrm{e}^{-n} \tag{5.67}$$

2. 薄壁筒拉胀

设薄壁筒的平均半径为 R_0、壁厚为 t_0,两端封闭,筒内充压 p,轴向受拉力 F

的作用，p 与 F 互为独立参数。加载后，平均半径由 R_0 变为 R，壁厚由 t_0 变为 t。

因变形为轴对称，所以周向 θ、厚向 t、轴向 z 为主轴，如果忽略端头效应与厚向应力，不难求得其主应力和主应变分别为

$$\sigma_\theta = \frac{pR}{t} \qquad (5.68)$$

$$\sigma_z = \frac{F_z}{2\pi Rt} = \frac{F + \pi R^2 p}{2\pi Rt} \qquad (5.69)$$

$$\sigma_t = 0 \qquad (5.70)$$

$$\varepsilon_\theta = \ln \frac{R}{R_0} \qquad (5.71)$$

$$\varepsilon_z = -(\varepsilon_\theta + \varepsilon_t) \qquad (5.72)$$

$$\varepsilon_t = \ln \frac{t}{t_0} \qquad (5.73)$$

式(5.69)中，F_z 为总的轴向拉力。

薄壁筒拉胀的加载失稳有两种类型：拉力失稳与内压失稳。分别讨论如下。

（1）拉力失稳。

假定 $\sigma_z > \sigma_\theta$，$m = \dfrac{\sigma_\theta}{\sigma_z}$ 失稳条件为 $\mathrm{d}F_z = 0$。

利用式

$$\sigma_i = \sqrt{1 - \frac{2rm}{1 + r} + m^2}\, \sigma_1$$

与式

$$\mathrm{d}\varepsilon_i = \frac{(1 + r)\sqrt{1 - \dfrac{2rm}{1 + r} + m^2}}{1 + r - rm}\mathrm{d}\varepsilon_1 = \frac{(1 + r)\sqrt{1 - \dfrac{2rm}{1 + r} + m^2}}{m - r + rm}\mathrm{d}\varepsilon_2 = $$

$$\frac{-(1 + r)\sqrt{1 - \dfrac{2rm}{1 + r} + m^2}}{1 + m}\mathrm{d}\varepsilon_3$$

可将式(5.69)表示为

$$F_z = \frac{2\pi R_0 t_0 \sigma_i}{\sqrt{1 - \dfrac{2rm}{1 + r} + m^2}}\exp\left\{\frac{1 - [1 + r(1 - m)]\varepsilon_i}{(1 + r)\sqrt{1 - \dfrac{2rm}{1 + r} + m^2}}\right\} \qquad (5.74)$$

在 $m =$ 常数，$\sigma_i = K\varepsilon_i^n$ 的情况下，可以推得此时的失稳应变值为

$$(\varepsilon_i)_{\mathrm{d}F_z = 0} = \frac{(1 + r)\sqrt{1 - \dfrac{2rm}{1 + r} + m^2}}{1 + r(1 - m)}n \qquad (5.75)$$

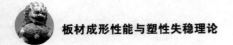

（2）内压失稳。

假定 $\sigma_\theta > \sigma_z , m = \dfrac{\sigma_\theta}{\sigma_z}$，失稳条件为 $\mathrm{d}p = 0$。

利用式

$$\sigma_i = \sqrt{1 - \frac{2rm}{1+r} + m^2}\,\sigma_1$$

与式

$$\mathrm{d}\varepsilon_i = \frac{(1+r)\sqrt{1-\dfrac{2rm}{1+r}+m^2}}{1+r-rm}\mathrm{d}\varepsilon_1 = \frac{(1+r)\sqrt{1-\dfrac{2rm}{1+r}+m^2}}{m-r+rm}\mathrm{d}\varepsilon_2 =$$

$$\frac{-(1+r)\sqrt{1-\dfrac{2rm}{1+r}+m^2}}{1+m}\mathrm{d}\varepsilon_3$$

可将式（5.68）表示为

$$p = \frac{t_0\sigma_i}{R_0\sqrt{1-\dfrac{2rm}{1+r}+m^2}}\exp\left\{\frac{-[m+2+r(1-m)]\varepsilon_i}{(1+r)\sqrt{1-\dfrac{2rm}{1+r}+m^2}}\right\} \qquad (5.76)$$

在 $m =$ 常数，$\sigma = K\varepsilon_i^n$ 的情况下，可以推得此时的失稳应变为

$$(\varepsilon_i)_{\mathrm{d}p=0} = \frac{(1+r)\sqrt{1-\dfrac{2rm}{1+r}+m^2}}{m+2+r(1+m)}n \qquad (5.77)$$

3. 圆板胀形

假定圆板各向同性，胀形后近似为一球面，顶点处于双向等拉应力状态，即

$$\sigma_r = \sigma_\theta = \sigma_i, \quad \sigma_t = 0 \qquad (5.78)$$

$$\varepsilon_r = \varepsilon_\theta = -\frac{1}{2}\varepsilon_t = \frac{1}{2}\varepsilon_i \qquad (5.79)$$

假定在某一变形瞬间，胀形压力为 p，半球半径为 R，顶点的板厚度 t_0 变为 t。从顶点力的平衡条件出发，可得

$$p = \frac{2t\sigma_\theta}{R} = \frac{2t_0 e^{\varepsilon_\theta}\sigma_\theta}{R} = \frac{2t_0 e^{-\varepsilon_i}}{R}\sigma_i \qquad (5.80)$$

载荷失稳时，$p = p_{\max}$，$\mathrm{d}p = 0$，所以

$$\frac{\mathrm{d}\sigma_i}{\mathrm{d}\varepsilon_i} = \frac{\sigma_i}{\dfrac{1}{1+\dfrac{1}{R}\dfrac{\mathrm{d}R}{\mathrm{d}\varepsilon_i}}} \qquad (5.81)$$

如材料的应力 - 应变关系为 $\sigma_i = K\varepsilon_i^n$，可以推得载荷失稳时顶点之应变强度为

$$(\varepsilon_i)_{dp=0} = \frac{n}{1 + \frac{1}{R}\frac{\mathrm{d}R}{\mathrm{d}\varepsilon_i}} \tag{5.82}$$

于是问题归结为求解胀形过程中球的半径变化规律。

假定胀形半径为 R 时，顶点的胀形高度为 h，顶点的应变增量为

$$\mathrm{d}\varepsilon_\theta = \mathrm{d}\varepsilon_r = \frac{\mathrm{d}h}{R} = \frac{1}{2}\mathrm{d}\varepsilon_i \tag{5.83}$$

或

$$\mathrm{d}\varepsilon_i = 2\frac{\mathrm{d}h}{R} \tag{5.84}$$

设胀形凹模半径为 b，胀形半径 R 与高度 h 有以下关系：

$$R = \frac{b^2 + h^2}{2h} \tag{5.85}$$

$$\mathrm{d}R = -\frac{b^2 - h^2}{2h^2}\mathrm{d}h \tag{5.86}$$

将式(5.85)代入式(5.84)，积分，可得应变强度与胀形高度之间的关系为

$$\varepsilon_i = 2\ln\left(1 + \frac{h^2}{b^2}\right) \tag{5.87}$$

或

$$\left(\frac{b}{h}\right)^2 = \frac{1}{\mathrm{e}^{\frac{\varepsilon_i}{2}} - 1} \approx \frac{2}{\varepsilon_i} \tag{5.88}$$

将式(5.86)除以式(5.84)得

$$\frac{\mathrm{d}R}{\mathrm{d}\varepsilon_i} = -\frac{R}{4}\left(\frac{b^2}{h^2} - 1\right) \approx \frac{R}{4}\left(1 - \frac{2}{\varepsilon_i}\right) \tag{5.89}$$

$$\frac{1}{R}\frac{\mathrm{d}R}{\mathrm{d}\varepsilon_i} \approx \frac{1}{4}\left(1 - \frac{2}{\varepsilon_i}\right) \tag{5.90}$$

载荷失稳时 $\varepsilon_i = (\varepsilon_i)_{dp=0}$，所以有

$$\frac{1}{R}\frac{\mathrm{d}R}{\mathrm{d}\varepsilon_i} \approx \frac{1}{4}\left(1 - \frac{2}{(\varepsilon_i)_{dp=0}}\right) \tag{5.91}$$

代入式(5.82)，即可解得为

$$(\varepsilon_i)_{dp=0} \approx \frac{2}{5}(1 + 2n) = 0.4 + 0.8n \tag{5.92}$$

试与球壳充压加载失稳值（式(5.66)）做以比较，不难看出：圆板胀形之加载失稳值要比球壳充压胀形之加载失稳值大得多。圆板胀形时，变形区虽也可近似视为一半球，但其变形条件实际上与球壳胀形迥然不同。球壳充压胀形时，应力 - 应变状态处处相同，皆为双向等拉。随着变形程度的增加，球壳半径加大

$\left(\dfrac{\mathrm{d}R}{\mathrm{d}\varepsilon_j} > 0\right)$、厚度减薄$\left(\dfrac{\mathrm{d}t}{\mathrm{d}\varepsilon_j} < 0\right)$，其值也处处相同的。圆板胀形时，变形区的应力 – 应变状态，由顶点的双向等拉变为凹模洞口处的平面应变。如将变形区近似视为半球，随着变形程度的增加，其半径逐渐减少$\left(\dfrac{\mathrm{d}R}{\mathrm{d}\varepsilon_i} < 0\right)$，其厚度的减薄率$\left(\dfrac{\mathrm{d}t}{\mathrm{d}\varepsilon_i} < 0\right)$也处处不一样，而是由顶点至凹模洞口逐渐减少（指$\dfrac{\mathrm{d}t}{\mathrm{d}\varepsilon_i}$的绝对值）。如果$\sigma_z = \sigma_\theta = \dfrac{pR}{2t}$，在球壳充压胀形中，$R$增加，$r$减小，应力的增加较快；圆板胀形中，$R$减少，$t$也减少，因而应力的增加较慢。结果，推迟了加载失稳点，使之能维持较大的稳定变形。

5.2.7　变形失稳

板料双拉变形时，由于板面内材料的牵制和模具的约束，变形失稳的发展规律较难一概而论。

以圆筒拉胀为例，其变形失稳分凸肚型与颈缩型两类。在$\sigma_\theta > \sigma_z$的条件下，内压加载失稳（$\mathrm{d}F = 0$）后，筒壁承载能力（$\sigma_\theta t$）达最大值（$\mathrm{d}(\sigma_\theta t) = 0$）时，圆筒开始分散性失稳，应变沿圆筒轴向分布不均，出现区域性凸肚现象，最后在最大直径处沿母线产生沟槽（集中性失稳）而开裂，如图5.24(a)所示。在$\sigma_z > \sigma_\theta$（确切地说，$\varepsilon_\theta < 0$）的条件下，拉力加载失稳时，圆筒开始分散性失稳，与板条单向拉伸类似，出现区域性颈缩，最后在颈缩中心部位产生周向沟槽（集中性失稳）而开裂，如图5.24(b)所示。圆筒拉胀变形失稳的发展阶段和板条单向拉伸一样，也较明显。

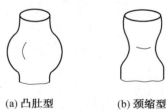

(a) 凸肚型　　　　　(b) 颈缩型

图5.24　圆筒拉胀变形失稳

但是球壳充压，情况就不同了。加载失稳以后，球壳如因分散性变形失稳，产生区域性应变分布不均，这一失稳区间，由于应变增大，表面面积必然加大而凸出于球面，外凸部分的曲率半径必然小于其余部分，而由式(5.65)可知，这一局部区域内的压力p也应相应增加，这实际上是难以实现的。所以加载失稳以后，分散性变形失稳只是一种均匀变形的失控状态，并不意味着球壳不能保持均匀变形而产生区域性应变分布不均，当变形达到一定程度后，只是由于球壳材质不均,产生沟槽(集中性失稳)而破裂。

圆板胀形不仅加载失稳与球壳充压不同,其变形失稳也不一样。球壳充压,加载失稳与分散性变形失稳(继续均匀变形的失控状态)基本上同时发生。圆板胀形一开始,变形区就存在应变梯度,变形程度自顶点向凹模洞口逐渐减小。因此,原则上可以从变形区几何形状的变化或应变梯度的改变来寻找规律,提出分散性变形失稳的判据。实际上却较难实现,而且由此确定的失稳应变值一般都低于加载失稳的应变值。同时,试验结果还表明,即使是在加载失稳以后,顶点附近应变分布梯度的变化并不显著,甚至有些材料在胀形过程中并无加载失稳现象。因此,可以认为:圆板胀形分散性变形失稳现象并不明显,而且与加载失稳无明显的对应关系。读数显微镜观察表明,加载失稳前后,试件表面粗糙,顶点附近沿着周向和径向出现形状不规则的微小沟槽,这些沟槽迅速加深、扩展,试件很快就破裂了。

球底刚性模拉胀(局部成形)是一种更为接近板料实际生产过程的情况。这时外加载荷始终增加直至破裂。大多数材料加载曲线变化平稳,较难据以判断试件的变形失稳,如图 5.25 所示。只有通过应变的测量才能做出判断。

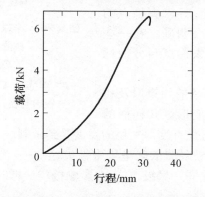

图 5.25　半球刚性模($R = 50.8$ mm)拉胀低碳钢板的加载曲线

图 5.26 所示为不同凸模压深(按数序标注)下,毛料上经线向和纬线向应变分布的试验曲线。曲线表明:当凸模压深不大时,应变即已开始分布不均,在板料与凸模接触边界附近出现峰值,以后因为应变硬化与摩擦效应,峰值向试件边沿挪动,最后应变集中,产生局部细颈(沟槽)而破裂。

应变分布曲线说明:板料在成形过程中,由于刚性凸模的约束、摩擦作用以及材料之间的牵制,为了保持整个几何面的总体协调,分散性失稳的发展受到限制,而由图示应变分布梯度明确定出分散性变形失稳的判据也是困难的。定性地说,应变分布取决于材料应变均化的能力,n 值越大,均化能力越强,应变分布越均匀,破裂前的成形深度也越大。但是,作为板料成形极限状态的标志还是集

板材成形性能与塑性失稳理论

中性沟槽的产生。因为沟槽的宽度与板厚为同一量级，它的产生、发展不会影响板料在成形过程中几何面的总体协调。

归纳以上分析，可以得出以下几点结论：

（1）板料拉伸失稳可从外载和变形的角度出发，区分为加载失稳与变形失稳。

（2）加载失稳可以根据外载变化的临界状态明确确定其失稳。

（3）变形失稳分为分散性与集中性两个发展阶段。原则上可从板料变形的分布与变化，描述其发展规律，定出失稳判据。同时，由于材料应力和应变之间存在一定关系，所以原则上也可从变形过程中加载曲线的变化，寻求失稳点的判据，实际上，很难统一、明确。在一些板料成形过程中，加载失稳点与分散性失稳点基本一致。

（4）由于边界和模具的约束以及相邻材料的牵制，为保证变形区几何面的总体协调，板料双拉下分散性变形失稳的发展受到限制。

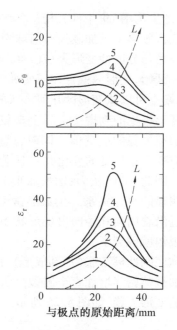

图 5.26　半球刚性模（R = 50. 8 mm）拉胀低碳钢板，不同成形阶段的应变分布

ε_r—— 经线向应变；ε_θ—— 纬线向应变；

L—— 板料与模具接触界面

（5）判断板料成形极限的依据是集中性失稳 —— 沟槽的产生与发展。但是，沟槽的宽度与板厚属同一量级，它不会影响板料成形时变形区几何面的总体协调。

5.3　板料塑性变形的压缩失稳

5.3.1　冲压中的压缩失稳起皱理论

受压失稳，并非塑性变形时才有可能产生的一种现象，而是在弹性和塑性范围内都可能发生。在材料力学有关压杆稳定性的分析中，我们已经熟知：在弹性变形阶段，当压力 F 增到某一临界值 F_k（$\mathrm{d}F_k = 0$）时，压杆就已失去保持其原来直线形状的能力，发生失稳而弯曲，使压杆以曲线形状保持平衡（图 5.27）。与压杆一样,受压板料挠曲也可用以下微分方程加以表述。

$$EI \frac{\mathrm{d}^2 y}{\mathrm{d}x^2} = -Fy \qquad (5.93)$$

式中　　E——材料的弹性模数;

　　　　I——惯性矩,对于宽 b、厚 t 的板

料而言 $I = \frac{1}{12} bt^3$;

　　　　L——压杆的长度。

积分式(5.93),即可求得临界压力

F_k 的欧拉公式为

$$F_k = \frac{\pi^2 EI}{L^2} \qquad (5.94)$$

当板料在力 F 作用下,压应力已经超

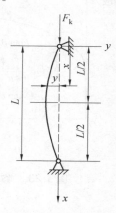

图 5.27　压杆的受力和变形示意图

过材料的屈服极限进入塑性区时,通过式(5.93)确定临界压力大小的方法就不
再适用了。这就属于塑性范围内的压缩失稳问题,也正是现在正要研究的问
题。假定材料的应力 – 应变关系如图 5.28(a)所示,而且临界压力 F_k 在材料内
引起的压应力 σ_k 位于曲线的 a 点。材料挠曲后凹面(弯曲时的受压区)压应力
继续增加,即应力 – 应变按路线 ad 加载至 b 点,凸面(弯曲时的受拉区)由弯曲引
起的拉应力是外侧材料延 ae 线卸载至 c 点(图 5.28(a))。此时材料界面内的应
力 – 应变分布如图 5.28(b)所示。材料受拉外侧的边沿上应力增量为 $\Delta\sigma_1$,材料
受压内侧的边沿上应力增量为 $\Delta\sigma_2$,它们分别为

$$\Delta\sigma_1 = E \frac{t_1}{\rho} \qquad (5.95)$$

$$\Delta\sigma_2 = E \frac{t_2}{\rho} \qquad (5.96)$$

式中　　ρ——弯曲时中性层半径,mm;

　　　　t_1——受拉区域厚度,mm;

　　　　t_2——受压区域厚度,mm。

和研究弹性失稳时所持的出发点一样,塑性失稳时轴向压力的增量 $\mathrm{d}F_k = 0$,
因而

$$E \frac{t_1}{\rho} \cdot \frac{1}{2} bt_1 = D \frac{t_2}{\rho} \cdot \frac{1}{2} bt_2 \qquad (5.97)$$

利用关系 $t_1 + t_2 = t$ 可得

$$t_1 = \frac{\sqrt{D}}{\sqrt{E} + \sqrt{D}} t \qquad (5.98)$$

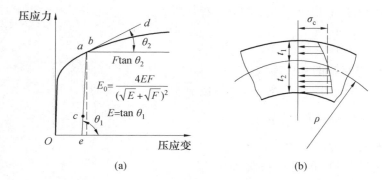

图 5.28　临界压力下坯料截面内的应力分布情况

$$t_2 = \frac{\sqrt{E}}{\sqrt{E} + \sqrt{D}}t \tag{5.99}$$

而截面的弯曲力矩

$$M = M_1 + M_2 = \Delta\sigma_1\left(\frac{1}{2}bt_1\right)\frac{2}{3}t_1 + \Delta\sigma_2\left(\frac{1}{2}bt_2\right)\frac{2}{3}t_2 =$$

$$\frac{b}{3}(\sigma_1 t_1^2 + \sigma_2 t_2^2) \tag{5.100}$$

将式(5.95)~(5.99)代入式(5.100)得

$$M = \frac{bt^3}{12} \cdot \frac{1}{\rho} \cdot \frac{4ED}{(\sqrt{E} + \sqrt{D})^2} \tag{5.101}$$

由 $I = \frac{1}{12}bt^3$、$\frac{1}{\rho} \approx \frac{d^2y}{dx^2}$,并设 $E_0 = \frac{4ED}{(\sqrt{E} + \sqrt{D})^2}$,则式(5.101)可写为

$$M = E_0 I \frac{d^2y}{dx^2} \tag{5.102}$$

根据内力矩与外力矩相等的平衡条件$(M = -Fy)$,可以得到塑性变形时受压板条在临界状态下的微分平衡方程式:

$$E_0 I \frac{d^2y}{dx^2} = -Fy \tag{5.103}$$

式(5.103)与弹性状态下的式(5.93)在形式上完全一样。积分式(5.103)并整理,仿照式(5.94)可得塑性变形时板料受压失稳的临界载荷为

$$F_k = \frac{\pi^2 E_0 I}{L^2} \tag{5.104}$$

式(5.104)表明:塑性与弹性失稳临界压力的表达式在形式上完全一样,只是用 E_0 代替 E 罢了。E_0 称为折减弹性模数,它同时反映了材料的弹性模数 E(弯曲时的卸载路线)与应变强化模数 D(弯曲时的加载路线)的综合效应。式

（5.101）中 D 为硬化模数，在研究压缩失稳时又称为切线模数。

　　式（5.93）是在临界状态下，压力数值不变（｜dF｜ $=0$）的前提下推得的，但在板料冷压成形中，起皱往往是在压力递增（｜dF｜ >0）的条件下发生的，皱纹凸面的伸长量小于由压力递增而产生的压缩变形增量，因而并不引起局部卸载，换句话说，皱纹是在加载条件下产生的，凸、凹两面应力增量 $\Delta\sigma$ 和应变增量 $\Delta\delta$ 的关系均为

$$\Delta\sigma = D\Delta\delta \tag{5.105}$$

　　设材料的实际应力曲线为 $\sigma = f(\delta)$，$D = \dfrac{d\sigma}{d\delta}$ 为应力 – 应变曲线上某点的切线斜率即应变强化模数，在研究以加载条件（｜dF｜ >0）为前提的塑性受压失稳问题中又称之为切线模数，与弹性模数 E 相当。在这种情况下的临界载荷表达式与式（5.94）也完全一样，只要将弹性模数 E 用切线模数 D 代替即可。所以这时的临界载荷为

$$F_k = \frac{\pi^2 DI}{L^2} \tag{5.106}$$

　　为简便计算，我们称式（5.104）的临界压力为折减模数载荷，以 $(F_k)_{E_0}$ 表示。而将式（5.106）的临界压力称为切线模数载荷，以 $(F_k)_D$ 表示。

　　比较 E_0 及 D 可见

$$E_0 > D$$

所以

$$(F_k)_{E_0} > (F_k)_D$$

即折减模数载荷总是大于切线模数载荷。此外，许多试验研究还表明，塑性失稳时实际临界载荷要比折减模数载荷低，比较接近于切线模数载荷。失稳挠曲在折减模数载荷到达之前就出现了，而且开始时并不同时发生卸载。所以切线模数载荷作为计算受压失稳的临界载荷，不仅比较安全，而且算法简单，有一定的实用意义，因此常采用切线模数载荷作为受压失稳的临界载荷。

　　将以上分析归纳如下：

　　（1）塑性失稳与弹性失稳的有关计算公式在形式上完全相似。计算塑性失稳时，只需将弹性失稳计算式中的弹性模数 E 用折减模数 E_0 或切线模数 D 代替就行了。E_0 与 D 的选取，视具体问题而定。

　　（2）由式（5.104）与式（5.106）可见，板料的塑性变形越大，E_0、D 值越小，抵抗失稳起皱的能力也越减弱。

　　（3）由式（5.104）与式（5.106）还可看出：板料抵抗失稳起皱的能力与受载板料的几何参数密切相关。

　　试以 $I = \dfrac{1}{12}bt^3$ 代入式（5.104）或式（5.106），可有

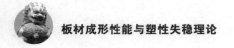

$$(F_k)_{E_0} = \frac{\pi^2}{12} E_0 \frac{bt^3}{L^2} \tag{5.107}$$

或

$$(F_k)_D = \frac{\pi^2}{12} D \frac{bt^3}{L^2} \tag{5.108}$$

等式两端除以 bt ,则得板料受压失稳时的平均临界应力 σ_k 为

$$(\sigma_k)_{E_0} = \frac{\pi^2}{12} E_0 \left(\frac{t}{L} \right)^2 \tag{5.109}$$

或

$$(\sigma_k)_D = \frac{\pi^2}{12} D \left(\frac{t}{L} \right)^2 \tag{5.110}$$

由此可见,板料抵抗失稳起皱的能力与其相对厚度的平方 $\left(\dfrac{t}{L} \right)^2$ 成正比。

5.3.2 压缩失稳理论应用

1. 筒形件拉深不用压边的界限确定

求解受压失稳问题时,为了简化计算求得近似解大多采用能量法,较少采用力的平衡法。应用能量法求解时,只要挠曲表面假设适当,即能求得正确的答案,否则,答案会有误差。而能量法的可取之处就在于所设曲面(曲线)纵然不甚适合实际情况,误差也非常之小。以无压边拉深筒形件为例,分析如下。

一般而言,拉深时突缘起皱,能量的变化主要如下:

(1)突缘失稳,波纹隆起所需的弯曲功。半波的弯曲功设为 u_w 。

(2)突缘失稳起皱后,周长缩短,切向应力因周长缩短而释出的能量。对于半波而言,切向应力释出的能量设为 u_θ 。

(3)压边力所消耗的功,每一半波上消耗的功为 u_Q (不用压边时,其物理意义详见后述)。

在临界状态下,有

$$u_\theta = u_w + u_Q \tag{5.111}$$

逐项分析如图5.29所示。

① u_w 。

假设 $\bar{R}$ 为突缘变形区的平均半径, b 为突缘宽度,失稳起皱后,皱纹的高度为 δ ,波形为正弦曲线,波纹数为 N ,半波长度 l 为

$$l = \frac{\pi \bar{R}}{N} \tag{5.112}$$

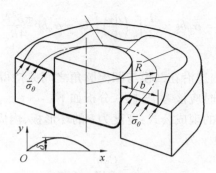

图 5.29　压边力分析

如以坐标表示任意点波纹的挠度,坐标值 x 表示此点在半径 R 的圆周上的投影位置,则半波的数学模型可以表示为

$$y = \delta \sin\left(\frac{Nx}{R}\right) \tag{5.113}$$

利用材料力学有关弹性弯曲的能量公式

$$u = \int_0^l \frac{M^2}{2EI} \mathrm{d}x = \int_0^l \frac{EI}{2}\left(\frac{\mathrm{d}^2 y}{\mathrm{d}x^2}\right)^2 \mathrm{d}x \tag{5.114}$$

用折减模数 E_0 代替式(5.114)中的弹性模数 E。假定应变强化模数 D 不变,则 E_0 为一常值。于是可以求得半波的弯曲功 u_{w} 为

$$u_{\mathrm{w}} = \frac{E_0 I}{2}\int_0^l \left(\frac{\mathrm{d}^2 y}{\mathrm{d}x^2}\right)^2 \mathrm{d}x \tag{5.115}$$

将式(5.113)代入式(5.115),积分后,可得

$$u_{\mathrm{w}} = \frac{\pi E_0 I \delta^2 N^3}{4 \, \overline{R}^3} \tag{5.116}$$

② u_θ。

突缘失稳起皱后,周长缩短,半波的缩短量为

$$S' = \int_0^l \mathrm{d}S - \int_0^l \mathrm{d}x \tag{5.117}$$

式中　$\mathrm{d}S$ 和 $\mathrm{d}x$ —— 半波微分段的弧长及其在 x 轴上的投影长度。

又因

$$\mathrm{d}S = \sqrt{\mathrm{d}x^2 + \mathrm{d}y^2} = \left[1 + \frac{1}{2}\left(\frac{\mathrm{d}y}{\mathrm{d}x}\right)^2\right]\mathrm{d}x \tag{5.118}$$

所以

$$S' = \int_0^l \left[1 + \frac{1}{2}\left(\frac{\mathrm{d}y}{\mathrm{d}x}\right)^2\right]\mathrm{d}x - \int_0^l \mathrm{d}x = \frac{1}{2}\int_0^l \left(\frac{\mathrm{d}y}{\mathrm{d}x}\right)^2 \mathrm{d}x \tag{5.119}$$

假定突缘上的平均切向压应力为 σ_θ,则半波上 σ_θ 因长度缩短而释出的能量 u_θ 为

$$u_\theta = \bar{\sigma}_\theta bt \times \frac{I}{2} \int_0^l \left(\frac{dy}{dx}\right)^2 dx = \bar{\sigma}_\theta bt \frac{\pi \delta^2 N}{4\bar{R}} \tag{5.120}$$

③u_Q。

不用压边时，突缘内边沿在凸模与凹模圆角之间夹持得很紧，实际上也有阻止起皱的作用，计算 u_Q 时应该考虑进去，分析如下。

利用有关薄板弯曲的现成公式：宽度为 b 的环形板，内周边固支，在均布载荷 q 作用下，其 R 处之挠度 y 为

$$y = \frac{Cqb^5}{8EI} \tag{5.121}$$

式中 C——与材料的泊松比及 $\frac{b}{R}$ 比值有关的系数，为 $1.03 \sim 1.11$，如果取平均

值 1.07，则式（5.121）可以写为

$$q = 7.47 \frac{EI}{b^5} y = Ky \tag{5.122}$$

式中 K——常数，$K = 7.47 \frac{EI}{b^5} y$。所以载荷 q 与挠度 y 成正比。

突缘内边沿夹持得很紧，相当于周边固支的环形板，起阻止起皱的作用，可用上述均布载荷 q 的效应加以模拟，称为虚拟压边力。

起皱时，波纹隆起。此虚拟压边力 q 所消耗的功 u_Q 为

$$u_Q = \int_0^l \int_0^y bq\,dy\,dx \tag{5.123}$$

将式（5.113）与式（5.122）代入式（5.123），得

$$u_Q = \frac{\pi \bar{R} b K \delta^2}{4N} \tag{5.124}$$

临界状态时，平均切向应力所释出的能量，恰好等于起皱所消耗的能量。根据式（5.111），将 u_θ、u_w 与 u_Q 之值代入可得

$$\bar{\sigma}_\theta bt = \frac{E_r I N^2}{\bar{R}^2} + bK \frac{\bar{R}^2}{N^2} \tag{5.125}$$

将式（5.125）对波数微分，令 $\frac{\partial \sigma \theta}{\partial N} = 0$，即可求得临界状态下的波数 N 为

$$N = 1.65 \frac{\bar{R}}{b} \sqrt[4]{\frac{E}{E_r}} \tag{5.126}$$

将式（5.126）的 N 值代入式（5.125），即可求得突缘起皱时的最小切向应力 $\bar{\sigma}_\theta$ 为

$$\bar{\sigma}_\theta = 0.46 E_r \left(\frac{t}{b}\right)^2 \tag{5.127}$$

而不须压边的极限条件,可以表示为

$$\sigma_\theta \leqslant 0.46 E_r \left(\frac{t}{b}\right)^2 \tag{5.128}$$

如果材料的一般性实际应力曲线为 $\sigma_i = K\varepsilon_i^n$,假定拉深时,整个突缘宽度上均为平均切向应力 $\overline{\sigma}_\theta$ 作用。与 $\overline{\sigma}_\theta$ 相应的平均切向应变为 $\overline{\varepsilon}_\theta$,则

$$\overline{\sigma}_\theta = K \overline{\varepsilon}_\theta^n \tag{5.129}$$

$$D = \frac{\mathrm{d}\overline{\sigma}_\theta}{\mathrm{d}\overline{\varepsilon}_\theta} = Kn \overline{\varepsilon}_\theta^{n-1} \tag{5.130}$$

为简化计算,取

$$E_r = \frac{4DE}{\left(\sqrt{E} + \sqrt{D}\right)^2} = \frac{4DE}{\left(1 + \sqrt{\dfrac{D}{E}}\right)^2} \approx 4D = 4Kn \overline{\varepsilon}_\theta^{n-1} \tag{5.131}$$

代入式(5.128)得

$$\overline{\sigma}_\theta \leqslant 1.84 Kn \overline{\varepsilon}_\theta^{n-1} \left(\frac{t}{b}\right)^2 \tag{5.132}$$

又因 $\overline{\sigma}_\theta = K \overline{\varepsilon}_\theta^n$,所以式(5.132)可改写作

$$\left(\frac{t}{b}\right)^2 \geqslant 0.544 \frac{\overline{\varepsilon}_\theta}{n} \tag{5.133}$$

假定 R_0 为毛料的半径,R_t 为拉深某一瞬间的突缘外半径,r 为突缘内半径(即拉深件半径),并以 $\rho = \dfrac{R_t}{R_0}$ 表示拉深突缘的相对位置,$m = \dfrac{r}{R_0}$ 表示拉深系数,式(5.133)中的 $\dfrac{t}{b}$ 为

$$\frac{t}{b} = \frac{t}{R_t - r} = \frac{t}{R_0(\rho - m)} \tag{5.134}$$

将 $\dfrac{t}{b}$ 的值代入式(5.133),拉深时不须压边的条件仍可表示为

$$\frac{t}{2R_0} \geqslant 0.37(\rho - m) \sqrt{\frac{\overline{\varepsilon}_\theta}{n}} \tag{5.135}$$

为了简化计算,假定突缘上任意点 R 处的切向应变与其位置半径成反比

$$\varepsilon_\theta = \frac{R_t}{R}\left(1 - \frac{R_t}{R_0}\right) \tag{5.136}$$

突缘外边沿之切向应变 $(\varepsilon_\theta)_{R_t}$ 为

$$(\varepsilon_\theta)_{R_t} = 1 - \frac{R_t}{R_0} \tag{5.137}$$

突缘内边沿之切向应变 $(\varepsilon_\theta)_f$ 为

$$(\varepsilon_\theta)_{\mathrm{f}} = \frac{R_t}{r}\left(1 - \frac{R_t}{R_0}\right) \tag{5.138}$$

所以突缘上平均切向应变 $\bar{\varepsilon}_\theta$ 为

$$\bar{\varepsilon}_\theta = \frac{1}{2}\left[(\varepsilon_\theta)_{R_t} + (\varepsilon_\theta)_{\mathrm{f}}\right] = \frac{1}{2}(1-\rho)\left(1 + \frac{\rho}{m}\right) \tag{5.139}$$

将 $\bar{\varepsilon}_\theta$ 之值代入式(5.135),可得不须压边的条件为

$$\frac{t}{2R_0} \geqslant 0.37(\rho - m)\sqrt{\frac{(1-\rho)(m+\rho)}{2mn}} \tag{5.140}$$

将式(5.140)对 ρ 微分,令 $\dfrac{\partial}{\partial\rho}\left(\dfrac{t}{2R_0}\right) = 0$,可得突缘失稳时的 ρ 为

$$\rho \approx 0.675 + 0.325m \tag{5.141}$$

以此值代入式(5.140),可得不须压边的条件为

$$100\left(\frac{t}{2R_0}\right) \geqslant \frac{17}{\sqrt{n}}(1-m)(1.18-m) \tag{5.142}$$

式(5.142)表明:拉深时,材料的应变强化指数、拉深系数和毛料的相对厚度越大,不用压边的可能性也越大。图 5.30 所示为按式(5.142)绘出的界限曲线。

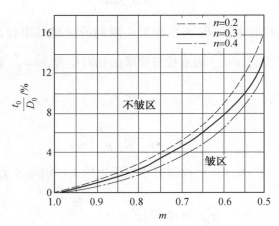

图 5.30　拉深时失稳起皱的界限曲线

2. 筒形件用压边拉深时压边力的确定

式(5.111)也可作为此处用能量法求解压边力的基本出发点。

首先,在试验研究的基础上,假定突缘起皱后波纹表面如图 5.31 所示,其数学模型为

$$y = \frac{y_0}{2}\left(1 - \cos 2\pi \frac{\varphi}{\varphi_0}\right)\left(\frac{R - r}{R_t - r}\right)^{\frac{1}{2}} \tag{5.143}$$

式中　　R_t——某一拉深瞬间突缘的外半径；

r——突缘的内半径(即筒形件半径)；

R——突缘上任意点的位置半径；

φ_0——单波所对的圆心角；

φ——单波任意弧段所对的圆心角；

y_0——单波的最大挠度；

y——突缘上任意点(坐标为 R、φ)处的挠度。

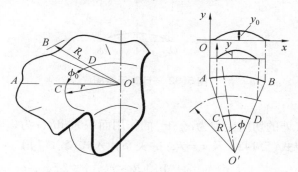

图 5.31　突缘起皱后波纹表面示意图

显然,当 R 为任意值,但 $\varphi = \varphi_0$ 或 $\varphi = 0$ 时,$y = 0$;只有当 $R = R_t$,$\varphi = \frac{\varphi_0}{\varphi}$ 时,$y = y_0$。

其次,确定每一拉深阶段突缘上的应力分布。

假设材料的实际应力曲线为 $\sigma_i = K\varepsilon_i^n$,为了简化计算,用式(5.136)计算任一点 R 处的切向应变 ε_θ,因为拉深中 ε_θ 为最大主应变,所以可近似认为

$$\sigma_i \approx K\varepsilon_\theta^n = K\left[\frac{R_t}{R}\left(1 - \frac{R_t}{R_0}\right)\right]^n \tag{5.144}$$

与拉深的平衡方程和塑性方程联立求解,可得

$$\sigma_i = \frac{K}{n}\left(1 - \frac{R_t}{R_0}\right)^n\left[\left(\frac{R_t}{R}\right)^n - 1\right]^n \tag{5.145}$$

$$\sigma_\theta = \frac{K}{n}\left(1 - \frac{R_t}{R_0}\right)^n\left[1 - (1 - n)\frac{R_t}{R_0}\right]^n \tag{5.146}$$

最后,由于采用了压边,波纹挠度不大,可以认为失稳是在加载条件下发生的,分析计算中可用切线模数 D 代替弹性模数 E,则 D 为

$$D \approx \frac{\mathrm{d}\sigma_t}{\mathrm{d}\varepsilon_\theta} \approx Kn\varepsilon_\theta^{n-1} = Kn\left[\frac{R_t}{R}\left(1 - \frac{R_t}{R_0}\right)\right]^{n-1} \tag{5.147}$$

用能量法,将 u_θ、u_w、u_Q 按单波逐一计算,如图 5.32 所示,过程如下。

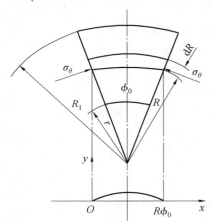

图 5.32　计算示意图

(1) u_θ。

假定任意 R 处的切向应力为 σ_θ,σ_θ 的作用面积为 $t\mathrm{d}R$(t 为板厚),R 处的单波缩短量 S' 为(将式(5.143) 及 $x = R\varphi$ 的关系代入式(5.117))

$$S' = \frac{1}{2}\int_0^{t_0} \frac{\pi^2 y_0^2}{\varphi_0^2} \cdot \frac{1}{R} \cdot \frac{R-r}{R_t - r} \cdot \sin^2 \frac{2\pi\varphi}{\varphi_0} \mathrm{d}\varphi \tag{5.148}$$

在一个单波内,切向应力内由于长度缩短而释出的能量为

$$u_\theta = \int_r^{R_t} \sigma_\theta S' t \mathrm{d}R \tag{5.149}$$

将式(5.146)、式(5.148) 的值代入式(5.149) 得

$$u_\theta = \frac{\pi^2 y_0^2 K t \left(1 - \dfrac{R_t}{R_0}\right)^n}{2n(R_t - r)\varphi_0^2} \int_r^{R_t}\int_0^{t_0} \frac{R-r}{R}\left[1 - (1-n)\left(\frac{R_t}{R_0}\right)^n\right]\sin^2\frac{2\pi\varphi}{\varphi_0}\mathrm{d}R\mathrm{d}\varphi =$$

$$\frac{\pi^2 y_0^2 K t \left(1 - \dfrac{R_t}{R_0}\right)^n}{4n(R_t - r)\varphi_0}\left\{\frac{1}{n}\left[\left(\frac{R_t}{R_0}\right)^n - 1\right] - \ln\frac{R_t}{r}\right\} \tag{5.150}$$

(2) u_w。

利用式(5.114),并以 D 代替 E,可得失稳时单波所需的弯曲功为

$$u_w = \int_r^{R_t}\int_0^t \frac{1}{2}D\left(\frac{\mathrm{d}^2 y}{\mathrm{d}x^2}\right)^2 \mathrm{d}I\mathrm{d}x \tag{5.151}$$

式中　$\mathrm{d}I$——半径 R 处,厚 t、宽 $\mathrm{d}R$ 剖面的惯性矩,$\mathrm{d}I = \dfrac{1}{12}t^3\mathrm{d}R$,以此关系与式

(5.143)、式(5.147) 代入式(5.151) 得

$$u_w = \frac{Knt^3 \pi^4 y_0^2 \left[R_t \left(1 - \dfrac{R_t}{R_0} \right) \right]^{n-1}}{6(R_t - r)\varphi_0^4} \int_r^{R_t} \int_0^{t_0} \frac{R - r}{R^{n+2}} \cos^2 \left(\frac{2\pi\varphi}{\varphi_0} \right) \mathrm{d}R \mathrm{d}\varphi =$$

$$\frac{Knt^3 \pi^4 y_0^2 \left(1 - \dfrac{R_t}{R_0} \right)^{n-1}}{12 R_t (R_t - r)\varphi_0^3} \left\{ \frac{1}{n} \left[\left(\frac{R_t}{r} \right)^n - 1 \right] - \frac{r}{(1+n)R_t} \left[\left(\frac{R_t}{r} \right)^{n+1} - 1 \right] \right\}$$

$$(5.152)$$

（3）u_Q。

忽略虚拟压边力的作用,假定总压边力为 Q,总波数为 N,$N = \dfrac{2\pi}{\varphi_0}$,压边力基本上作用在突缘边沿 $R - R_t$ 处,此处挠度最大,等于 y_0,所以每一波纹上所消耗的压边功 u_Q 为

$$u_Q = \frac{y_0 \varphi_0 Q}{2\pi} \qquad (5.153)$$

将式(5.150) ～ (5.153) 代入式(5.111),可以解得压边力 Q 为

$$Q = \frac{2\pi}{y_0 \varphi_0}(u_\theta - u_w) \qquad (5.154)$$

将式(5.154) 对 φ_0 微分,令 $\dfrac{\partial Q}{\partial \varphi_0} = 0$,即可求得在最小压边力下 φ_0 为

$$\varphi_0 = \sqrt{\frac{2\pi^2 n^2 t^2 \left\{ \dfrac{1}{n} \left[\left(\dfrac{R_t}{r} \right)^n - 1 \right] - \dfrac{r}{(1+n)R_t} \left[\left(\dfrac{R_t}{r} \right)^{n+1} - 1 \right] \right\}}{3 R_t r \left(1 - \dfrac{R_t}{r} \right) \left\{ \dfrac{1}{n} \left[\left(\dfrac{R_t}{r} \right)^n - 1 \right] - \ln \dfrac{R_t}{r} \right\}}} \qquad (5.155)$$

以 φ_0 值代入式(5.154),即可求得最小压边力 Q 为

$$Q = 1.5 K \frac{y_0}{t} \cdot \frac{\pi r^2}{4} \cdot \frac{1}{n^3} \cdot (1 - p)^{1+n} \cdot$$

$$\frac{\dfrac{\rho}{m} \left\{ \dfrac{1}{n} \left[\left(\dfrac{\rho}{m} \right)^n - 1 \right] - \ln \dfrac{\rho}{m} \right\}^2}{\left(\dfrac{\rho}{m} - 1 \right) \left\{ \dfrac{1}{n} \left[\left(\dfrac{\rho}{m} \right)^n - 1 \right] - \dfrac{1}{1+n} \left[\left(\dfrac{\rho}{m} \right)^n - \dfrac{m}{\rho} \right] \right\}} \qquad (5.156)$$

式中　　ρ——拉深突缘的相对位置,$\rho = \dfrac{R_t}{R_0}$;

　　　　m——拉深系数,$m = \dfrac{r}{R_0}$。

由式(5.156)可见:在不同的拉深阶段,压边力也不同。其值与板料性质(K、n)、拉深系数(m)、波纹的最大相对高度 $\left(\dfrac{y_0}{t} \right)$（一般取为 0.13 左右）、筒形件

面积$\left(\dfrac{\pi}{4}r^2\right)$等因素有关。

在式(5.156)中,取

$$F(Q) = \frac{1}{n^3}(1-p)^{1+n} \cdot \frac{\dfrac{\rho}{m}\left\{\dfrac{1}{n}\left[\left(\dfrac{\rho}{m}\right)^n - 1\right] - \ln\dfrac{\rho}{m}\right\}^2}{\left(\dfrac{\rho}{m} - 1\right)\left\{\dfrac{1}{n}\left[\left(\dfrac{\rho}{m}\right)^n - 1\right] - \dfrac{1}{1+n}\left[\left(\dfrac{\rho}{m}\right)^n - \dfrac{m}{\rho}\right]\right\}}$$

(5.157)

于是压边力 Q 为

$$Q = 1.5K\frac{y_0}{t}\frac{\pi r^2}{4}F(Q)$$

(5.158)

式中 $F(Q)$ —— 压边力系数,在拉深过程中为一随拉深系数、材料的应变强化指数、拉深突缘相对位置而变化的函数。

如图 5.33 所示为 $F(Q)$ 的变化规律。$F(Q)$ 的变化规律即压边力的变化规律,与试验结果一致。

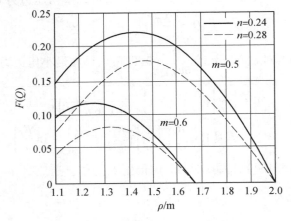

图 5.33 $F(Q)$ 的变化规律

第 6 章

板材成形过程中的破裂与起皱

本 章主要介绍板材冲压成形过程中的破裂和起皱等失效问题,包括破裂、起皱、面形状精度不良及面畸变的特点、分类、评价及其控制策略等。

6.1　破　　裂

在冲压成形过程中,毛坯某个部位上的金属发生破裂现象是冲压加工中常常出现的问题。由于一旦出现毛坯的破裂,冲压成形就不可能继续下去,所以它是从事冲压工艺的工作人员必须考虑和处理的首要问题。

从本质上看,冲压成形中毛坯的破裂与其他情况下金属的破裂机理是完全一样的,并没有什么特殊性,所以从金属材料的破裂角度研究所得的结果,对冲压成形中的破裂现象也完全适用。但是,为了便于从冲压变形条件与各种工艺参数的影响来分析与研究冲压成形中产生的破裂现象,并且进一步有针对性地采取相应的措施以避免破裂的发生,也有必要对冲压成形中的破裂现象从另一个角度出发做必要的分析。

6.1.1　破裂的形式与分类

1. 按破裂性质的分类

按汽车覆盖件冲压中产生破裂的性质可分为强度破裂和塑性破裂两大类。

强度破裂又称为 α 破裂,是指冲压成形过程中,毛坯传力区的强度不能满足变形区所需要的变形力要求时在传力区产生的破裂。如圆筒零件拉深成形时在凸模圆角处产生的破裂就属于强度破裂。

塑性破裂又称为 β 破裂,是指冲压成形过程中,毛坯变形区的变形能力小于成形所需要的变形程度时变形区所产生的破裂。如轴对称曲面零件胀形成形时在零件底部产生的破裂就属于塑性破裂。

α 破裂主要与材料的强度极限有关。因此,一般采用单向拉伸时的强度极限 σ_b 作为 α 破裂的极限参数,当毛坯冲压成形时传力区所承受的最大应力 σ 超出材料的强度极限时,便会产生 α 破裂,如图 6.1 所示。

对于 β 破裂,单向拉伸时的极限变形如图 6.1 所示。板材冲压成形时,最大应变方向上的极限变形量与应变状态密切相关,即

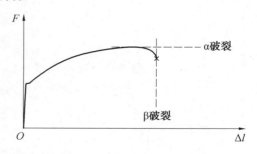

图 6.1　α、β 破裂的定义

$$\varepsilon_{1k} = f(\beta) \tag{6.1}$$

式中　β——板平面内两个主应变的比值 $\varepsilon_2/\varepsilon_1$。

　　板材的极限变形程度随变形状态（或应力状态）的变化而变化。因此，不能直接把单向拉伸时的极限应变值 ε_f 用来衡量任意变形状态下的变形是否属于稳定的塑性变形，而应根据变形状态利用成形极限图来衡量。

2. 按破裂部位的分类

　　图 6.2 所示为按破裂发生的部位进行分类，共分为五类。

　　（1）凸模端部的破裂。

　　此类破裂常出现在胀形成形、拉深 - 胀形复合成形和拉深成形等过程中。

　　① 胀形成形时。如图 6.2（a）所示，胀形成形时凸模底部的毛坯属于变形区，受双向拉应力的作用，当材料的变形能力不够，变形过度集中时产生破裂。其破裂性质属塑性破裂。

　　② 拉深 - 胀开复合成形时。如图 6.2（b）所示，凸模端部的毛坯产生拉深 - 胀形复合成形，由于冲压件的形状比较复杂，压料面作用力的控制非常关键。当成形过程中材料流入量不足，胀形变形比例大时，该部位的伸长变形量太大，产生塑性破裂。同时，该部位又是法兰毛坯成形的传力区，当该部位能流入适量的材料，但法兰上毛坯变形流动阻力很大时，将会产生强度破裂。

　　③ 拉伸成形时。如图 6.2（c）所示，拉深成形时凸模端部破裂的原因是毛坯法兰变形区材料的流动阻力超出了凸模端部毛坯的承载能力而导致破裂。这种破裂多发生在凸模圆角与直壁相接处。该处材料在成形过程中经历了弯曲和反弯曲变形，材料的局部变薄很严重，使该处毛坯的承载能力大大下降，产生强度破裂。

　　（2）侧壁破裂。

　　侧壁破裂包括壁裂、伸长类翻边的侧壁破裂和双向拉应力下的侧壁破裂等情况。

　　① 壁裂。如图 6.2（d）所示，盒形件成形中多发生于 $r_d/t < 3$ 时靠近凹模圆角的直壁转角处。该处材料通过凹模圆角（r_d）时，经历了径向和切向两个方向的弯曲、反弯曲变形，使板厚严重变薄，承载能力下降；同时法兰毛坯因切向压缩变形和面内弯曲而变厚，甚至起皱，使材料流动阻力增大。这两种因素都会导致壁裂，它属于强度破裂。

　　② 伸长类翻边时的侧壁破裂。如图 6.2（e）所示，伸长类翻边时，毛坯变形区受双向拉应力作用，材料经过凸模圆角时要发生弯曲、反弯曲变形，都会使侧壁传力区的拉应力增大，在侧壁产生强度破裂。

③ 双向拉应力作用下的侧壁破裂。如图 6.2(f) 所示,压料面上的流动阻力过大或者不均匀,会使侧壁所受拉力增大或不均匀,超过其承载能力时产生强度破裂。

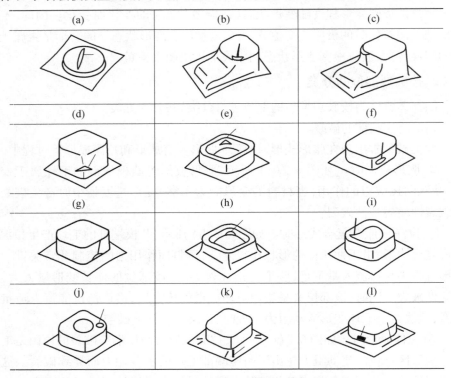

图 6.2　按发生部位分类的破裂形式

（3）凹模圆角部位的破裂。

① 弯曲破裂。如图 6.2(g) 所示,若 r_d 很小,材料通过时产生很大的弯曲变形,厚度变薄,超出弯曲变形能力而破裂。同时,r_d 很小,材料通过的流动阻力也很大,使该部在变薄之后不能承受变形力而破裂。

② 拉弯破裂。如图 6.2(h) 所示,在很大的弯曲变形之后又受到很大的拉应力而破裂。

（4）法兰部分破裂。

法兰部分的破裂多发生在伸长类翻边的成形工序中,包括外缘破裂和内缘破裂,都属于塑性破裂。

① 外缘破裂。如图 6.2(i) 所示,伸长类翻边时,外缘材料在单向拉应力作用下,塑性变形能力不足,应变集中而破裂。

② 内缘破裂。如图 6.2(j) 所示,法兰内缘受双向拉应力作用,塑性变形能力不足时产生集中性失稳,直至破裂。

（5）其他。

其他破裂主要有因起皱引起的破裂（图6.2（k））和因拉深筋作用引起的破裂（图6.2（l））等。

① 起皱引起的破裂。起皱引起的破裂常发生在法兰变形区。塑性较低的材料起皱后在变形的最后阶段容易出现此种破裂。

② 拉深筋作用引起的破裂。拉深筋作用引起的破裂可能发生在直壁传力区，也可能发生在法兰变形区，主要原因是材料通过拉深筋后产生了剧烈的弯曲、反弯曲变形，材料变薄严重，降低了变形能力和承载能力。

6.1.2　破裂的成形难度评价

1. 成形难度评价的概念

板材冲压成形难度评价是为合理确定冲压生产中材料选择、模具设计以及工程管理的各种基准，是对冲压件成形的难度进行量化的过程。这一过程是由评价系统完成的。该系统不仅是对冲压件进行试模后的评价，更重要的是在工艺和模具设计阶段以及模具加工的准备阶段所进行的预先评价。因此，其能够对冲压件的成形难度给予科学、准确的评价，对提高冲压成形技术，特别是汽车覆盖件冲压成形技术，提高工艺设计和模具设计水平都起着重要作用。

成形难度评价系统包括针对冲压件的破裂、形状精度、尺寸精度及冲压件的性能等各方面的单项评价和各方面的综合评价。由于破裂是板材冲压成形的主要质量问题之一，评价一个冲压零件的成形难度，首先是对破裂问题的评价，因此，成形难度评价是从以破裂为对象开始的。

2. 成形度与成形难度

在以破裂为对象进行评价时，为使成形难度的量化指标既方便又实用，常使用成形度这一指标。具体到各种典型冲压基本工序中为以下一些参数：

① 弯曲成形 —— 最小弯曲半径；

② 伸长类翻边成形 —— 翻边系数、扩孔率等；

③ 拉深成形 —— 拉深系数或拉深比；

④ 胀形成形 —— 胀形深度。

但对汽车覆盖件等大型冲压件，由于形状和结构复杂，在冲压成形时，其变形方式并不是单一的，因而也不能用简单的典型工序去完成，而往往是拉深变形和胀形变形的复合。在这种复杂的变形中，上述各种简单的成形度量化指标已不能使用。为解决这类冲压件成形难度评价指标问题，引出了以下几个基本概念：

（1）由整体平均变形量确定的成形度和成形难度。

图6.3所示的拉深 – 胀形复合成形，其冲压件的整体成形度 P_d 表示如下：

$$P_d = \frac{\Delta A}{A_0} \qquad (6.2)$$

式中　A_0—— 成形前凹模轮廓内毛坯的面积;

　　　ΔA—— 成形后冲压件在凹模轮廓内部分的表面积增量。

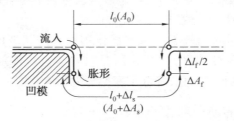

图6.3　冲压成形件表面积及截面线段长度的增量

凹模轮廓内部分的毛坯表面积增加量,一部分是由位于凹模轮廓内的毛坯胀形引起的,另一部分则是由压料面上的材料流入引起的。

若分别用 ΔA_s 表示胀形引起的毛坯表面积增量,A_f 表示由压料面上材料流入引起的表面积增量,则成形度为

$$P_d = \frac{\Delta A_s}{A_0} + \frac{\Delta A_f}{A_0} \qquad (6.3)$$

实际上,汽车覆盖件的表面积是很难测定的。因此,考虑到实用性和可行性,可选择能够代表冲压件形状、并能反映其变形特征的截面,取其截面线段长度的变化程度来表示成形度,即

$$P_d = \frac{\Delta l}{l_0} = \frac{\Delta l_s}{l_0} + \frac{\Delta l_f}{l_0} \qquad (6.4)$$

式中　l_0—— 成形前凹模轮廓内毛坯的长度;

　　　Δl—— 成形件在凹模轮廓内剖面线段长度的增量;

　　　Δl_s—— 胀形引起的凹模轮廓内剖面线段长度的增量;

　　　Δl_f—— 压料面上材料流入引起的凹模轮廓内剖面线段长度的增量。

表面积增量和线段长度增量之间存在由成形件的横截面及纵截面形状确定的某种关系,而不存在对任意截面都成立的固定关系。但从实用的角度出发,可以采用在某一允许范围内变动的比例关系。

将式(6.3)中的 $\Delta A_s/A_0$ 项或式(6.4)中的 $\Delta l_s/l_0$ 项定义为胀形度,而 $\Delta A_f/A_0$ 项或 $\Delta l_f/l_0$ 项定义为拉深度,则成形度是由胀形度和拉深度组成的。两者之间的关系如图6.4所示。

如果冲压件的成形度已经确定,则当胀形度增加时,拉深度就减小;拉深度增大时,胀形度就减小。若拉深度为零,则成形度等于其胀形度,为纯胀形成形;若胀形度为零,则成形度等于拉深度,为纯拉深成形。

此外,成形条件、材料特性等因素都会影响胀形度和拉深度在成形度中的比例。

若取材料的成形极限为

$$F = (\Delta A/A_0)_{\text{lim}} \quad \text{或} \quad f = (\Delta l/l_0)_{\text{lim}} \tag{6.5}$$

并定义成形难度 S 为成形度与所用材料的成形极限之比,则

$$S = P_d/F \quad \text{或} \quad S = P_d/f \tag{6.6}$$

对于成形极限与 $\Delta A/A_0$ 或 $\Delta l/l_0$ 无关的情况有

$$S = \frac{\Delta A}{A_0 F} \quad \text{或} \quad S = \frac{\Delta l}{l_0 f} \tag{6.7}$$

(2)局部变形量与成形难度。

用整体平均变形量表示的成形度,不能明确反映成形件变形最剧烈部位的变形量和变形状态。为此,可采用网目法单独测出破裂部位的局部变形量和变形状态。

破裂部位的应变可近似简化为图 6.5 所示的情况,则破裂极限应变可表述为:当 $\varepsilon_y > 0$ 时,$(\varepsilon_x)_{\text{lim}}$ 不变;当 $\varepsilon_y < 0$ 时,$(\varepsilon_x - |\varepsilon_y|)_{\text{lim}}$ 不变。

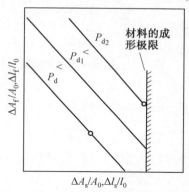

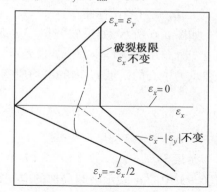

图 6.4　拉深度与胀形度之间的关系　　　图 6.5　简化的破裂极限应变图

因此,为了表示破裂部位或破裂危险部位变形的剧烈程度,在 $\varepsilon_y > 0$ 的范围内,取 ε_x 为局部成形度;在 $\varepsilon_y < 0$ 的范围内,取 $\varepsilon_x - |\varepsilon_y|$ 为局部成形度。此时的成形难度为

$$S = \frac{\varepsilon_x}{(\varepsilon_x)_{\text{lim}}} \quad \text{或} \quad S = \frac{\varepsilon_x - |\varepsilon_y|}{(\varepsilon_x - |\varepsilon_y|)_{\text{lim}}} \tag{6.8}$$

3.针对破裂的成形难度评价方法

(1)网目法(即 Scribed Circle 法,简称 SC 法)。

在成形毛坯上预先印制圆形网目,冲压成形后,通过测量网目的变化情况即可得到毛坯的变形状态。这种方法通常用于破裂危险部位的局部测量,并由此

局部变形量来确定冲压件的成形难度。

（2）变形能力（塑性）评价法。

板材冲压件的变形及其应力是针对破裂问题进行成形难度评价的基本参数,而采用什么样的方法去确定冲压件的变形和应力以及如何判别它们与破裂极限的关系是进行这一评价的关键。因此,确定破裂极限是破裂伸长应变还是破裂力、破裂伸长应变与破裂力的评价方法以及材料因素对它们的影响等是评价的重要内容。

变形能力（塑性）评价法就是基于这一思想而提出的一种评价方法。

① 变形能力评价法的基本观点。变形能力评价法的基本观点如下:

a. 所有的破裂现象都是不均匀变形。

b. 破裂局部的应变大小并不重要,重要的是破裂局部是如何伸长变形的。

c. 材料的变形能力表达式为

$$\varphi = \alpha (L_0)^{\beta} \qquad (6.9)$$

式中　α、β——材料常数;

$\quad\quad L_0$——测试标距。

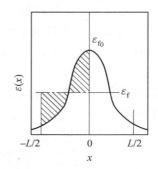

图 6.6　破裂点附近的应变分布

如图 6.6 所示,如果破裂点 $(x = 0)$ 近旁的应变分布用 $\varepsilon(x) = \varepsilon_{f0}I(x)$ 来表示,则在以破裂点为中心的区域 L_0 内的平均应变 ε_f 为

$$\varepsilon_f = \frac{1}{L_0}\int_{-\frac{L_0}{2}}^{\frac{L_0}{2}} \varepsilon(x)\,dx = \frac{\varepsilon_{f0}}{L_0}\int_{-\frac{L_0}{2}}^{\frac{L_0}{2}} I(x)\,dx = \varepsilon_{f0}F(L) \qquad (6.10)$$

式中　ε_{f0}——破裂局部应变。

如果 $\varepsilon_f = \varphi$,$\varepsilon_{f0} = \alpha$,$F(L) = (L_0)^{\beta}$,则式(6.9)和式(6.10)是一致的。因此,式(6.9)中的 α 表示破裂局部的应变,而 β 表示应变的分布。

② α、β 与变形方式及材料特性的关系。如图 6.7 所示,α 和 β 在平面应变下拉伸与等双拉之间的差别比较小,而在平面应变下拉伸与单向拉伸之间差别较大。在胀形区,与变形方式的影响相比,材料性能差别的影响要大些,但与 n 值、r 值、δ 值并无明确的对应关系。这一事实表明:在以破裂为极限的胀形成形中,α 和 β 将可能成为一种新的塑性指标。

③ 破裂伸长应变的实用价值。φ 作为一个实用的评价参数,在各种条件下都很容易被纳入评价系统,并且测试也非常方便。

④ 极限破裂力的解析。

a. 双向拉伸应力 - 应变曲线。用试验的方法得到任意变形方式的应力 - 应变曲线是非常困难的,因此,一般先用试验方法求得单向拉伸时的应力 - 应变曲线,再与理论解析方法结合,求得其他变形方式的应力 - 应变关系。

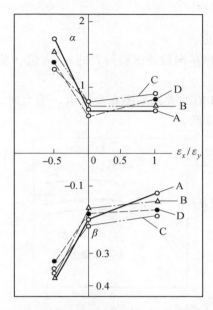

图 6.7　破裂时 α、β 与应变比之间的关系
A—Ti 镇定钢;B—Al 镇定钢;C—C_p 镇定钢;D— 加磷钢

考虑材料的各向异性($\bar{r}$ 值),则等效应力 $\bar{\sigma}$、等效应变 $\bar{\varepsilon}$ 可表示如下:

$$\begin{cases} \bar{\sigma} = CE(x)\sigma_1 \\ \bar{\varepsilon} = DF(\beta)\varepsilon_1 \end{cases} \tag{6.11}$$

而

$$E^2(x) = R_1 - x + R_2 x^2 \tag{6.12}$$

$$F^2(\beta) = R_2 - \beta + R_1 \beta^2 \tag{6.13}$$

$$C^2 = \frac{3}{2R_1 + 2R_2 - 1} \tag{6.14}$$

$$D^2 = \frac{4}{3}(2R_1 + 2R_2 - 1)(4R_1 R_2 - 1) \tag{6.15}$$

式中　$x = \dfrac{\sigma_y}{\sigma_x}, \beta = \dfrac{\varepsilon_y}{\varepsilon_x}, 2R_1 = 1 + \dfrac{1}{r_1}, 2R_2 = 1 + \dfrac{1}{r_2}$;

　　r_1, r_2——主应变方向的 r 值。

设 $\bar{\sigma}$、$\bar{\varepsilon}$ 之间满足 n 次硬化关系。则在应变比为 β 的变形方式下,应力 - 应变曲线可由下式算出:

$$\sigma_t = K(\beta)\varepsilon_t^n \quad \frac{K(\beta)}{\sigma_b} = \left[\sqrt{\frac{4R}{4R^2 - 1}}\right]^{1+n} \frac{R + \frac{\beta}{2}}{F^{1-n}(\beta)} \left(\frac{e}{n}\right)^n \tag{6.16}$$

式中　　$R = R_1 = R_2$；

　　　　σ_b——抗拉强度。

应用式(6.16)，根据单向拉伸试验得到的 σ_b、n 值、r 值可求出任意变形方式的应力–应变曲线。

$K(\beta)/\sigma_b$ 与 r 值、β 值的关系如图6.8所示，r 值大时，胀形成形的应力比较高，而拉深区的应力比较低。

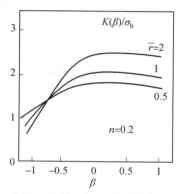

图6.8　$K(\beta)$ 与应变比之间的关系

b. 双向拉伸时极限破裂力的理论值。把塑性失稳理论中发生分散性失稳时的应力作为极限破裂应力，则单位板宽所受的力 F_{cr} 为极限破裂力。极限破裂力也可用 $F_{acr}(F_{acr} = F_{cr}/t_0 = \sigma_{cr}t/t_0)$ 表示。

根据塑性失稳理论，此时的应变为

$$(\varepsilon_x)_{cr} = \left[1 - \frac{F(\beta_1)}{F(\beta_2)} \right] \Delta\varepsilon_{1x} + n \left[1 + \frac{x_2\beta_2(1 - \beta_2)}{1 + x_2\beta_2^2} \right] \qquad (6.17)$$

式中　　n——硬化指数。

$$F(\beta) = \sqrt{R_y + \beta + R_x\beta^2} \qquad (6.18)$$

$$2R_x = 1 + \frac{1}{r_x}, \quad 2R_y = 1 + \frac{1}{r_y} \qquad (6.19)$$

式中　　r_x、r_y——x、y 方向的 r 值。

单一变形路径时，$\Delta\varepsilon_{1x} = 0$，代入式(6.17)求出 ε_{cr}，再代入式(6.16)即可求得 σ_{cr}。

这样求得的极限破裂力的理论值如图6.9所示。可知 n 值对 F_{acr} 的影响较小，相反，r 值影响却比较大。

c. 平面应变极限破裂力。平面应变条件下的极限破裂力由下式求得：

$$F_{acr} = \left(\frac{1 + \bar{r}}{\sqrt{1 + 2\bar{r}}} \right)^{1+n} \sigma_b \qquad (6.20)$$

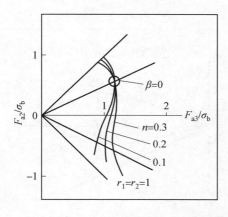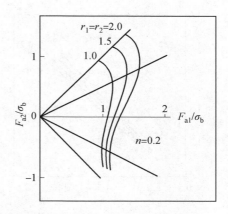

图 6.9　n 值、r 值对极限破裂力的影响

破裂力的试验值与理论值的比较如图 6.10 所示。

（3）变形余裕度评价法。

变形余裕度评价法就是根据冲压件破裂危险部位的变形余裕度来评价成形的难易程度。一般情况下，破裂危险部位的变形余裕度越大，其冲压件成形越容易，反之越困难。

变形余裕度就是毛坯的实际变形与其变形极限的差别，即毛坯在目前的变形程度下，沿原变形路径尚具有的继续变形的能力。按这种定义，在成形极限图上，可以将目前的最大主应变值 ε_s 与沿原路径变形到破裂时的极限应变 ε_k 的差值 $\Delta\varepsilon = \varepsilon_k - \varepsilon_s$ 计算出来，这个是应变余裕度。这种方法比较简单、实用方便。可以作为变形余裕度评价方法之一，用于针对破裂的成形难度评价。

在汽车覆盖件冲压成形中，变形路径不一定都是直线。一般认为，当毛坯产生破裂时处于平面应变状态，即在毛坯的变形接近破裂时将偏离原来的变形路径，向平面应变方向发展。如图 6.11 所示，毛坯上破裂危险部位在冲压成形过程中的变形到达 A 点，假若继续变形的话，可能改变原来的变形路径向平面应变方向变形，最后可能到达 B 点产生破裂。在这种情况下，虽然从 A 点到破裂极限 B 点之间不一定是沿直线变化，但为了方便，仍可采取 A、B 之间的距离作为变形余裕度。因此，变形余裕度可量化为

$$\Delta\sigma = \sqrt{(\varepsilon_{xB} - \varepsilon_{xA})^2 + (\varepsilon_{yB} - \varepsilon_{yA})^2}$$

这种变形余裕度计算的关键是如何确定 B 点。一般采用试验法，通过加大压边力，使毛坯该部位达到破裂，测量破裂时的应变来确定 B 点。若不进行试验，则不能利用成形极限图将 B 点唯一确定。

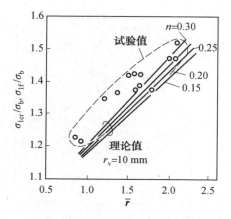

图 6.10　破裂力的试验值与理论值的比较

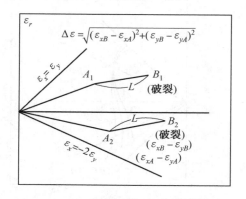

图 6.11　变形余裕度的定义及量化

4. 成形难度评价实例

（1）平面应变破裂预测。模型如图 6.12 所示,预测结果如图 6.13 所示。

在使用拉深筋的情况下,材料通过拉深筋流入直壁部分时产生了很大的变形,因此,在有拉深筋的状态下,靠近凹模口的侧壁部位将是破裂的危险部位。

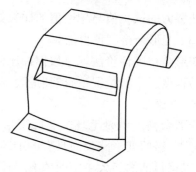

图 6.12　平面应变试验模型

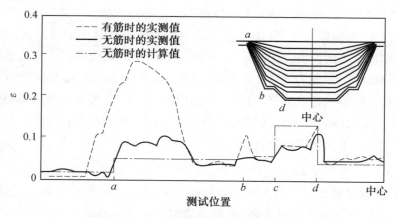

图 6.13　平面应变破裂预测结果

（2）图 6.14 所示为汽车后轮罩拉深件简图。对其长边直壁部分进行平面应变破裂评价，评价部位如图 6.15 所示。

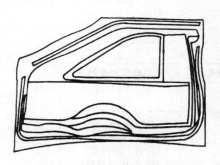

图 6.14　汽车后轮罩拉深件简图

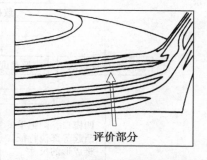

评价部分

图 6.15　汽车后轮罩拉深件评价部位

直壁部分的伸长变形分布如图 6.16(a) 所示，试验结果与计算结果比较一致。图 6.16(b) 所示为应力分布图。极限应力可由 $(\sigma_b)_p$ 和各部分的弯曲半径来确定。本例中 ab、bd 处超过了极限应力，而且 ab 处超出量最多。实际的破裂部位，也正是在 ab 之间 b 的附近，这与计算结果是一致的。

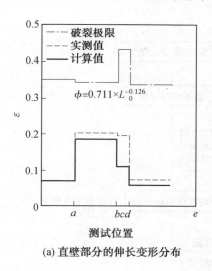

(a) 直壁部分的伸长变形分布

(b) 应力分布图

图 6.16　汽车后轮罩拉深件试验结果

图 6.17 所示为以汽车内门板成形为例的成形难度评价流程图。

在对汽车覆盖件冲压成形破裂的成形难度评价时，要把整体评价和局部评价结合起来。图 6.18 所示为整体评价与局部评价的关系图。

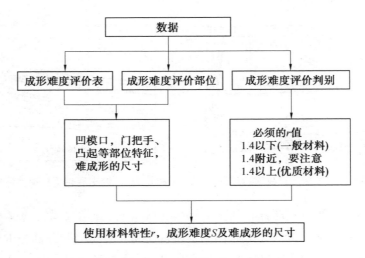

图 6.17　成形难度评价流程图

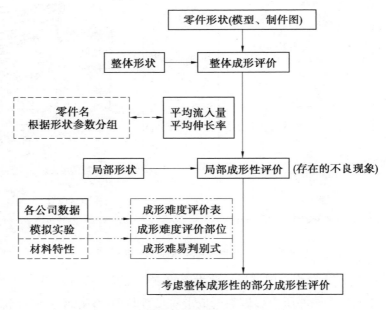

图 6.18　整体评价与局部评价的关系图

针对破裂的评价只是对汽车覆盖件冲压成形难度评价的一个内容,针对起皱等面形状精度和尺寸精度等问题的评价也是必需的。图 6.19 所示为以破裂和面形状精度为主要内容的成形难度事前评价系统图。

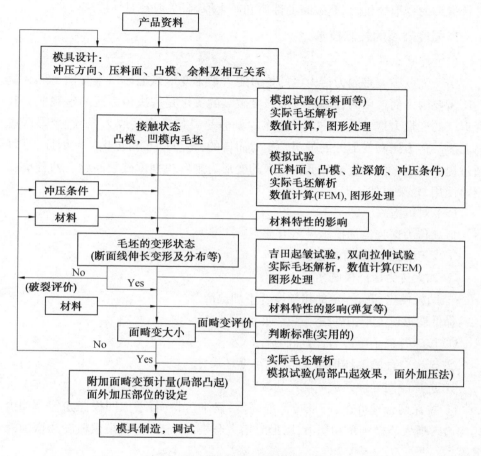

图 6.19　对破裂和面形状精度的成形难度事前评价系统图

6.1.3　破裂的对策分析

　　在冲压成形过程中出现的破坏现象很多,无论是哪种形式的破坏,也无论破坏发生在毛坯的哪个部位,只要是材料产生了破坏现象,在这个位置上的应力与应变一定都达到了某个极限数值,而且当变形的条件(温度、加载方式、应力状态、应变梯度、应变路径等)确定时,这个极限值也一定是固定的。因此,在冲压成形时,从应力或从应变角度来分析破坏问题的原因,完全是为了便于分析各种

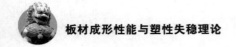

工艺参数与成形条件对破坏的影响规律,达到防止破坏和正确确定成形极限以及提高成形极限的目的。

解决破裂问题,要根据板材冲压变形的基本理论对冲压件的形状尺寸特点进行详细的变形分析,判断破裂的性质和产生原因,采取针对性措施。

1. 强度破裂的控制技术

（1）控制原理。

由于强度破裂是因为传力区的传力能力小于变形区毛坯产生塑性变形和流动所需要的力而产生的,因此,解决强度破裂的关键是解决传力区的承载能力和变形区的变形力这一对矛盾。其根本原则就是要使传力区成为强区,变形区成为弱区。传力区和变形区的强弱是相对而言的,是可以互相转化的。因此,可以通过提高传力区的强度或降低变形区的变形力来解决强度破裂问题。两种措施同时使用,效果更佳。

（2）对策措施。

提高传力区强度的措施主要有如下:

① 采用强度极限高的材料。

② 加大传力区凸模圆角。

③ 凸模侧壁留有一定的粗糙度并不加润滑。

降低变形区变形力的措施主要如下:

① 拉深时减小压边力,增加润滑。

② 选择合理的毛坯形状,尽量减小毛坯尺寸。

③ 选择厚向异性系数 r 较大的材料。

④ 拉深筋合理分布,降低拉深筋高度;研平压料面;增加凹模圆角等。如内孔翻边时增大凸模圆角和润滑;胀形时增大凸模圆角,降低凸模粗糙度和增加润滑等。

采用屈强比小的材料总是有利于解决传力区的破裂问题。

2. 塑性破裂的控制技术

（1）控制原理。

由于塑性破裂是材料的塑性变形能力小于冲压件成形所需要的塑性变形而产生的,因此,解决塑性破裂的关键是解决材料的塑性变形能力小于冲压成形所需变形区的变形量这一对矛盾。因此,可以通过提高材料的塑性变形能力或减小变形区所需的变形量来解决塑性破裂问题。两种措施同时应用,效果更佳。

（2）对策措施。

提高材料塑性变形能力的主要措施如下：

① 选用伸长率 δ_u 值、硬化指数 n 值和厚向异性系数 r 值较大的材料。

② 增大变形区域的变形均匀程度，减小集中变形，变形区加热等。

③ 改善毛坯的表面及边缘质量。

④ 改善覆盖件上某些尖角的局部形状。

减小变形区变形量的主要措施如下：

① 修改模具参数，增大凸模圆角和局部成形的凹模圆角。

② 降低成形高度，增加成形工序，如胀形时减小胀形深度。

③ 通过修正拉深筋的分布、拉深筋参数等改善变形路径。

④ 选择合理的毛坯形状及尺寸。

⑤ 增加辅助工艺措施（如工艺余料、工艺孔等）。

⑥ 将急剧过渡的局部形状修改为缓慢过渡形状等。

⑦ 对于某些零件来说，修改模具参数或改变零件局部形状后成形工序可能会达不到零件要求，需要通过下道工序增加校形功能或另外增加校形工序达到零件要求。

在塑性破裂中，最简单的是单向拉伸应力作用下产生的破裂。一般用材料的均匀伸长率 δ_u 来衡量其塑性变形能力。但汽车覆盖件拉深成形中出现的塑性破裂大多是两向拉应力作用下产生的破裂，而不同的拉应力比值（σ_x / σ_y）下，材料塑性破裂时的极限变形也不同。对这种情况下的塑性破裂，仅靠板材单向拉伸时得到的塑性指标伸长率 δ 值来衡量材料的塑性变形能力是不够科学的，它不能准确反映板材在双向拉应力作用下的塑性变形能力。这时应该用能比较科学地反映板材双向拉应力作用下塑性变形能力的成形极限图来判断产生塑性破裂的原因。利用成形极限图通过工艺或模具措施改变拉应力比值，解决破裂问题。

很多情况下，应力集中是造成塑性破裂的不可忽视的主要原因。如内孔翻边，冲内孔时产生的毛刺若放在不靠凸模的一侧，则在翻边时孔的内边缘就会产生很大的应力集中，成为导致破裂的主要原因。故此时应尽量减少冲孔毛刺并使毛刺靠凸模一侧。覆盖件的某个局部形状在成形过程中贴模过早，也容易造成应力集中，导致集中变形，产生破裂。

将解决破裂问题的各种对策进行归纳分类，见表6.1。

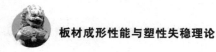

表 6.1　破裂对策分类

	目标		
	减少绝对伸长变形	分散局部伸长变形	改变变形路径
措施	ε_y ／ ε_x 图	ε 曲线，高度减小 $R_{小}$ $R_{大}$	ε_x 图
改变圆角半径	R 加大、斜壁 R 加大	圆弧扩大 R 加大、侧面积加大	在后续工序中成形 R 加大、局部变形扩散、变形路径向胀形侧移动
控制毛坯流入量	毛坯切角使变形均匀／圆拉伸肋利于材料流动	成形中将多余部分切掉能改变材料的流动状况	为消除靠近缺口处的起皱影响而采用圆滑的形状
改变拉伸深度	高度减小	分阶段拉伸 1 2 3	从拉深转向胀形
预变形	用先行销使主环预变形	用局部可动凸模使毛坯预变形	第一道工序预变形第二道工序成形
改换材料	n 值大 r 值大 伸长变形能力大 变形极限高	n 值大 厚度大	n 值大 变形极限高

6.1.4 破裂控制对策实例

1.底部破裂

如图6.20所示,破裂发生在凸模圆角处。该部位属于拉深成形传力区,此处的破裂为 α 破裂,主要是此处的拉力超出了材料的强度极限所致。

产生这种现象的可能的直接原因及相应的对策有以下几个方面:

① 拉深系数过小。这种情况下应增加拉深工序。

② 凸模圆角 r_p 过小,导致该部位的变形剧烈、减薄严重,使承载能力下降。此时应增大 r_p。

③ 转角半径 R 过小,转角区材料流动阻力过大,增加了传力区转角部分的拉

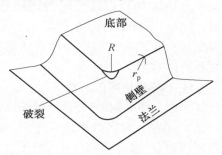

图6.20 凸模圆角处的破裂

力。此时在不影响产品使用性能的前提下可适当增大转角半径 R。

④ 压边力过大,使拉深力加大,导致传力区的承载能力不足。此时可在保证压料面下坯料不起皱的前提下适当减小压边力。

⑤ 润滑不好,使材料流动阻力增大。此时应改善润滑条件,选择润滑性能较好的润滑剂。

⑥ 毛坯的形状尺寸不合理或尺寸过大。应选择合理的毛坯形状或在保证法兰边尺寸的前提下适当减小毛坯尺寸。

⑦ 毛坯或模具定位不准,应检查毛坯及模具的定位装置。

⑧ 模具间隙过小,应修正模具间隙。

⑨ 拉深筋的形状、尺寸及布置不合理。此时应重新考虑拉深筋的布置,并修正拉深筋的形状及尺寸。

⑩ 板材的拉深性能不好。应考虑更换 r 值大、σ_s/σ_b 小的板材。

2.转角处的壁裂

转角处的壁裂如图6.21所示,常发生在冲压件转角部分的直壁并靠近凹模圆角处的部位,属于 α 破裂。其产生的主要原因及相应的对策如下:

① 凹模圆角半径 r_d 过小($r_d/t < 3$),毛坯滑过 r_d 后产生了剧烈的弯曲、反弯曲变形,材料变薄严重,导致该部分的承载能力下降。此时应采用较大的凹模圆角半径($r_d/t > 3$)。如果零件要求法兰根部的圆角半径 r 较小,可先采用较大的 r_d 进行拉深,后续工序中,再校正至 r。

② 相对转角半径 R/B(R 为转角半径，B 为直边长度）过小。在产品使用性能允许的情况下，可适当加大。

③ 毛坯形状不合理。无拉深筋时，应适当安排转角区和直边区毛坯的比例，以减少直边区和转角区毛坯的流动速度差异。同时，不宜采用切角毛坯，切角毛坯会降低转角区毛坯抗板平面内弯曲的能力，更易产生壁裂。

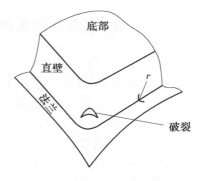

图 6.21　转角处的壁裂

④ 毛坯转角区的润滑不好。此时应加强转角区毛坯的润滑，使该区域的润滑条件好于直边区。

⑤ 毛坯转角区的压边力过大。在保证毛坯不起皱的前提下，应适当减小转角区压边力，相应增大直边区的压边力。

⑥ 毛坯材料选择不合适。应尽量选择 σ_b、r 值及 δ_m 较大的材料。

⑦ 在法兰直边区采用拉深筋，以增加直边材料的流动阻力，减小板平面内的弯曲变形。

3. 横向壁裂

如图 6.22 所示，这种壁裂常发生于复杂零件的直边部分，属于 α 破裂。其产生的主要原因及相应的对策如下：

① 直边部分的拉深筋设置不当，进料阻力过大，此时应适当修正拉深筋，以减小其阻力。

② 压边力过大。应适当减小压边力。

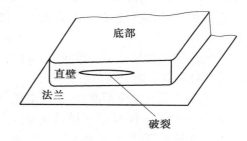

图 6.22　横向壁裂

③ 凹模圆角 r_d 过小。应适当增大凹模圆角半径。

④ 直边部分的模具压料面粗糙。应研磨或精加工压料面。

⑤ 毛坯材料不合适。应选择 r 值大、σ_b 高、CCV 值小的材料。

4. L 形零件法兰处的破裂

如图 6.23 所示，此类零件的破裂多发生在内凹的法兰变形区内，而且是从边缘开始产生裂纹。该处为单向拉伸应力状态，切向伸长变形为最大主应变，属于 β 破裂，即塑性破裂。其产生的主要原因及相应的对策如下：

① 毛坯形状不合适，应在此部位适当增加法兰宽度，以弥补该部位材料的

不足。

②零件的深度大,使法兰变形区的变形过大而产生破裂。此时应在允许的范围内适当减小零件的深度。

③毛坯边缘质量不好、毛刺较大,变形时因应力集中而被拉裂。应进行落料模刃口研磨或人工打毛刺。

④材料的塑性指标不够。应选择 δ_u 和 n 值大的材料。

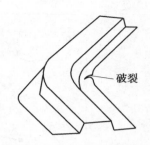

图 6.23　L 形零件的法兰处破裂

5. 汽车灯座的纵向破裂

图 6.24 所示为汽车灯座冲压成形时出现的破裂。该零件的冲压工序为:拉深、冲孔、翻边,拉深的同时冲工艺减轻孔或拉深之前冲工艺减轻孔。破裂是在翻边过程中产生的,并出现在变形区内,故为 β 破裂。其产生的主要原因及相应的对策如下:

①翻边高度 h_1 太大,致使边缘的变形程度过大导致破裂。此时应

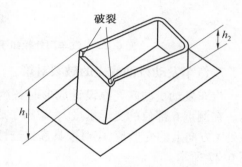

图 6.24　汽车灯座的破裂

增加拉深深度,加大中间的工艺减轻孔,以减小翻边时边缘的变形程度。

②零件的转角半径过小。在允许的前提下,适当加大零件的转角半径。

③工艺减轻孔边缘质量差,毛刺过大。此时应修整冲孔模具刃口或打磨工艺减轻孔边缘毛刺。

④毛坯材料性能不合适。此时应选择 δ_u 值大、n 值大的材料。

⑤将翻边凸模做成锥形,有利于提高翻边极限,避免破裂。

6. 汽车门外板扣手部位的破裂对策

汽车门外板扣手部位局部成形时,会发生如图 6.25 所示部位的破裂。原设计的变形状态图用虚线表示,在测点 9′、10′ 处的实际变形超出了变形极限而产生破裂。为了避免破裂,采用加大凸模圆角半径 r_p 的方法,并增加胀形部分,从而分散了该部位的集中性变形。改变凸模圆角半径后的变形状态图用实线表示。各测点的变形均向双等拉变形方向移动,使其成形极限得以提高,达到避免破裂的目的。

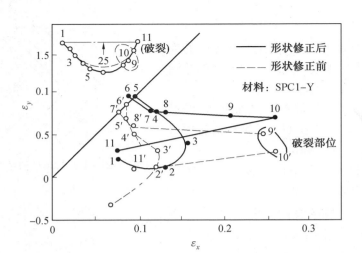

图 6.25　汽车门外板扣手部位变形状态的变化

7. 汽车发动机油底壳的破裂对策

汽车发动机油底壳原设计成形时各测点的变形状态如图 6.26 中的虚线所示。在测点 6 部位的变形量最大,超出了成形极限线,该处产生破裂。为了减少该处 x 方向上的变形量,应对模具参数进行修正。变化的情况及各参数的意义如图 6.27 所示。

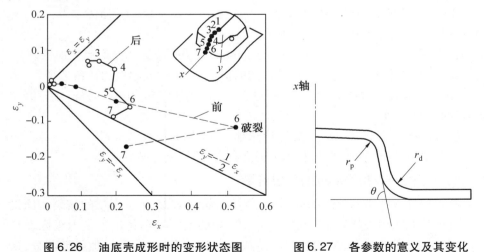

图 6.26　油底壳成形时的变形状态图　　　图 6.27　各参数的意义及其变化

模具参数修正后得到的变形状态图,远离了成形极限,具有较大的变形余裕度,因此完全可以避免破裂的发生。

6.2　起　　皱

起皱也是冲压成形过程中的一种有害现象,轻微的起皱影响冲压件的形状精度和冲压件表面的光滑程度,而严重的起皱可能妨碍和阻止冲压成形过程的正常进行。因此,对起皱问题的研究,深入地了解其产生机理,科学地掌握发生起皱的规律,对冲压生产技术的进步具有十分重要的意义。由于起皱是一种塑性变形失稳的过程,它的产生机理和各种因素的影响规律十分复杂,而且冲压毛坯起皱部分的几何形状和尺寸各异,其周边的约束条件也各不相同,因此采用严谨的力学分析方法进行起皱问题的研究工作,遇到了与当前研究工作的能力和水平不相适应而产生的困难。

从本质上看,认为冲压成形中所有的起皱现象都是压应力作用结果的说法,以及认为冲压成形中起皱的原因是因为起皱部分的材料多余所致的说法,都是正确的。但是,从对冲压成形中的起皱现象做具体而深一步的分析出发,从为解决冲压生产实际问题的要求考虑,这样的分析方法就显得不够了。

6.2.1　起皱的分类

虽然对任何一个起皱现象都必然存在与皱纹长度方向垂直的压应力,但直接作用在毛坯上的力却不一定是压力。这个压应力有可能是直接作用在毛坯上的压力引起的,也有可能是因为毛坯受到不均匀的拉力而诱发产生的。实际上,汽车覆盖件成形中引起压应力的应力状态有无数种,所出现的起皱问题也有多种类型,不同类型的起皱的特点,产生的原因,各种因素对起皱产生和发展的影响规律以及消除皱纹的措施都不尽相同。

（1）按引起起皱的外力分类。

从直接引起起皱的外力原因来分,可以将起皱分为压应力起皱、不均匀拉应力起皱、剪应力起皱、板内弯曲应力起皱等四种类型(图6.28)。

① 压应力引起的失稳起皱。圆筒形零件拉深时法兰变形区的起皱,曲面零件成形时悬空部分的起皱,都属于这种类型。成形过程中变形区毛坯在径向拉应力 $\sigma_r = \sigma_1 > 0$、切向压应力 $\sigma_\theta = \sigma_3 < 0$ 的平面应力状态下变形,当切向压应力达到压缩失稳临界值时,毛坯将产生失稳起皱。塑性压缩失稳的临界应力可以用力平衡法和能量法求得。为了简化计算,多用能量法。

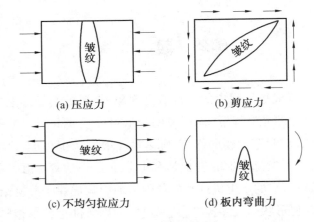

(a) 压应力　　　　　　　(b) 剪应力

(c) 不均匀拉应力　　　　(d) 板内弯曲力

图 6.28　平板起皱分类图

不用压边圈的拉深,如图 6.29 所示,拉深过程中法兰变形区失稳起皱时能量的变化主要有三部分:

a. 皱纹形成时,假定皱纹形状为正弦曲线,半波(一个皱纹)弯曲所需的弯曲功为

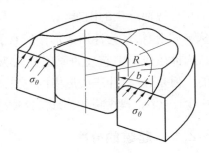

图 6.29　法兰变形区失稳起皱

$$u_w = \frac{\pi E_r I \delta^2 N^3}{4R^3} \qquad (6.21)$$

b. 法兰内边缘在凸模和凹模圆角夹持得很紧,相当于内周边固持的环形板,起着阻止失稳起皱的作用,与有压边力的作用相似,可称为虚拟压边力。失稳时形成一个皱纹,虚拟压边力所消耗的功为

$$u_x = \frac{\pi R b K \delta^2}{4N} \qquad (6.22)$$

c. 变形区失稳起皱后,周长缩短,切向压应力 σ_3 由于周长缩短而放出能量,形成一个皱纹。切向压应力放出的能量为

$$u_f = \frac{\pi \delta^2 N}{4R} \sigma_3 bt \qquad (6.23)$$

式中　　E—— 弹性模量;

　　　　I—— 惯性矩;

　　　　N—— 皱纹数;

　　　　R—— 法兰变形区半径;

　　　　b—— 法兰变形区宽度;

δ—— 起皱后的皱纹高度；

K—— 常数。

法兰变形区失稳起皱的临界状态应该是切向压应力所释放的能量等于起皱所需的能量，即

$$u_f = u_w + u_x \tag{6.24}$$

将式（6.21）、式（6.22）和式（6.23）代入式（6.24），整理后得

$$\bar{\sigma}_3 bt = \frac{E_0 I N^2}{R^2} + bK \frac{R^2}{N^2} \tag{6.25}$$

对皱纹数 N 进行微分，并令 $\dfrac{\delta \sigma_3}{\delta N} = 0$，便得到临界状态下的皱纹数

$$N = 1.65 \frac{R}{b} \sqrt{\frac{E}{E_0}} \tag{6.26}$$

将 N 值代入式（6.25），得起皱时临界切向压应力 $\bar{\sigma}_{3K}$

$$\bar{\sigma}_{3K} = 0.46 E_0 \left(\frac{t}{b}\right)^2 \tag{6.27}$$

因此可得到不需压边的极限条件：

$$\sigma_3 \leqslant 0.46 E_0 \left(\frac{t}{b}\right)^2 \tag{6.28}$$

由式（6.28）可以看出，压应力临界值与材料的折减弹性模数、相对厚度有关。材料的弹性模数 E、硬化模数 F 越大，相对厚度 t/b 越大，切向压应力越小，不用压边的可能性就越大。

② 剪应力引起的失稳起皱。剪应力引起失稳起皱，其实质仍然是压应力的作用。例如板材在纯剪状态下，在与剪应力成 45° 的两个剖面上分别作用着与剪应力等值的拉应力和压应力。只要有压应力存在，就有导致失稳的可能。失稳时剪应力的临界值可写成如下形式：

$$\tau_k = K_s E \left(\frac{t}{b}\right)^2 \tag{6.29}$$

对于不同边界条件的矩形板，四边约束不同时，K_s 值也不同（图 6.30）。

由式（6.29）可以看出，板材在纯剪状态下失稳时剪应力的临界值与厚度的平方成正比，与其特征尺寸（宽度 b）的平方成反比。

在压缩类翻边和伸长类翻边过程中，材料向凹模口流入时，由于侧壁的干涉受到很强的剪切力的作用，因此容易产生失稳起皱。图 6.31（a）所示为伸长类曲面翻边件侧壁在剪应力作用下形成的皱纹；图 6.31（b）所示为汽车车体中立柱在剪应力作用下产生的皱纹。

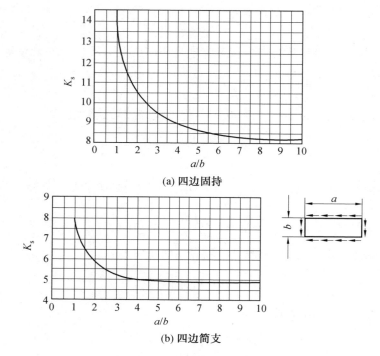

(a) 四边固持

(b) 四边简支

图 6.30　K_s 值随边界条件变化的曲线

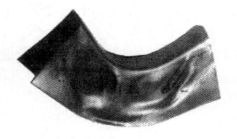

(a) 伸长类曲面翻边件侧壁在剪应力作用　　(b) 汽车车体中立柱在剪应力作用
　　下形成的皱纹　　　　　　　　　　　　　下产生的皱纹

图 6.31　剪应力引起的起皱

　　图 6.32 所示为平板在压应力和剪应力作用下失稳时极限应力值的比较,由图可见,剪切时的失稳极限应力 τ_k 比压缩失稳时极限应力 σ_k 高。所以受压缩的情况下比受剪切的情况下更容易失稳。

　　③ 不均匀拉应力引起失稳起皱。当平板受不均匀拉应力作用时,在板坯内产生不均匀变形,并可能在与拉应力垂直的方向上产生附加压应力,该压应力是产生皱纹的力学原因。拉应力的不均匀程度越大,越易产生失稳起皱。皱纹产

生在拉应力最大的部位,皱纹长度方向与拉伸方向相间。平板沿宽度方向上的不均匀拉应力 σ_1 的分布如图 6.33(a),由此引起的应力 σ_x 和 σ_y 在平面内的分布,分别如图 6.33(b)、(c) 所示。由图 6.33(c) 可知,在平板中间部位 σ_y 为压应力,由它引起平板的失稳起皱。

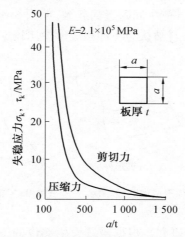

图 6.32　平板在压应力和剪应力作用下失稳时极限应力值的比较

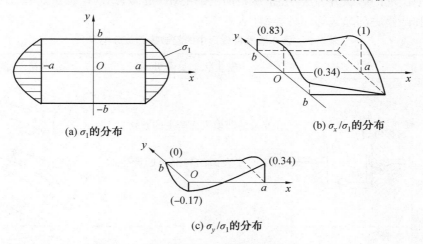

(a) σ_1 的分布

(b) σ_x/σ_1 的分布

(c) σ_y/σ_1 的分布

图 6.33　平板受不均匀拉应力作用时的应力分布

　　在冲压成形时,若凸模纵断面或横断面的形状比较复杂,毛坯的局部会承受不均匀拉应力的作用。图 6.34(a) 所示为棱柱台的拐角处的侧壁,由于材料流入的同时产生收缩,再加上由不均匀拉应力引起的压应力的作用,就更加容易产生失稳起皱。图 6.34(b) 所示的鞍形拉深件,底部产生的皱纹也是由不均匀拉应力引起的。

④ 板平面内弯曲应力引起的失稳起皱。利用不带拉深筋的模具进行盒形件拉深成形时,由于材料流动速度在法兰变形区的直边区与圆角区是不同的,由位移速度差诱发产生的剪应力,形成了直边对圆角区的板平面内弯矩和圆角区对直边的弯矩。此弯矩使法兰变形区产生板平面内的弯曲,从而引起法兰圆角区内侧凹模口附近及直边区外侧中间附近的起皱,如图 6.35 所示。这种起皱形式还不太被人们所注意,故一直被认为在冲压成形中比较少见,所以研究也较少。

(a) 棱柱台

(b) 鞍形件

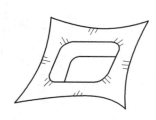

图 6.34 拉力不均匀形成的起皱   图 6.35 板平面内弯曲引起的起皱

（2）按起皱发生部位分类。

日本薄钢板成形技术研究会根据皱纹发生部位的不同,将汽车覆盖件冲压成形中出现的起皱分为法兰(指压料面上的毛坯)起皱、凹模口圆角处起皱、侧壁起皱和凸模底部起皱等四种类型(表 6.2)。

表 6.2 汽车覆盖件成形中的起皱按部位分类表

序号	发生部位	发生状态及说明	示例简图
1	凹模表面	在光滑的凹模表面产生的皱纹 由于凹模表面的局部凸凹产生的皱纹	
2	凹模口部	凹模边缘圆角大,拉伸程度大时发生的皱纹 受凹模的变曲面棱边的影响,在侧壁发生线状皱纹	

续表 6.2

序号	发生部位	发生状态及说明	示例简图
3	拉伸侧壁	壁皱(凹模表面的张力不足) 因拉深形状特殊产生的皱纹 因拉深深度急剧变化产生的皱纹	
4	凹模口部	在凸模中央部的拉深断面变小处发生的皱纹 在拉伸深度急剧变化的部位产生的皱纹 在侧壁为变化剧烈的凹曲线的部位产生的皱纹 (T 形、L 形)	

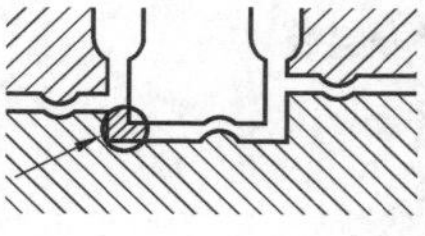

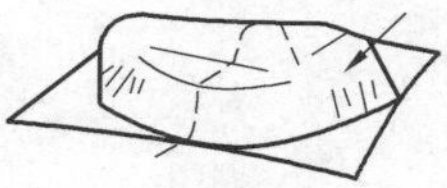

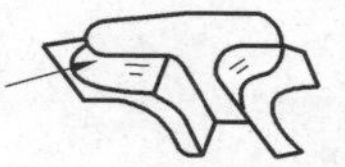

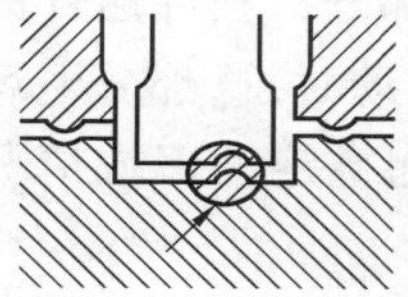

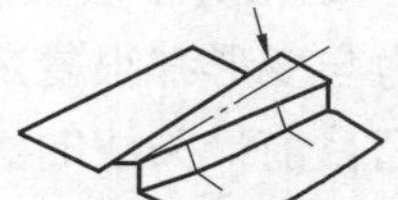

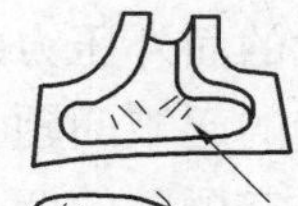

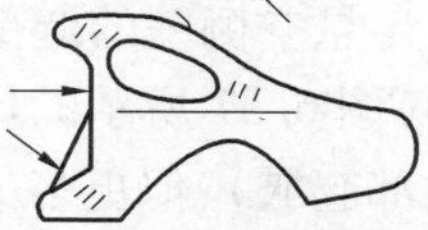

（3）按部位及外力相结合的分类。

按外力分类和按部位进行分类的方法各有其优缺点。按起皱部位分类，可以根据皱纹所在的部位一目了然地判断出是属于哪一类，但由于这种分类不与引起起皱的原因直接联系，故在解决问题时就不易找出其产生原因，不能明确应从哪些方向采取措施。按引起起皱的外力进行分类，有利于进行研究，但由于它不与实际冲压件直接联系，在解决实际问题时就不易判断其类别。把引起起皱的外力（受力状态）与起皱部位联系起来，对汽车覆盖件冲压成形中的起皱进行分类的结果如图 6.36 所示。

① 在汽车覆盖件冲压成形工序中，法兰变形区的起皱，一般主要是由压应力引起的。因为毛坯在压料面上的切向线长在向凹模内流动时大多是减小的，在切向受压应力作用。当然，在压料面是由几个平面或曲面组成时，法兰的起皱会受到其他应力成分的影响。但多数情况下，法兰起皱的主要原因是压应力。另外，法兰起皱还与覆盖件的轮廓形状有关，有时会产生由弯曲应力引起的起皱等。

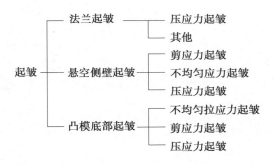

图 6.36　起皱分类图

②相对于法兰起皱来说,凹模内部的毛坯起皱要复杂得多。这部分毛坯的受力与变形都很复杂,毛坯起皱的原因也复杂多变。因而,这部分毛坯的起皱是人们目前最关注的。生产中对它的了解还不够深入,解决措施不明确,也是人们感到最难解决的起皱问题。

在凹模内部的毛坯可以分为侧壁部分和凸模底部部分。当冲压件的侧壁是直壁,且在变形一开始毛坯就是在凸模与凹模间隙里流动时,这部分毛坯由于受到很大的面外压力的作用而很难起皱。所以,侧壁的起皱绝大多数情况下是悬空侧壁的起皱问题。

悬空侧壁的起皱,有的是压应力引起的(图 6.37 所示的球面零件拉深成形时的内部起皱),但更多的情况下是由于零件的深度或断面的急剧变化等原因而引起的剪应力起皱(图 6.38 和图 6.39),以及不均匀拉应力引起的起皱(图 6.40 所示的四棱锥零件拉深成形时的棱线附近的起皱)。凸模底部产生的起皱,许多是不均匀拉应力引起的(图 6.41 所示汽车前围侧盖板冲压成形时底部的起皱)和剪应力引起的(图

图 6.37　球面零件拉深成形时的内部起皱

6.42 所示的挡泥板冲压成形时底部的起皱),也有在压应力作用下起皱的现象(图 6.43 所示的加强梁冲压成形时底部的起皱)。

所以,汽车覆盖件冲压成形时侧壁或底部产生起皱的原因是多种多样的。根据零件的具体结构形状和尺寸的不同,即使在同一部位(指侧壁或凸模底部),起皱的原因也会不相同。

当然,一个具体的起皱往往不是一种单纯的应力引起的,可能会有两种或三种应力存在,但必有一种应力是起主要作用的,而其他应力只是起次要作用。

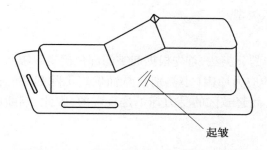

起皱

图 6.38　发动机油底壳拉深成形时侧壁的起皱

起皱

图 6.39　T 形零件拉深成形时

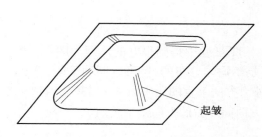

起皱

图 6.40　四棱锥零件拉深成形时侧壁的
　　　　　起皱

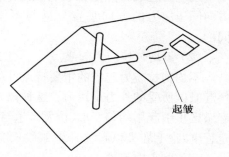

起皱

图 6.41　汽车前围侧盖板冲压成形时底
　　　　　部的起皱

起皱

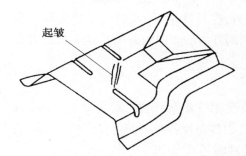

图 6.42　挡泥板冲压成形时底部的起皱

起皱

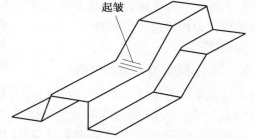

图 6.43　加强梁冲压成形时底部的起皱

6.2.2　各类起皱的特点及判别

　　在对汽车覆盖件冲压成形时的起皱进行分类的基础上，如何准确地判别实际冲压生产中出现起皱的所属类型就成了解决起皱问题的关键，只有有了准确的分析判别，才能根据不同的起皱类型找出其起皱的主要原因，制订切合实际的有效措施。

　　为准确判别起皱的类型，必须掌握各类起皱的主要特点，并根据冲压件的形状、结构、尺寸特点和变形特点、起皱区所受的外力条件以及皱纹的方向等方面来判断引起起皱的主要原因和起皱类型。

1. 各类起皱的特点

在实际生产中,可按图6.36中的分类法,首先根据起皱的部位确定起皱所在的类别(大类别),然后判断起皱的应力原因(小类别),从而确定消除起皱的措施。由于起皱部位可以直观看到,而起皱区的受力却不是直观的,因此,判断起皱区的受力特点是非常重要的。

(1)压应力起皱。

压应力起皱特点是比较明显的。毛坯在压应力作用下失稳时,皱纹的长度方向同压应力的方向垂直。这与不均匀拉应力起皱和剪应力起皱是明显不同的。

(2)不均匀拉应力起皱。

不均匀拉应力起皱的主要特点可从YBT试验中得到很好的体现。即:① 毛坯起皱区所受的外力是拉力。这种拉力是不均匀分布的,但可以同轴平衡,它在起皱区里引起不均匀变形,诱发产生与外力方向垂直的压应力 A。当其值达到一定程度时,毛坯失稳起皱。② 皱纹长度方向同外力的方向是一致的。

(3)剪应力起皱。

剪应力起皱与不均匀拉应力起皱的特点是明显不同的。由剪应力起皱试验可以看到剪应力起皱的特点主要有以下两点:① 毛坯所受的外力是拉力。这种拉力不是同轴平衡力,而是非同轴的平衡力,在其作用下,起皱区受到力偶产生的剪应力作用而产生起皱。② 起皱的方向同外力的方向约成45°,也与剪应力方向约成45°。

2. 不同类型起皱的判断

汽车覆盖件拉深成形过程中的受力情况比较复杂,因此,首先要对毛坯(特别是起皱区)在拉深过程中的变形情况、受力分布及各自的变化规律进行详细的分析,甚至进行必要的实际测量计算,这是判断起皱类型的关键。

对毛坯在成形中的受力情况和起皱区所受的外力情况的确定,有两种方法。一种方法是根据拉深件的结构形状特点及毛坯贴模过程来分析确定毛坯的应力、应变分布和起皱区所受的外力。如圆筒零件、球面零件、锥形零件等,它们的结构形状是轴对称的,所以,毛坯内的应力、应变是在圆周上均匀分布的,即在同一个圆周上,径向的拉应力 σ_r 是同一个值。又如盒形件具有局部对称的结构,其转角中心线两侧的应力对称分布,但不是均匀分布。所以,直边到转角部位有剪应力存在。但汽车覆盖件不是简单的形状,进行受力分析时,要使用变形分析的"分解－综合"方法,对一个局部(基本形状)可以先判断其受力情况,然后考虑其他部分对该部分的影响,从而得知该部分毛坯的主要受力及影响因素。另一种方法是通过测量计算来确定:在拉深件的结构形状很复杂时,只从结构形状还不能清楚地判断毛坯的受力情况,可以采用网目法实际测量毛坯的变形及分布、变形路径等,计算出应力及其分布。

有了对毛坯(特别是起皱区)在拉深成形过程中的变形分析和应力分析,就可以明确起皱区所受的外力情况。

在起皱区受力分析的基础上,可以根据各类起皱的特点,判断拉深件上起皱的类型。判断起皱类型的原则主要有以下几个方面:

(1)根据汽车覆盖件的结构形状特点判断。

轴对称零件(如直壁轴对称零件、曲面轴对称零件、锥形零件等)拉深成形时,法兰面上或凹模口内的毛坯起皱一般属压应力起皱(图6.37)。因为,在起皱区里,毛坯受到径向拉应力和切向压应力的作用,且应力在同一圆周上是均匀分布的,所以均匀分布的拉应力不会引起起皱,只能是由切向压应力引起起皱。

非轴对称零件拉深成形时,凹模内部的毛坯受到拉力的作用,产生的起皱一般有两种情况,要根据起皱区的局部结构来判断。以皱纹的长度线为对称线,若起皱区的局部结构对称,则起皱主要是不均匀拉应力起皱(图6.40);若起皱区的局部结构不对称,则起皱主要是剪应力起皱(图6.38、图6.39)。

(2)根据起皱区所受的外力判断。

若起皱区所受的外力主要是压力,则起皱是压应力起皱。

若起皱区所受的外力主要是拉力,拉应力分布是不均匀的,但拉应力可以简化成同轴平衡力,则起皱是不均匀拉应力起皱。

若起皱区所受的外力主要是拉力,拉应力分布是不均匀的,但不能简化成同轴平衡力,只能简化成不同轴平衡力,必有力偶作用在起皱区上并诱发剪应力,则起皱是剪应力起皱。

(3)根据皱纹长度方向与外力方向间的关系判断。

若起皱区所受的外力主要是压力,且皱纹长度方向与外力方向垂直,则起皱是压应力起皱。

若起皱区所受的外力主要是拉力,且皱纹的长度方向与外力方向相同,则起皱是不均匀拉应力起皱。

若起皱区所受的外力主要是拉力,且皱纹的长度方向与外力的方向既不垂直,也不相同,而是约成45°,则起皱是剪应力起皱。

在毛坯受拉力起皱时,若皱纹的长度方向与外力方向不完全相同,但夹角比较小时,则起皱主要是不均匀拉应力引起的;当接近45°时,则起皱主要是剪应力引起的。

汽车覆盖件冲压成形中毛坯的受力是复杂的,起皱区不是受到一种力的作用,此时首先要找出引起起皱的主要应力,同时要找出哪种应力对起皱起促进作用,哪种应力不会引起起皱或起抑制起皱的作用。只要找到对起皱起主要作用的应力,就容易找到解决问题的办法。因此,在判断起皱的类型时,应将上述三个判断原则同时使用,加以分析比较,得出正确的结论。不能只从一个方面就匆忙下结论,以免出现判断失误。

3. 起皱判断实例

(1) 油底壳侧壁起皱。

图6.38所示的油底壳零件,其结构特点是深度变化较大。在通常的设计中,为了适应不同部位对材料的需要量,一般在与零件深度大的部位相对应的凹模压料面上不设拉深筋,使该部位压料面作用力小,产生的流动阻力较小,可以向凹模内流入较多的材料。而在与零件深度小的部位相对应的凹模压料面上设置拉深筋,使该部位压料面作用力大,产生的流动阻力较大,流入凹模的材料较少。

在拉深成形时,深度深的 A 部的毛坯首先与凸模接触受力,较浅的 B、C 部的毛坯在较长时间里处于悬空,所以这一部分不受凸模的直接作用,只在 A 部受到凸模的作用力 P_2(图6.44)。在凹模面上,只在 B 部有拉深筋,A、C 部没有拉深筋。因此,在压料面上 B 部产生的进料阻力比 A、C 部大得多。显然,作用在侧壁上的外力 P_1 和 P_2 不能简化成同轴平衡力,而是由外力组成的力偶矩作用在毛坯上,因而,必然在 C 部毛坯内产生剪应力(图6.44中虚线所示)。当这一剪应力达到一定程度时,C 部毛坯便产生了起皱。起皱的方向与 P_1 和 P_2 的方向约成45°角。因此,这一起皱是发生在凹模内侧壁上的剪应力起皱。

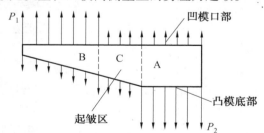

图6.44 油底壳拉深时侧壁受力简图

(2) 挡泥板底部起皱。

图6.45所示为某汽车挡泥板的拉深件简图,由于拉深件的底部有加强筋 A、B,并在一条直线上,在拉深成形过程中,当模具上的筋部接触毛坯时,两筋端头之间的毛坯内产生了不均匀分布的拉应力(最大拉应力方向与加强筋的长度方向一致),因此导致起皱。皱纹的长度方向与加强筋 A、B 的长度方向一致(特别是中心的皱纹1)。所以,这一起皱属于不均匀拉应力起皱。

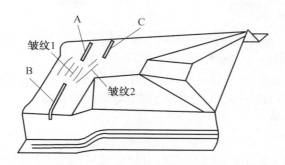

图6.45 某汽车挡泥板拉深件简图

在加强筋 C 的长度方向上,没有相对应的拉深筋,与拉深筋 B 不是处于一条直线上。在拉深成形中,模具上的筋接触毛坯后,在毛坯内产生的最大拉应力方向是沿着筋的长度方向的,B、C 两筋之间的毛坯产生的拉力不能同轴平衡,而是形成力偶作用在这一部分毛坯上并诱发剪应力,产生起皱。皱纹2的长度方向与加强筋 B、C 的长度方向有较大的夹角。所以,皱纹2主要是由剪应力引起的。

在皱纹2形成的过程中,加强筋 A 也会起一定的作用,但加强筋 A 所产生的拉应力有抑制皱纹2发展的作用。

6.2.3　影响起皱的因素

起皱是由于毛坯在冲压成形过程中受到过大的压应力或不均匀的拉力的作用而产生的。而在汽车覆盖件冲压成形过程中,影响毛坯的受力状态的因素有很多,这些因素也必然影响毛坯的失稳起皱。

1. 冲压件结构、形状尺寸的影响

(1)轮廓形状。

冲压件的轮廓形状对法兰部位的起皱和侧壁部位的起皱都有很大影响。一般来说,圆形轮廓时,比较容易控制法兰和侧壁的受力分布的均匀性;轮廓各部位的曲率半径差别越小,越容易使毛坯受力趋于均匀。当轮廓各部位的曲率变化急剧时,使毛坯受力很不均匀,容易产生起皱。

(2)法兰形状与宽度。

拉深件法兰形状就是模具压料面的形状。在平面法兰上,毛坯的受力分布比较容易控制。但在曲率较大的法兰上、高度变化较大的法兰上,毛坯的受力不太容易控制,毛坯变形时不但有向凹模内的流动,还伴有切向的流动,在较低的部位容易形成起皱和材料堆积等现象。

拉深成形部分的法兰越宽,法兰外边缘的压应力越大,越容易起皱。

（3）侧壁形状与深度。

具有直壁的冲压件因受到凸凹模间隙的限制而有较好的抗起皱性能，悬空侧壁抗起皱能力差，受到不均匀分布的拉力时容易起皱。冲压件的深度越深，所需要的毛坯尺寸越大，法兰容易起皱；同时，悬空侧壁越容易受到较大的不均匀拉力而起皱。冲压件的深度变化越大，侧壁受到的不均匀拉力也相应越大，越容易产生剪应力起皱。

（4）底部形状。

冲压件底部的局部形状成形容易引起底部毛坯受不均匀拉力的作用，产生不均匀拉应力下的起皱或剪应力起皱。局部形状的变形越大、越集中，越容易引起相邻区域的毛坯起皱。

2. 材料性能对起皱的影响

材料性能中，以屈服极限、硬化指数、厚向异性系数对压缩失稳起皱的影响最大。屈服极限低的板材在成形过程中易产生塑性变形，使毛坯在同样条件下塑性变形的趋势比压缩失稳起皱的趋势更强，不易起皱；硬化指数大的板材在成形时的变形均匀性好，毛坯受拉应力作用时，变薄小，使毛坯的抗起皱能力强；厚向异性系数大的板材在厚度方向变形小，拉应力作用下不易变薄，毛坯的抗起皱能力强。

如图6.46、图6.47和图6.48所示，n值增大和r值增大，都会使对不均匀拉应力起皱和剪应力起皱时的起皱高度降低，说明n值和r值大的材料的抗起皱能力强。

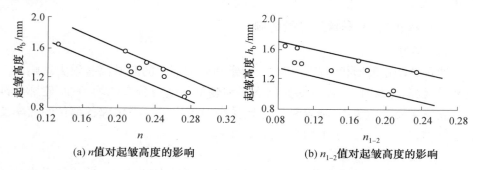

(a) n值对起皱高度的影响　　(b) n_{1-2}值对起皱高度的影响

图6.46　n值对不均匀拉应力起皱的影响

图6.49和图6.50所示为材料性能对皱纹发生时的极限成形深度的影响曲线。可见，屈服极限增大时，极限成形深度降低，即皱纹容易发生；硬化指数值越大，极限成形深度增加；厚向异性系数r值越大，极限成形深度增加。

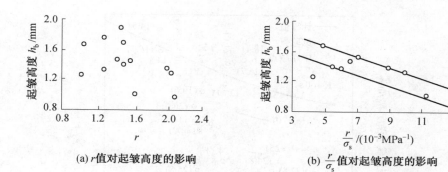

(a) r值对起皱高度的影响　　　　(b) $\dfrac{r}{\sigma_s}$值对起皱高度的影响

图 6.47　r 值、$\dfrac{r}{\sigma_s}$ 值对不均匀拉应力起皱的影响

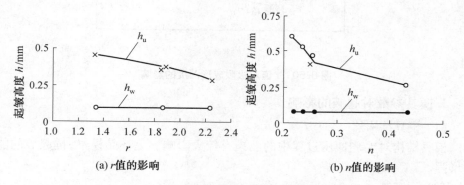

(a) r值的影响　　　　(b) n值的影响

图 6.48　r值、n 值对剪应力起皱的影响

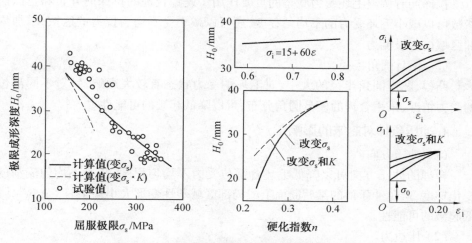

图 6.49　屈服点和 n 值对极限成形深度的影响

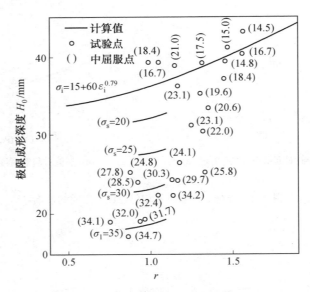

图 6.50　r 值对极限成形深度的影响

3. 模具参数对起皱的影响

（1）模具结构。

模具结构对毛坯冲压过程中的贴模有较大影响。毛坯贴模早,抗起皱的能力增强。

（2）拉深筋。

拉深筋有调整毛坯受力状态的重要作用。设置合理的拉深筋分布和拉深筋参数可以减小毛坯受力的不均匀程度,还可以减小受不均匀拉力的区域,增加局部区域抗起皱能力。

（3）模具圆角半径。

凸模、凹模圆角半径的大小,对毛坯的受力状态有较大影响,针对不同部位的受力情况,采用合理的模具圆角分布,可以降低起皱的可能性。

4. 冲压条件对起皱的影响

（1）冲压方向。

合理的冲压方向可以降低毛坯各部位受力不均匀程度,减小不均匀流动的变化梯度,避免冲压件的某些断面上或局部区域塑性变形太小甚至有"余料",降低起皱的可能性。

（2）压边力。

较大的压边力可以提高法兰部位毛坯起皱的临界力,使起皱困难;同时可以使凹模内部的毛坯受到较大的拉力,应力不均匀分布的比例降低,不易产生起皱。

5. 毛坯尺寸和毛坯状态

毛坯的板面尺寸越大,法兰部位的抗起皱能力越差;但毛坯尺寸大时,向凹模内流动的阻力增大,凹模内毛坯受到的径向拉应力增大,切向压应力减小,不容易起皱;受不均匀拉力作用的区域尺寸越大,抗起皱能力越差;在同样的剪应力作用下,较宽的区域容易起皱;毛坯厚度越厚的毛坯的抗起皱能力越强。

毛坯处于悬空状态时的抗起皱能力差,贴模后的抗起皱能力增强。

圆锥台零件成形时,压边力 F_B 和毛坯直径 D_0 对不发生内部起皱的极限成形深度的影响如图 6.51 所示。毛坯厚度 t_0 对极限成形深度的影响如图 6.52 所示。

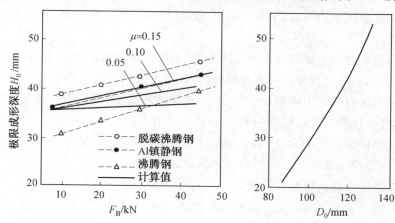

图 6.51　压边力 F_B 和毛坯直径 D_0 对极限成形深度的影响

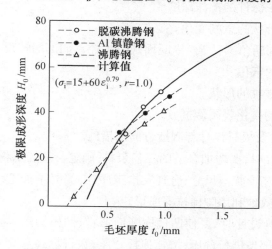

图 6.52　毛坯厚度 t_0 对极限成形深度的影响

6.2.4 消除起皱的措施

复杂零件的起皱一般都是几种应力综合作用的结果,但其中必有一种是起主要作用的,只要抓住这一起主要作用的力,就可以比较容易地通过改变冲压工艺参数、模具参数、冲压条件等找到解决起皱问题的办法。

对以压应力为主要原因而引起的起皱,应采取能减小压应力、施加面外压力等措施防止压应力起皱。

对以不均匀拉应力为主要原因而引起的起皱,则应采取能改变拉应力分布使拉应力分布比较均匀、减小最大拉应力、增加面外压力等措施,防止不均匀拉应力起皱。

对以剪应力为主要原因而引起的起皱,则应采取能减小剪应力、减小受剪应力作用区、减小拉应力变化梯度、增加面外压应力等措施防止剪应力起皱。

为使毛坯内的应力得到合理分布,防止起皱的发生,要预先弄清楚皱纹发生的部位、成长过程以及在成形过程中的消皱过程等,如果没有充足的资料积累,需要利用模拟试验进行分析,在此基础上,从零件形状、工艺设计、模具设计、模具制造、改善冲压条件及选择材料等方面采取措施。

(1)设计合理的拉深件形状。

对一些工艺性不好、容易起皱的覆盖件,在设计拉深件时,应通过工艺补充改善其工艺性。如:

① 适当减小拉深件的拉深深度。

② 避免制件形状的急剧变化。

③ 使制件轮廓转角半径 R_C、纵断面圆角半径 r、局部的转角半径 R_C 合理化。

④ 减少平坦的部位。

⑤ 增设吸收皱纹的形状。

⑥ 台阶部分的变化要缓慢过渡。

(2)工艺设计及模具设计与制造方面的措施。

① 在工艺设计时,要增加合适的工艺余料;确定合理的压料面形状和拉深方向;选定最佳的毛坯形状与尺寸;合理安排工序;必要时增加毛坯预弯工序;适当增加工序数目;有效地利用阶梯拉深成形。

② 在进行模具设计时,要使凹模横断面形状、凹模圆角半径、凸模纵断面形状合理化;对起皱部位进行预压;增强顶板背压;在行程终点充分加压;减小压边圈与凹模的间隙;合理地选取拉深筋位置与分布。

③ 在模具制造时,要提高模具的刚性及耐磨性;对模具进行研配精加工;模

具调试时要注意研磨压料面时的研磨方向等。

（3）冲压条件方面的措施。

① 适当加大压边力。

② 控制压边力的合理分布,不均匀程度尽量小。

③ 控制润滑及润滑部位。

④ 提高压力机滑块与模具的平行度精度。

⑤ 选择合适的冲压速度。

（4）冲压材料方面的措施。

板材的性能对失稳起皱有很大的影响,但对不同起皱的影响规律还要进行更深入的研究。一般情况下,选用屈服极限 σ_s 小、伸长率 δ 大、硬化指数 n 和厚向异性系数 r 值大的冲压材料有利于提高毛坯的抗失稳起皱能力。

汽车覆盖件冲压成形中的失稳起皱是多种多样的。在解决具体失稳起皱问题时,要针对具体问题进行具体分析,判别其起皱的原因、影响因素,并制订切合实际的措施。在可采取的措施中,要按实施的难度进行排队分析,从易到难。如:先改变压边力和润滑,不能奏效时,对拉深筋、压料面、模具圆角进行修正。在采取这些措施后还不能解决起皱问题时,再考虑更换性能更好的材料,甚至改变模具结构、调整冲压工艺等。尽量避免模具的报废或工艺的调整,以减少浪费。

表 6.3 列举出了生产实际中常见的一些起皱形式与解决措施。

表 6.3　汽车覆盖件常见的一些起皱形式与解决措施

起皱形式	零件简图	起皱原因	解决措施
压料面皱纹		由法兰变形区内切向压应力引起的失稳起皱	1. 降低制作的深度 2. 加大压边力 3. 加大转角半径 R 4. 使毛坯尺寸、形状更加合适 5. 改善压边圈与凹模面的配合情况 6. 提高压边圈与凹模的材质 7. 使用 r 值大的材料

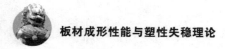

续表 6.3

起皱形式	零件简图	起皱原因	解决措施
压料面皱纹	(a) (b)	压边时产生的失稳起皱	1. 避免起皱部位形状的急剧变化(可利用校形获得要求的形状) 2. 减缓筋的形状 3. 使用低屈服点,高 r 值的材料
凹模口部皱纹		法兰切向压应力引起失稳起皱;法兰部位的材料向凹模内流入不均匀	1. 降低制品深度 2. 减小制品深度的差别 3. 加大转角半径 4. 增加压边力 5. 使用 r 值大的材料
凹模口部皱纹		由材料的移动引起的多料皱纹	1. 避免形状的急剧变化 2. 增大起皱部位断面上的平面上的圆角半径;加强拉深筋的阻力 3. 改变余料形状 4. 有效地利用阶梯拉深

续表 6.3

起皱形式	零件简图	起皱原因	解决措施
翻边皱纹	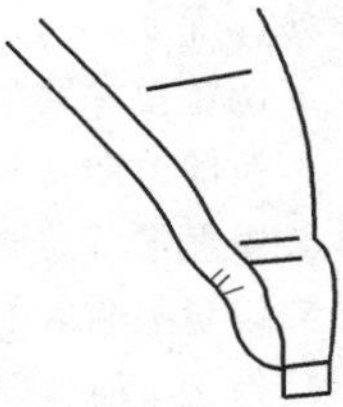	压缩类翻边时产生的失稳起皱 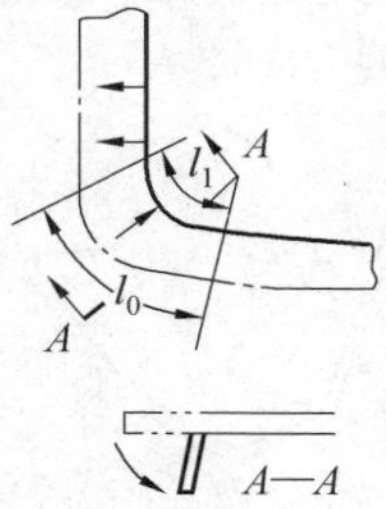	1. 在翻边工作尽量减小翻边高度 2. 减小法兰的长度 3. 采用不同步翻边,压应力大的部位先翻边
凸模底部皱纹	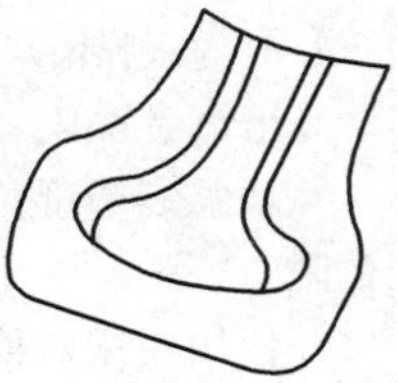	不均匀拉深引起的皱纹 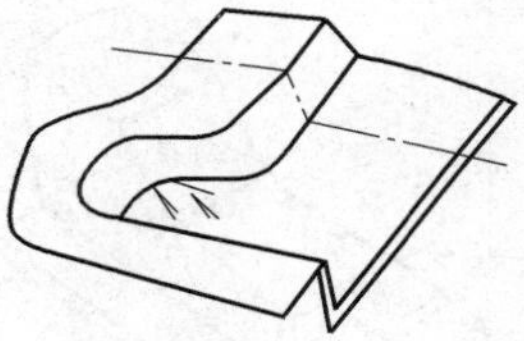	1. 避免形状的急剧变化 2. 调整凹模圆角半径 3. 增加吸收余料的形状 4. 调整拉深筋
鞍形部位皱纹	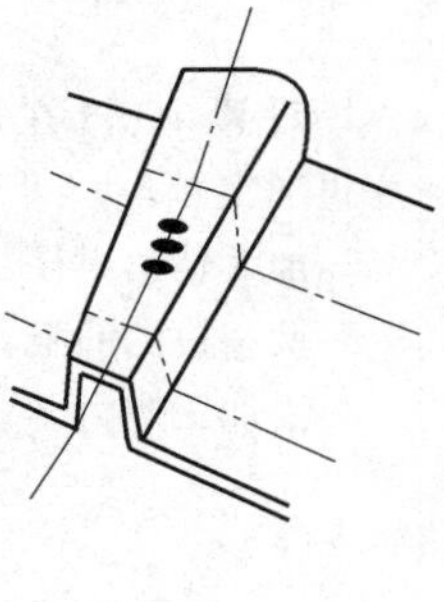	成形深度急剧变化引起多料而形成的皱纹 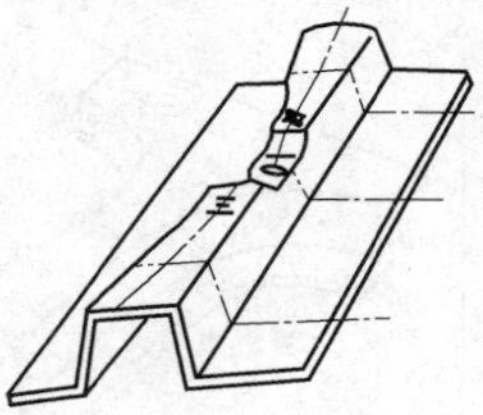	1. 避免形状急剧变化 2. 在制件上增加吸收皱纹的形状或增设拉深筋 3. 改变压料面,增设拉深筋 4. 使用伸长率大、r 值大的材料

续表 6.3

起皱形式	零件简图	起皱原因	解决措施
侧壁部位皱纹	 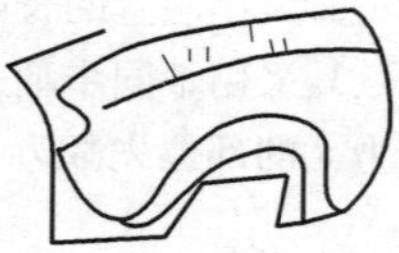	悬空部位切向压缩引起失稳起皱;材料不均匀流动引起失稳起皱 	1. 采取阶梯拉深(使侧壁拉深深度均匀) 2. 调整拉深筋阻力 3. 拉深方向合理化 4. 避免形状急剧变化 5. 设置吸收皱的筋 6. 使用 r 值大、屈服点低的材料
侧壁部位皱纹	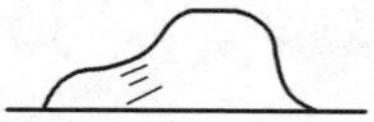 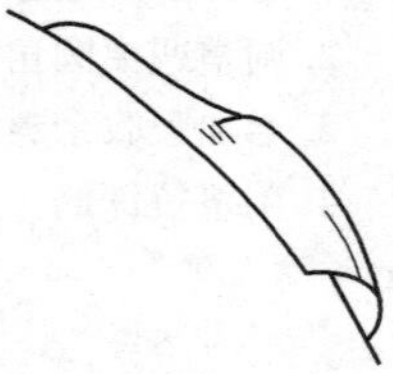	材料不均匀流入引起多料而成的皱纹 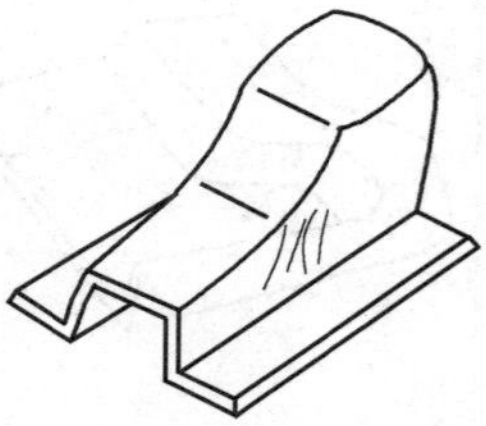	1. 避免形状急剧变化 2. 改变压料面 3. 增加吸收皱用的形状 4. 增强起皱部位拉深筋的阻力 5. 使用屈服点低、r 值大的材料
侧壁部位皱纹	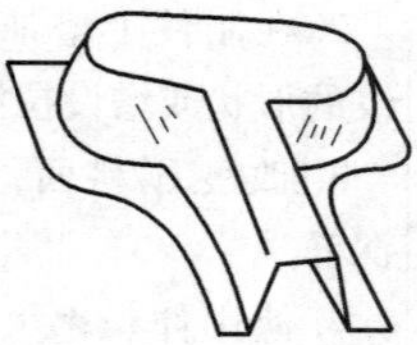	材料不匀匀流入使转角处产生剪应力,由此引起失稳起皱 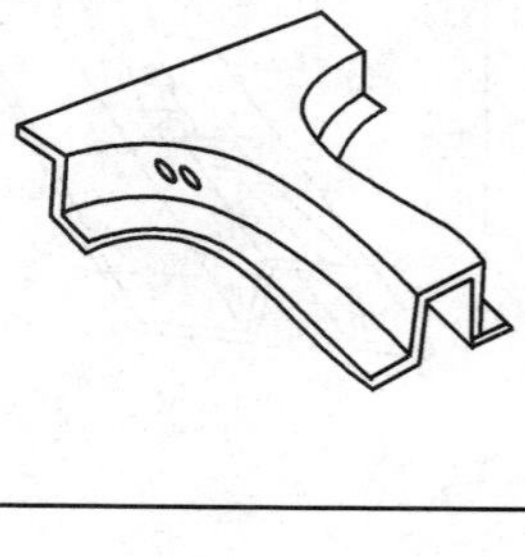	1. 设置余料(在后道工序再加工) 2. 加大转角半径 3. 调整拉深筋阻力 4. 增加压边力

6.3　面形状精度不良

所谓面形状精度不良(简称为面形状不良)是指冲压毛坯在冲压过程中受到不均匀的作用力和不均匀变形而产生的局部的制件型面与标准型面不能吻合的现象,以及由冲压工艺、模具和钢板本身的原因而引起的制件表面缺陷。

为了探讨面形状不良的产生原因、消除和防止对策等,对面形状精度不良进行分类是必要的。表 6.3 列出了汽车车身零件上产生的面形状不良的主要发生部位及其分类。这种分类把面形状精度不良分为皱纹、面畸变、线位移、收缩与面回弹、弹复、冲击线、钢板引起的面形状精度不良、冲模与加工工艺引起的面形状精度不良等几大类。其中的面回弹是指冲压件型面在制件脱模卸载后产生的形状变化,弹复是指形状弯曲部分的弹性回复。

6.3.1　钢板原因产生的面形状不良的分类

钢板在生产过程中由生产工艺及设备等方面的原因,造成板材的晶粒粗大、氧化物组织偏析、磷斑等。有这些缺陷的板材经冲压或涂漆之后就会在冲压件上产生各种不同的形状不良缺陷,影响汽车覆盖件的表面质量。这些缺陷的分类见表 6.4。

表 6.4　钢板原因引起的面形状不良的分类

分类	发生状况
桔皮状表面	在粗大的晶粒组织中,由于晶粒间局部变形的不同而引起的表面粗糙现象
拉伸滑移	在屈服点的拉伸变形,产生吕德斯带,在制件表面留下外观不良现象
辊痕	由于轧辊的偏心或损伤,而以一定的间距所产生的钢板表面缺陷
磷斑	热轧过程中产生的磷斑没有清除干净,而残留在最终的冲压件上
鬼线带 (带状缺陷)	涂漆后出现带状的光泽不同的白线,其主要是由板坯的中央偏折而引起的,这种现象也称为渗碳体缺陷

6.3.2 冲模和冲压工艺引起的面形状不良的分类

板材在冲压过程中,送料、取件、搬送、存放等环节都会引起机械磕碰而造成冲压件表面变形等缺陷;在模具中成形时,也会因模具结构或尺寸的不合理,杂物混入模具中等原因造成制件的表面缺陷。这些缺陷的几种主要形式见表6.5。

表 6.5　冲模和冲压工艺引起的形状不良的分类

分类	发生状况
凸起	由于切屑、镀层剥离屑等杂物混入加工的模具或板材中而形成的制件表面凸凹现象
打痕	制件放入模具及取出或搬送、存放时与模具的某部分或工、夹具有某部分碰撞而产生的制件表面缺陷
真空吸附面应变	由真空吸附式送料装置将制作(或毛坯)送进或取出模具时,因真空吸罩的吸引力(负压)而使制件变形的现象
油痕	成形加工时,附着在模具或制件上的油因封闭没有流出而使制件产生变形的痕迹
真空变形	模具上下运动和制件间产生负压时,由于空气不能自由通畅,因此制件变形的痕迹
通气孔痕迹	为防止真空变形而在凸模(或凹模)上开的通气孔,压在制件上并残留下来的痕迹
黏结缺陷	工具和材料之间的滑动产生制件的刮伤,甚至烧结等,使材料表面被"削"去一部分的现象

6.3.3 其他面形状不良的分类

除上述几种面形状不良的分类外,表6.6给出了线位移、收缩与回弹、弹复、冲击线等。面形状不良的发生状况和实例。

表 6.6　其他面形状不良的分类

分类	发生状态	图例
线位移	成形过程中凸模底部的棱线和材料间产生滑移时留下的线状痕迹	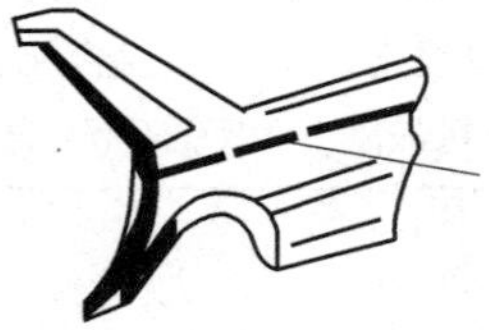

续表6.6

分类	发生状态	图例
收缩与面回弹	在比较平坦的零件上,板面整体的凸形状塑性变形不足所致,或仅在局部生产的凹陷	
弹复	在凸模底平坦部的激烈变曲处产生的面形状不良	
冲击线	在成形初期的凹模口 R 处的拉伸变曲线(伴随着板厚变薄),成形后残留在侧壁上的线状痕迹	

6.4　面　畸　变

　　面畸变问题是面形状精度的一个重要方面,是汽车覆盖件的重要质量指标之一。而且随着越来越广泛地使用高强度钢板,面畸变问题已经越来越突出,受到人们越来越多的关注。在板材冲压成形过程中,引起面畸变和起皱的原因、发生部位以及它们表现出来的形态是基本相同的。所以面畸变和起皱之间的分界点并不是十分明确,也可以说,面畸变是起皱的前期形态。但由于面畸变在覆盖件型面上表现出的形态很小,所以不容易控制,而且也有与起皱不完全相同的一些特点。表6.7列举了汽车覆盖件外板上一些常见的面畸变发生部位。

表 6.7　常见的面畸变发生部位

类型	记号	发生部位示例
凸模底部平坦面畸变	G_1	车轮拱形边周围
	G_2	行李箱盖转角部
	G_3	行李箱、发动机罩装饰特征线消失部位
鞍形成形部位面畸变	H_1	与后支柱连接的根部
	H_2	与后护板前侧支柱相连的部位
立壁部位面畸变	I	护板立壁部,高顶的侧壁
局部凸凹周围面畸变	J_1	门把手周围
	J_2	组合灯孔座周围
	J_3	窗口拐角处
曲面翻边周围面畸变	K	加油盖孔周围
线位移	L	车身外板装饰线
面外弯曲、收缩	M	门、发动机罩、行李箱盖的平坦部
回弹	N	翻边附近的凸模底部的平坦部位
冲击线	O	护板直壁部位

6.4.1　面畸变的分类

在覆盖件的任何部位上都有可能发生面畸变现象。表 6.8 是对凹模内部的毛坯在冲压成形过程中产生的面畸变进行的分类。

表 6.8　面畸变的分类

分类	发生状态	图例
凸模底部平坦部位面畸变	由材料的剪切塑性流动和贴模不良等在凸模底部的平坦部位残留下的面畸变	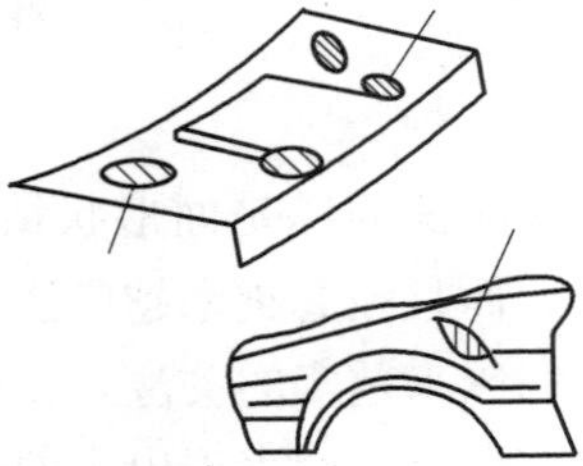

表 6.8　面畸变的分类

分类	发生状态	图例
鞍形部位面畸变	发生在鞍形部位的面畸变	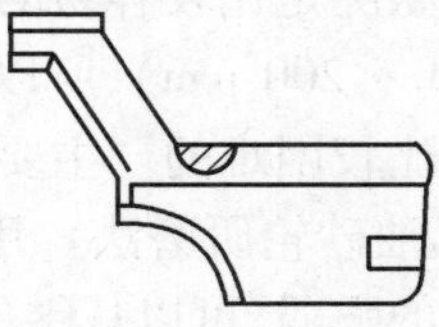
侧壁部位面畸变	发生在材料流入量大的直壁部位的面畸变 由于面形状精度不良的程度较小,与侧壁起皱有所区别	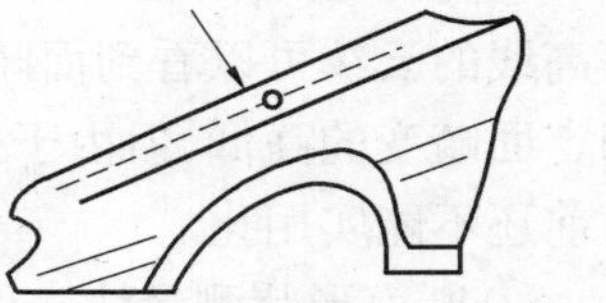
突起周围的面畸变	由突起成形(在凸模一侧成形)产生的不均匀拉应力而引起的面畸变,一般发生在外板面上	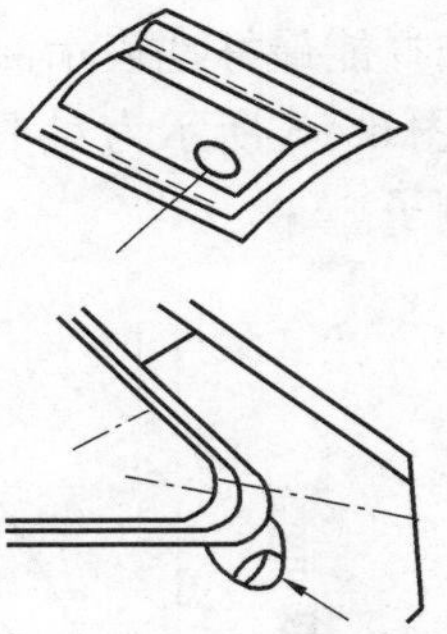
翻边周围的面畸变	在翻边成形的角部发生的面畸变	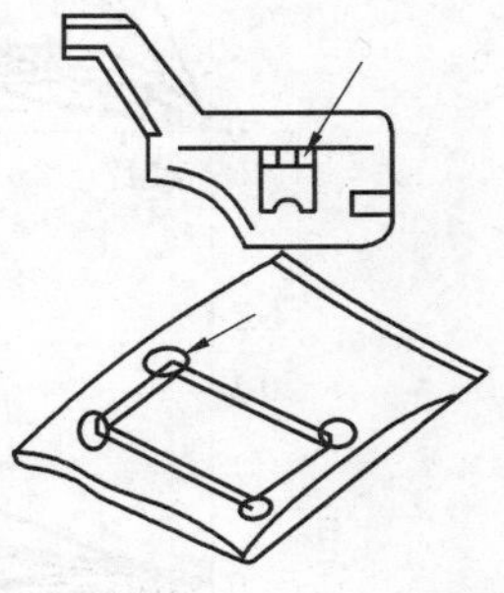

6.4.2　面畸变的测定法和评价法

对汽车覆盖件上发生的面畸变这样的微小的面形状精度不良,定量地测量它的形态的大小以及如何评价它是非常重要的。

（1）面形状精度不良的测量与检查方法。

皱纹的面形状精度不良程度较大（起伏高度大于 0.2 mm），从零件表面来判断发生状况是比较容易的。而面畸变的面形状精度不良程度非常小（起伏高度只有 20 ～ 200 μm），所以，在冲压现场依靠检查员的官能检查时，发现这种不良现象是比较困难的。主要检查方法如下：

① 油砂轮研磨法。用油砂轮研磨面畸变部位，根据研磨过的部分与砂轮摩擦程度的强弱，可以从零件表面直接了解到面畸变的形态及其大概的程度。

② 摩尔云纹图法。面畸变的形态还可以用摩尔云纹图来表示。根据表现出等高线的云纹可以看到面畸变的模样。通过对云纹进行几何解析，可以定量地确定面畸变的高低，但由于处理方面的困难及试验技术的制约，作为定量测定法目前还不能实用化。

③ 断面形状测量法。面畸变是由于材料从光滑的基准面向面外变位并具有某种程度的扩展而形成的。作为这种面形状不良现象实用而可行的定量测定方法是选择能最好地表示面畸变特征的代表性断面，测定其断面形状，由此得到定量值，图 6.53 所示为对不同制件形状及不同材料上产生的面畸变的差别进行比较的例子。

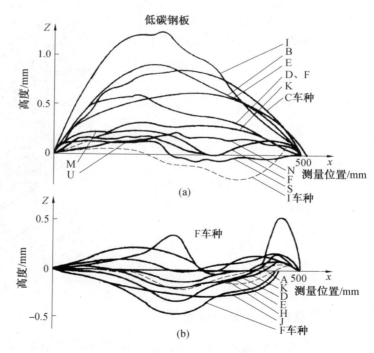

图 6.53　不同材料、不同制件上的面畸变

④ 表面形状测量法。通过测定外板的表面形状,利用计算机处理和自动制图机或图形显示仪可以得到发生面畸变部位面外变位的立体扩展情况,如图 6.54 所示。但是,这种方法在设备、工时等方面还不具有现场简单使用的性能。

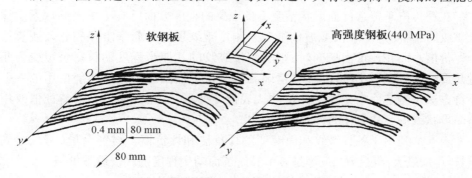

图 6.54　面畸变部位的立体扩展情况

⑤ 面形状精度不良的现场检查法。在汽车车身冲压生产现场,最终检查还是要靠检查员的官能检查。这种官能检查主要是检查员用目视、触感或油砂轮研磨等方法来进行。

对于皱纹的检查,由观察制件表面能够容易地判断发生的部位及程度。

线偏移、局部收缩、回弹、冲击线等在多数情况下也可以比较容易地由目视把握发生状况,能够用尺子或塞尺等定量地测量。

对于面畸变的检查方法是以检查员的目视和触感为主,并辅以油砂轮研磨校验,然后以标准样本作为检查的基准。就是说,在生产现场,首先要靠检查员对零件表面形状的微小的凸凹的直观感觉,然后对在外观上感到有问题的部位上所发生的现象做严格的判定。

图 6.55 所示为面畸变的目视检查示意图。这种检查方法是:以小的入射角进入板外面的光束由于面畸变部的微小的形状异常而产生散射,检查员的目光和板面的位置相对地微小移动,靠多年的经验就能够判定所产生的形状不良的程度。

图 6.55　面畸变的目视检查示意图

所谓触感检查是像摸字那样用手指触摸零件表面的检查方法。通过触摸要感知一般人完全不能感知的那样微小的凸凹形状。这对检查员来说,积累丰富的经验和熟练的技术是非常重要的。

在生产现场,检查面畸变是由目视和触感的方法来进行的,但可以说最终还是靠目视来判定。

（2）面畸变的评价法和最佳评价值。

在评价汽车覆盖件面形状精度不良现象的程度方面已有了很多的探索。评价皱纹时,主要是用 R 尺或玻璃纸带来测量皱纹顶部的曲率半径和剩余线长作为评价值。而在评价面畸变时,则从测量皱纹的几厘米程度的材料余量变为测量几百微米以至更小阶程度,其精确测量变得更加困难。作为已经使用的一般评价方法是测定面畸变发生部位的代表性断面形状,用断面形状的特征值或用断面形状线的变化量作为评价值。

表 6.9 列出了各种皱纹和面畸变的评价法和评价值。材料余量（Δl）、过剩线长（l_d）、最大高度（H_{max}）等是表示皱纹及面畸变程度的代表性评价值。

表 6.9　皱纹和面畸变的评价值及其定义

评价值	图示	评价值的定义	特征
材料余量 Δl	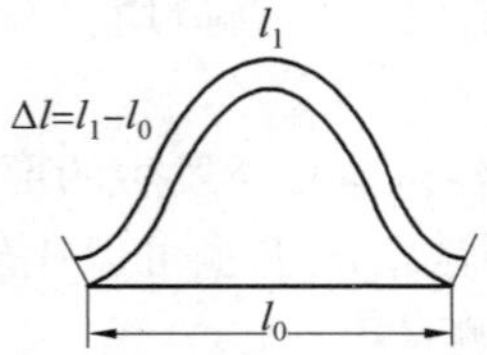 l_1　$\Delta l=l_1-l_0$　l_0	用玻璃纸带测量曲线长 l_1，用 l_1 和 l_0 的差表示	1. 在现场能很容易求出 2. 由于测量误差较大,适用于皱纹高、余量大的情况 3. 用于冲压件内部皱纹
过剩线长 l_d	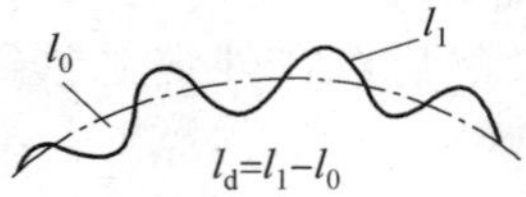 l_0　l_1　$l_d=l_1-l_0$	将断面轮廓长度 l_1 输入计算机,求出光滑曲线长度 l_0,算出线长差 l_d	1. 在皱纹数量多、状态不一时,能够以较高的精度来表示 2. 需要利用计算机,用时多 3. 用于冲压件内部皱纹
最大高度 H_{max}	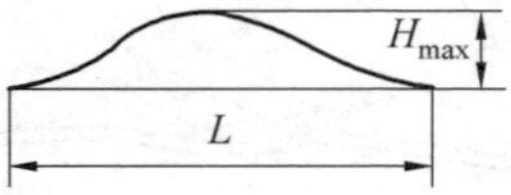 H_{max}　L	用固定宽度 L 间的最大高度表示	1. 这是最简单的评价法,对面畸变大的情况很有效 2. 适用于任何部位
H_{max}/L	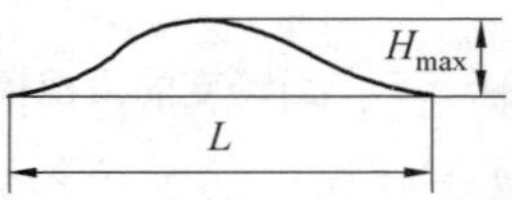 H_{max}　L	用面畸变的发生范围宽度 L 去除其间的最大高度,用它们的比值表示	1. 距离 L 的取值比较难 2. 考虑到面畸变的宽度,从这一点来说,优于 H_{max}

续表 6.9

评价值	图示	评价值的定义	特征
反曲率处的最大深度 Δh	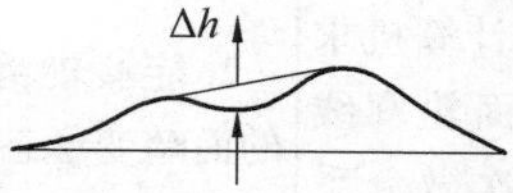 Δh 图示	用反曲率处的最大深度表示	只能用于面畸变像左图中那种形状的情况
高度总和 $\sum h$	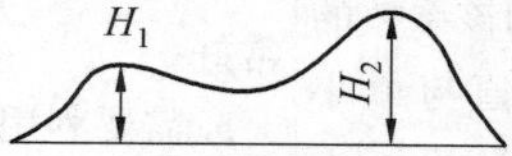 H_1, H_2 图示 $\sum_1 H = H_1 + H_2 + \cdots$	在峰顶不只一个时,用它们的总和表示	当峰顶数不同时不宜比较
最大侧斜角 $\theta_{max}(y'_{max})$	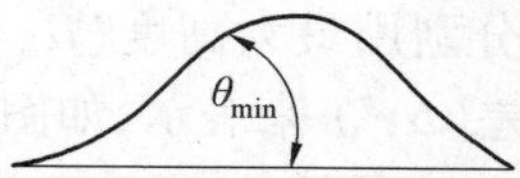 θ_{min} 图示 $y = \tan\theta \approx \theta$ (θ 很小时)	θ_{max} 由断面轮廓通过作图求得 y'_{max} 用由计算机求得的一次微分系数的最大值表示	1. 倾斜角会因冲压件的放置状态而变化,需注意 2. θ_{max} 比 y'_{max} 精度高 3. 适用于任何部位
倾斜角变化量 $\Delta\theta$	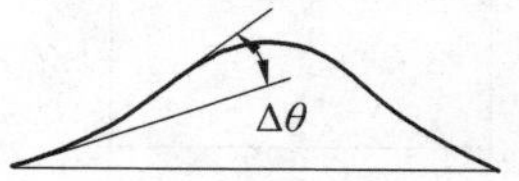 $\Delta\theta$ 图示	用倾斜角的变化量的最大值表示	1. 不受冲压件放置状态的影响 2. 与官能评价有较好的对应性
最小曲率半径 ρ_{max}	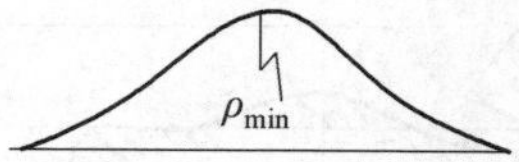 ρ_{min} 图示	用顶部的最小曲率半径表示	1. 可以由冲压件直接测定 2. 适用于任何部位
ΔS	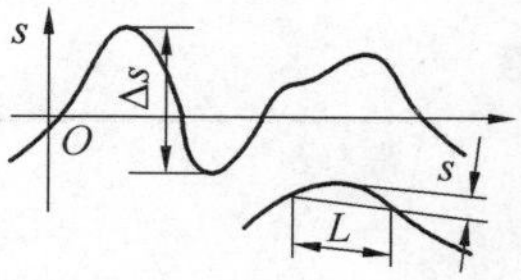 s, Δs, O, s, L 图示	由三点式曲率测定仪(固定宽度)测得各高度,用最大最小差值表示	1. 与官能评价的对应性非常好 2. 适用于测量微小的面畸变
最大曲率与最小曲率的差值 $\Delta\dfrac{1}{\rho}$	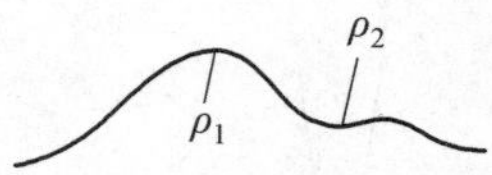 ρ_1, ρ_2 图示 $\Delta\dfrac{1}{\rho} = |1/\rho_1 - 1/\rho_2|$	由三点式曲率测定仪(固定宽度)测得各高度,用曲率的最大与最小值的差值表示,与 $\Delta y''$ 的意义相同	1. 能简单而精确地表示微小的面畸变形态 2. 与官能评价的对应性非常好

续表 6.9

评价值	图示	评价值的定义	特征
$\Delta y''$		用计算机求出断面轮廓线的二次微分系数,用该系数的最大值与最小值之差表示	1. 能够较精确地表示微小的面畸变形态 2. 与官能评价的对应性非常好 3. 需要利用计算机,用时多

轿车车门外板冲压成形中,把手部位产生面畸变是一个典型例子,其面畸变的量是极小的。对这一面畸变的断面形态分别用最大高度(H_{max})、最大倾斜角(θ_{max})、二次微分系数的最大值与最小值之差($\Delta y''$)来表示,如图 6.56 所示。它们与官能评价的对应结果如图 6.57 所示。由该图可见,面畸变的官能评价值与

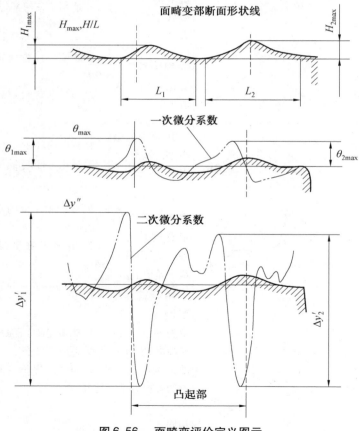

图 6.56　面畸变评价定义图示

$\Delta y''$ 的相关性最好。因而,可以认为面畸变的目视检查主要是感知面畸变部位轮廓形状的角度的变化程度(曲率)。

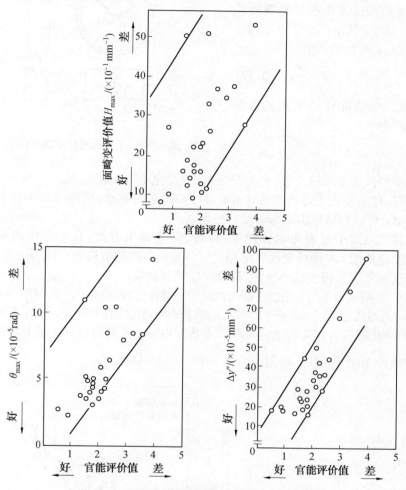

图 6.57　面畸变评价值与官能评价值的相关性

面畸变评价值 $\Delta y''$ 可以由将面畸变发生部位的断面形状输入计算机,进行二次微分,求得二次微分系数曲线的最大、最小值的差而得到。但由于需要高精度的设备和很多的工时,故在生产现场应用还有困难。

一般地,曲面断面形状用 $y = f(x)$ 表示时,可有

$$\frac{1}{\rho} = \frac{-f''(x)}{[1 + (f'(x))^2]^{\frac{3}{2}}} \tag{6.30}$$

另外,图 6.58 所示为一种三点式千分表曲率计。用它可以得到面畸变的曲率。设三点式曲率计的测量范围 l,曲率半径 ρ,位移 s,由几何关系可得

$$\frac{1}{\rho} = \frac{8s}{l^2 + 4s^2} \quad (6.31)$$

由于面畸变发生部位的断面几乎是平面形状,ρ 充分大,故:$f'(x) \ll 1, s \ll 1$,所以有

$$\frac{1}{\rho} = -f''(x) = \frac{8}{l^2}s \quad (6.32)$$

因此,与官能评价值相关性最好的 $\Delta y''$ 为

$$\Delta y'' = \Delta \frac{1}{\rho} = \frac{8}{l^2}s \quad (6.33)$$

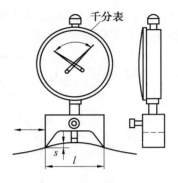

图 6.58　三点式千分表曲率计

等于曲率的最大最小值之差,它与千分表指针的振幅 Δs 成正比。

所以,使三点式千分表曲率计沿面畸变部位进行移动,跟踪读取千分表指针的振幅 Δs,可以容易地求出面畸变评价值 $\Delta y''$。

这种三点式千分表曲率计携带、操作、测量都很方便,在生产中的实用性好。当测量范围 l 与面畸变的宽度相近时具有较高的测量精度。但若测量范围 l 比面畸变的宽度大很多或小很多,都会降低测量精度。

图 6.59 所示为车门外板把手部位面畸变的宽度(凸凹的距离)的频度分布统计情况。由此可认为车门外板把手部位的面畸变的测量范围在 $l = 50$ mm 左右为宜。

图 6.60 所示为在实物上测量断面形状求得的 $\Delta y''$ 和用三点式千分表曲率计求得的 $\Delta \frac{1}{\rho}$ 的统计情况,得到的结果基本上是一一对应的。

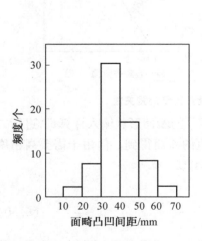

图 6.59　车门外板把手部位面畸变测量的间距频度图

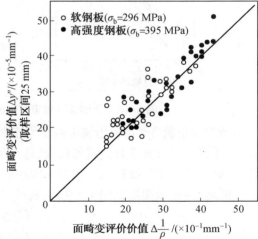

图 6.60　面畸变评价值 $\Delta y''$ 和 $\Delta \frac{1}{\rho}$ 的关系

图 6.61 所示为测量汽车侧板的车窗部位和车轮圆弧部位所产生的面畸变所得到的连续的曲率分布情况。图 6.62 所示为对同一汽车侧板的车轮圆弧部位就凸模形状和成形件形状的曲率分布进行测量的结果。由两图可以明确地看出汽车侧板上发生的面畸变情况,同时可以看出侧板产生面畸变部位与凸模轮廓形状之间所产生的不能吻合的状态。

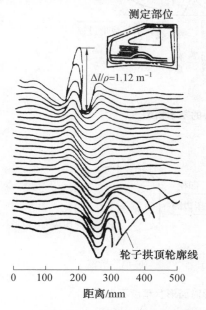

图 6.61　汽车侧板面畸变部位的
　　　　　曲率分布图

图 6.62　汽车侧板成形件和凸模形状的
　　　　　曲率分布比较

6.4.3　面畸变的发生机理及对策技术

在冲压成形的各种不同问题中,解决面畸变是最困难的问题之一。正确掌握面畸变的发生机理,面畸变从冲压成形开始到结束期间的发展过程是制订有效的面畸变对策的必要前提。

(1) 贴模线图与面畸变的发生和消除过程。

定量地获取面形状精度不良(包括起皱和面畸变)从发生到消除的全过程具有很大的困难,但用贴模线图可以较容易地理解这一过程。

贴模线图是以成形距离为横轴,以面形状精度不良的某个评价值为纵轴来描绘。由此可以表现出面形状精度不良在成形过程中所产生的变化。

面形状精度不良的贴模线图的基本模型如图 6.63 所示的 $A \sim E$,但实际上多数情况是复合形态。图 6.64 所示为圆锥台零件成形时面形状精度不良的产生和消除过程。图 6.65 所示为与其相对应的贴模线图。图 6.66 所示为某汽车行李

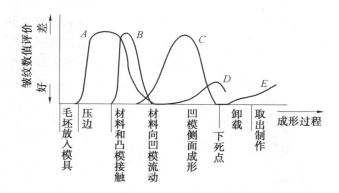

图 6.63　贴模线图的基本模型

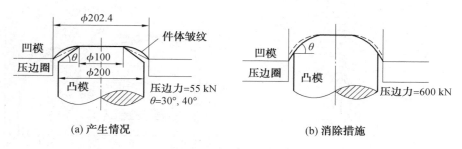

(a) 产生情况

(b) 消除措施

图 6.64　圆锥台零件成形时面形状精度不良

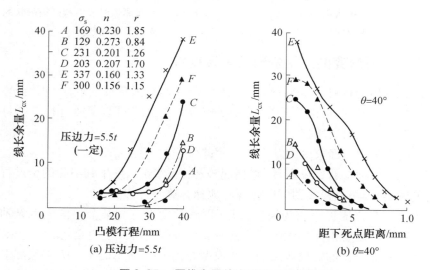

(a) 压边力=5.5t

(b) θ=40°

图 6.65　圆锥台零件成形时的贴模线图

箱盖的零件示意图及贴模线图。由图 6.63 ~ 6.66 可以看出：在冲压件成形的前期，面形状精度不良开始发生并迅速增长；到成形的后半期，面形状精度不良逐步消除；到成形的终点（即下死点）时，毛坯与模具完全贴模，形成冲压件形状，面形状精度不良也随之消失（此时未卸载）。当然，也有的情况下，由于成形过程中产生的起皱程度太严重，即使到成形结束时也不能消失，而残留在制件表面，甚至形成材料堆聚、压折等。

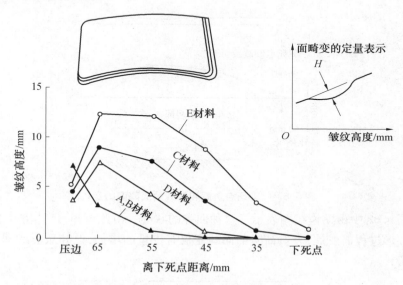

图 6.66　汽车行李箱盖及其贴模线图

通过贴模线图，可以容易地理解面形状精度不良的量的变化，若将冲压成形过程中面形状精度不良部位在不同时刻的实际状态拍照下来，将照片和贴模线图进行对应整理，则可以更容易地从整体上理解面形状精度不良的发生、发展和消除过程。

从力学原因的角度来探讨面畸变的发生机理与起皱的发生机理是基本相同的。即压应力、不均匀拉应力、剪应力都会引起面畸变。不均匀变形造成的残余应力也会引起面畸变。

（2）回弹对面畸变的影响。

考察面畸变的发生机理时，回弹是非常重要的。所谓回弹引起的面畸变，有的情况是回弹直接引起的，有的情况下回弹虽不是面畸变产生的直接原因，却促使面畸变增大。也就是说，在很多情况下，虽然毛坯在成形结束时能与凸模完全贴合，形成零件的标准形状，但模具回程卸载后，由于回弹的影响，冲压件的形状或局部形状产生变化，与凸模形状不一致，形成面畸变。

图 6.67 所示为汽车车门把手部位的面畸变的比较。在下死点负载时，板面

形状与凸模形状相当一致。而当卸载后,面畸变有较大的成长,形状变化也很大,由此可见回弹的重要影响。

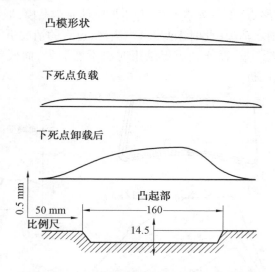

图 6.67　下死点负载和卸载后面畸变的变化

图 6.68 中由贴模线图表示了这种回弹的状况。由此可知,这种情况下,面畸变随成形过程而发展,有负荷时的面畸变仅有少量的增加,但卸载后的面畸变又大大增长。

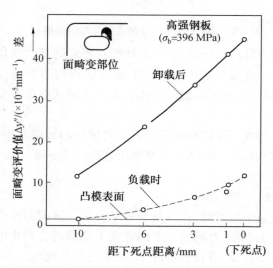

图 6.68　回弹和贴模线图

图 6.69 和图 6.70 所示为其他汽车车门外板的例子,具有相同的趋势。

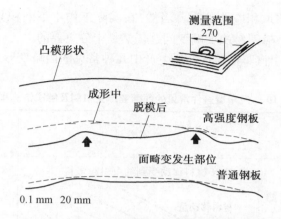

图 6.69　车门把手部位的断面形状的测量结果

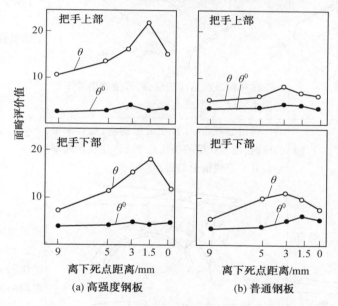

图 6.70　车门把手部位上下侧的面畸变贴模线图

θ—— 脱模后的面畸变；θ^0—— 卸载前的面畸变

（3）面畸变的对策技术。

由于面畸变的产生机理同皱纹的产生机理基本相同，所以，一般情况下，能防止和消除起皱的对策技术都可以防止和消除面畸变。总体来说，使毛坯产生足够的塑性变形，尽量减小不均匀拉应力和剪应力数值，减小塑性变形的不均匀分布，有利于抑制面畸变的产生和发展。在实际操作中，首先要正确地分析和判断产生面畸变的具体原因，针对具体情况，对症下药，在冲压工艺和模具结构及模具调试等环节采取相应的措施。当然,在实际工作中不断积累经验和数据资料,并科学提炼总结,对解决面畸变问题仍然是十分重要的。

表6.10列出了汽车覆盖件冲压生产中几种常见的面畸变形式及产生机理与对策。

表6.10　汽车覆盖件常见的面畸变产生机制及解决措施举例

零件简图 与面畸变部位	产生机制	解决措施
凸模底面平坦部位的面畸变	1. 由于材料移动受到约束引起多料 材料移动量 2. 在材料最后贴模的部分,残留着消除不尽的微小皱纹,而形成面畸变	1. 增加压力边 2. 使用低屈服极限的材料
凸模底面平坦部位的面畸变	1. 残留的弯曲缺陷(在成形初期,材料弯至凸模时,由于在轮的拱顶悬空而产生反向曲率半径并一直残留至最后) ρ ρ　a ρ　a—a 2. 车轮拱顶周围多料而形成面畸变 b b 轮子拱顶侧 b—b 凸模面	1. 调整轮子半圆形周围的余料高度 2. 利用凸模分开动作的方式控制弯曲缺陷的产生 3. 使用低屈服极限的材料 4. 减小凹模圆角半径(a断面处)

续表 6.10

零件简图 与面畸变部位	产生机制	解决措施
鞍形部位的面畸变 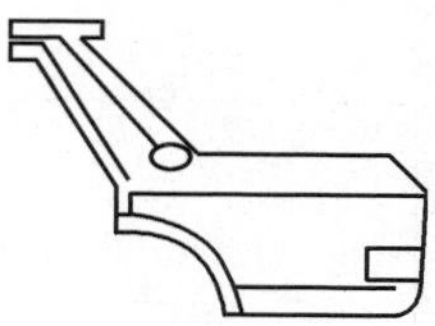	1. 断面形状变化部位由于周长变化剧烈，凸模表面处材料发生不均匀移动，如图所示，$A—A$ 和 $B—B$ 的断面间的周长差别很大，随着成形，$A—A$ 间的材料在移动，$B—B$ 部位的材料不动，因而在 $A—B$ 界内产生多料 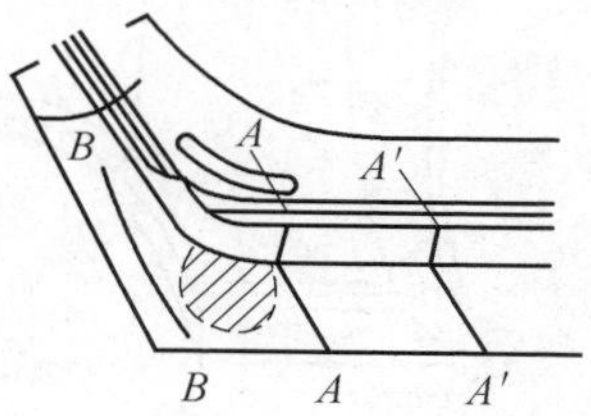 2. 在成形初期不均匀拉力形成的皱纹残留下来，如图所示 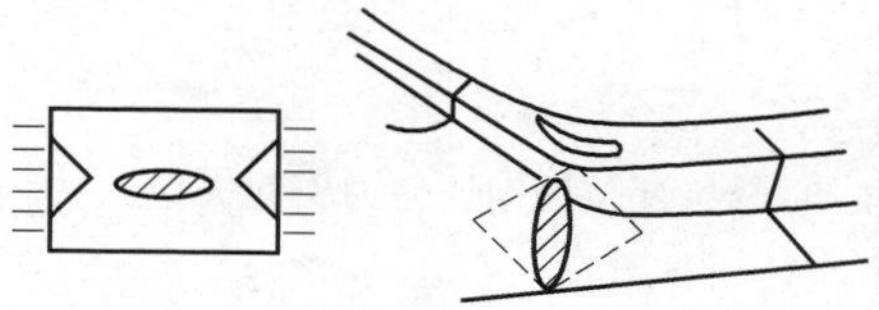 3. 鞍形成形而引起的多料，这是因为在成形过程中，是以立柱根部为中心而形成鞍形，如图所示 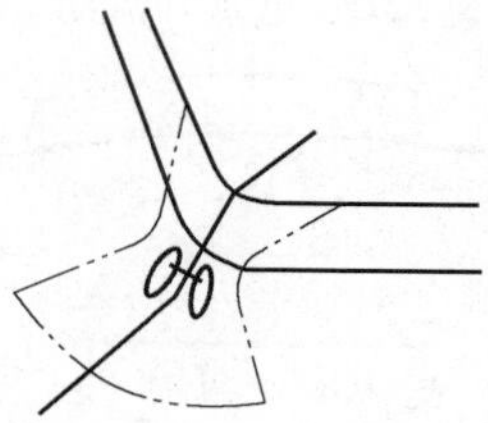	1. 调整余料 2. 调整拉深筋 3. 使用低屈服极限的材料

续表 6.10

零件简图 与面畸变部位	产生机制	解决措施
鞍形部位的面畸变 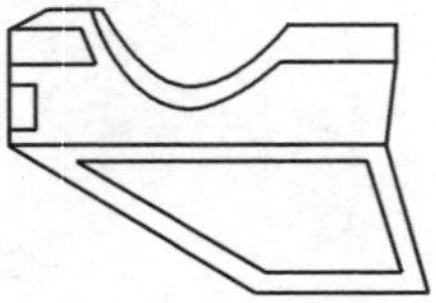	由于断面形状急剧变化部位的线长变化幅度大而引起的多料,如图所示 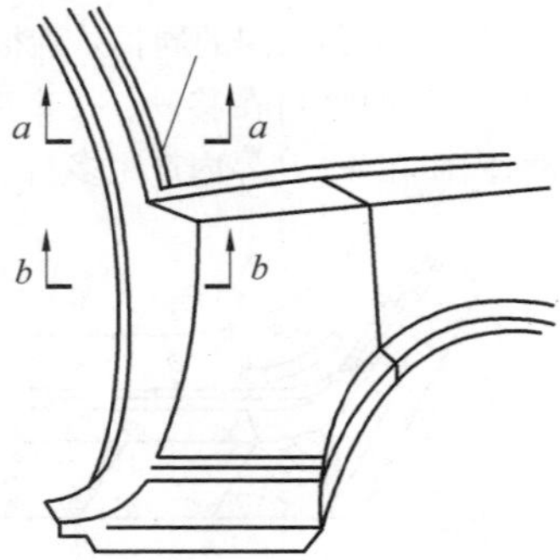 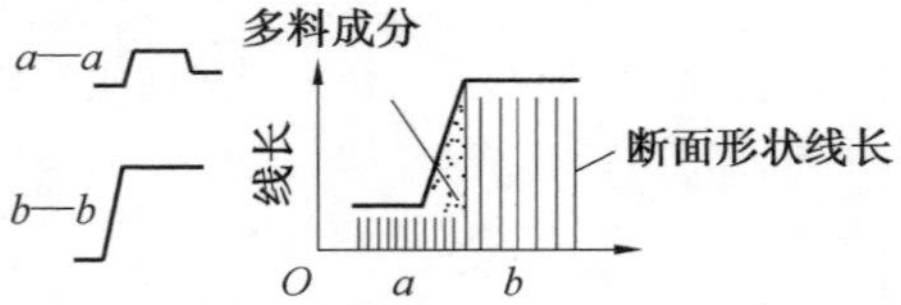 a—a b—b 多料成分 断面形状线长 线长 O a b	1. 设置余料 2. 使用低屈服极限的材料
立壁部位的面畸变 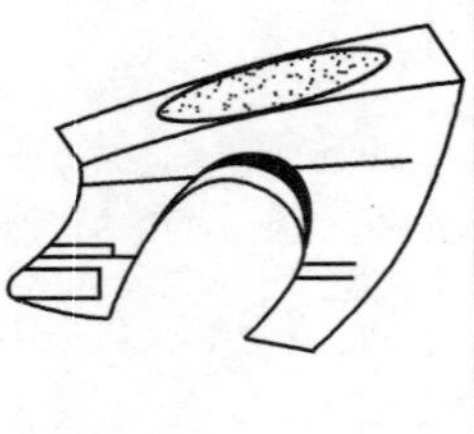	1. 悬空部位切向压应力引起失稳 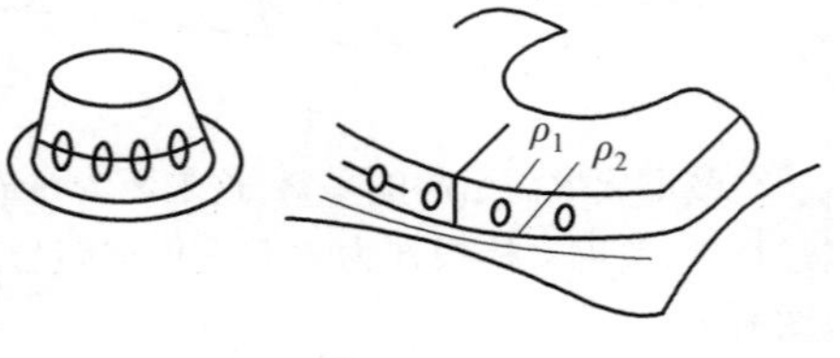 ρ_1 ρ_2 2. 材料流入差引起剪切流动 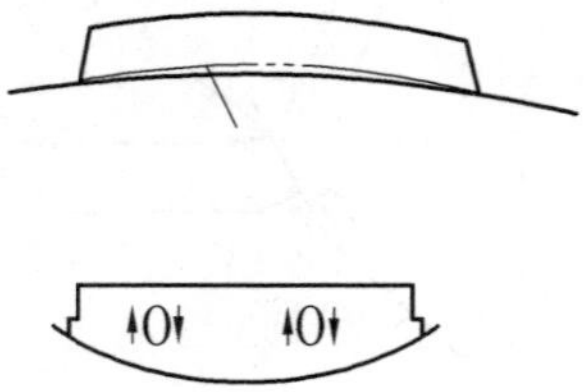 3. 拉深状况的微小差异引起的(如拉深筋或凹模圆角半径 R 精加工不充分,引起不均匀拉应力的产生)	1. 设置阶梯拉深以缩短壁的宽度,进行消皱 　2. 进行浅拉深化,减少材料流入(增大胀形变形成分) 　3. 使用屈服极限低的材料

续表6.10

零件简图 与面畸变部位	产生机制	解决措施
压印部位的面畸变	1. 材料不均匀移动引起材料的聚焦(图1),随着转角处材料的微小流入而产生的切向压应力引起该处的失稳(图2) 图1 图2 2. 由于弯矩作用使压印周围材料隆起(图3),弯短引起的材料隆起不均匀(图4),外周的拉力只将部分的隆起消除(图5) 图3 图4 图5 3. 由于回弹使面畸变增大	1. 使用屈服极限低的材料 2. 将压印位置设在靠近外周 3. 局部加热方法 4. 表面敲打修整

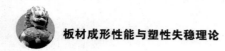

续表 6.10

零件简图 与面畸变部位	产生机制	解决措施
凸模底面平坦部位的面畸变	1. 材料与凸模初期接触时,产生不均匀拉伸 2. 材料在成形过程中,产生剪切流动 不均匀拉伸 剪切流动 初期皱纹 开始接触部位	1. 采用预弯曲成形 2. 使用低屈服极限的材料 3. 设置的压料面形状使其初期接触部位增大

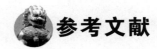

参考文献

[1] 李硕本,李春峰,郭斌,等.冲压工艺理论与新技术[M].北京:机械工业出版社,2002.

[2] 李硕本.冲压工艺学[M].北京:机械工业出版社,1982.

[3] 吕立华.金属塑性变形与轧制原理[M].北京:化学工业出版社,2007.

[4] 李尧.金属塑性成形原理[M].北京:机械工业出版社,2004.

[5] 赵志业.金属塑性变形与轧制理论[M].北京:冶金工业出版社,1980.

[6] 罗益旋.最新冲压新工艺新技术及模具设计实用手册[M].长春:银声音像出版社,2004.

[7] 胡世光,陈鹤峥.板料冷压成形的工程解析[M].北京:北京航空航天大学出版社,2009.

[8] 吴建军,周维贤.板料成形性基础[M].西安:西北工业大学出版社,2004.

[9] 龚红英.板料成形性能及 CAE 分析[M].北京:机械工业出版社,2014.

[10] 王吉会,郑俊萍,刘家臣,等.材料力学性能原理与实验教程[M].天津:天津大学出版社,2006.

[11] 吴诗惇,李淼泉.冲压成形理论及技术[M].西安:西北工业大学出版社,2012.

[12] 王祖唐,关廷栋,肖景容,等.金属塑性成形理论[M].北京:机械工业出版社,1989.

[13] 李雅.汽车覆盖件冲压成形技术[M].北京:机械工业出版社,2012.